READ AND BE BETTER

杨斌 著

人海之间

海洋亚洲中的
中国与世界

GUANGXI NORMAL UNIVERSITY PRESS
广西师范大学出版社
·桂林·

人海之间：海洋亚洲中的中国与世界

REN HAI ZHIJIAN: HAIYANG YAZHOU ZHONG DE ZHONGGUO YU SHIJIE

图书在版编目 (CIP) 数据

人海之间：海洋亚洲中的中国与世界 / 杨斌著 . --
桂林：广西师范大学出版社，2023.9（2024.10 重印）
　ISBN 978-7-5598-6225-9

　Ⅰ.①人… Ⅱ.①杨… Ⅲ.①海洋—文化史—世界—
通俗读物 Ⅳ.① P7-091

中国国家版本馆 CIP 数据核字 (2023) 第 141459 号

广西师范大学出版社出版发行

　广西桂林市五里店路 9 号　邮政编码：541004
　网址：http://www.bbtpress.com
出　版　人：黄轩庄
责任编辑：李冶威
内文制作：张　佳
装帧设计：周伟伟
全国新华书店经销
发行热线：010-64284815
北京盛通印刷股份有限公司
　北京市经济技术开发区经海三路 18 号　邮编：100023
开本：920mm×1270mm　1/32
印张：10.25　图：25 幅　字数：240 千
2023 年 9 月第 1 版　2024 年 10 月第 4 次印刷
定价：59.00 元

如发现印装质量问题，影响阅读，请与出版社发行部门联系调换。

目录

序

我闻如是：海洋中国

　　这是一本关于海洋世界中古代中国的学术随笔，焦点在于古代中国的海洋活动，或者说海洋中国。

　　长期以来，古代中国被视为陆上帝国，也就是农业帝国，粮食为其根本，长城是其象征。然而，古代中国和现在一样，东邻太平洋，南俯南海，海岸线长达三万二千多公里。因此，近些年来也有学者从海洋的角度来研究古代中国，将其视为海洋国家。作为海洋国家的古代中国和作为海洋强国的近代欧洲也常常引起很多学者的注意，并用来分析近代中国的衰落（所谓东方的衰落）和近代欧洲的崛起（所谓西方的崛起）。这是一个大课题，并非本书的主旨。不过，从海洋的角度来探索古代中国，倒也不失为理解近代中国之轨迹的一个独出心裁的切入点。

　　我对海洋中国的兴趣，始于 2003 年 11 月至 2004 年 7 月间。那时我的博士研究获得了当时刚刚成立不久的新加坡国立大学亚洲研究所（Asian Research Institute）的写作资助（Dissertation Writing

Fellowship）。这个研究资助的设立，目的就是为正在学术研究与生存双重压力下挣扎的博士生提供经济上的资助，我有幸成为这个资助的第一个获得者，由此在新加坡待了八个多月。回想起来，非常感谢亚洲研究所的远见，特别是安东尼·瑞德（Anthony Reid）、韦杰夫（Geoff Wade）以及孙来臣的帮助。

那时，我对海洋中国几无所知。在亚洲研究所召开的关于古代中国瓷器出口的一次研讨会上，我居然疑惑于唐代北方瓷器出口到东南亚一事，回想起来，羞愧异常。不过，在那里的大半年里，我开始学习海洋中国，特别是古代中国和东南亚的交流往来。2004 年 8 月博士论文答辩后，我马上奔赴美国弗吉尼亚的威廉玛丽学院（The College of William & Mary）任教一年。当问我想开一门什么新课的时候，我马上想到了"海洋中国"（Maritime China）这个题目，并在那里第一次边学边上了这门课。

当然，那时的我，对于海洋中国而言依然是一个槛外之人。

2005 年 12 月，我受聘到新加坡国立大学历史系任教，开始讲授"古代中国与东南亚的交流"这门课，也开始相对系统地学习这个领域。而后随着自己研究领域的扩张，我也把视角从中国与东南亚的互动扩展为中国、东南亚与印度洋的三角关系，把海洋中国扩张为海洋亚洲。特别是在研究海贝的过程中，我愈加意识到海洋亚洲的整体性以及它对了解亚非欧大陆以至整个世界的重要性。海洋亚洲，如同海洋中国一样，不仅仅包括海域，还包括海岛、半岛、滨海地区乃至其辐射所至。从这个意义上讲，海洋亚洲纠正了过去关于亚洲的界定和想象，将陆地视觉与海洋视觉结合起来，重新定义了亚洲。

2017 年 8 月，我从新加坡国立大学来到澳门大学，在这里完成

了第二本英文专著 *Cowrie Shells and Cowrie Money：A Global History*（Routledge，2019；中文版《海贝与贝币：鲜为人知的全球史》2021 年 11 月由社会科学文献出版社甲骨文工作室出版），并研究撰写了第三本英文书稿，后者是一本从宋元明时期中国与印度洋的互动来探求海洋中国与海洋亚洲的著作。早在为《海贝与贝币：鲜为人知的全球史》一书搜集资料的时候，我就注意到 1974 年在泉州湾发现的南宋沉船，也就是本书所说的"泉州一号"。泉州一号的船体残骸中发现了 2000 多枚海贝，这引起了我的高度兴趣。根据自己对海贝将近二十年的研究，我马上意识到 1980 年代中国学者关于这艘南宋海船很可能是从东南亚尤其是三佛齐返航的论断，虽然谨慎但未免太过保守，因此，我向海洋史的前辈钱江老师讲述了印度洋这个可能性。我和钱江老师过去只有一面之缘，但他提携后辈不遗余力，马上鼓励我写成文章投给《海交史研究》。于是我一气呵成，完成了这篇论文，随后很顺利地被《海交史研究》接受，并在 2021 年第一期发表。

这是我关于海洋中国研究的一个比较重大的发现，所以我把这篇文章在自己的公众号上发表了。澳门大学历史系博士后王雨博士不但在其微信上转载，而且加了谬赞推荐，这又被澎湃的编辑彭珊珊女史注意到。当时碰巧是泉州第二次申遗成功的时刻，彭珊珊女士邀请我将这篇关于泉州湾南宋海船的研究以科普的方式介绍给读者。这便是我和澎湃的渊源。

在为澎湃写了泉州一号的科普短文之后，我又顺着第一篇提到的泉州一号里发现的龙涎香，写了第二篇。这时，彭女士提出，是否可以开一个海洋史专题，并征询本人意见。我当然非常愿意，而且顺口就说，专栏不妨就称为"人海之间"。这便是这本随笔的由来。

这本随笔总共有二十一章，其中约一半在澎湃发表过，涉及海贝的个别章节系从拙作《海贝与贝币：鲜为人知的全球史》改编而来。收入本书时各篇都作了一些修改，特别是增加了一些因字数限制而不得不在澎湃割爱的细节。全书分为四个部分。第一部分"船"是本书的切入点，根据发掘先后，依次介绍了三艘沉船。第一艘就是1974年在泉州湾发现的南宋沉船泉州一号，第二艘是1998年在印尼海域发现的阿拉伯式海船"黑石号"，第三艘是最近打捞的"南海Ⅰ号"。泉州一号这艘宋代海船的发现对中国海洋史的研究意义至为关键，故全书以之"起航"。黑石号是目前考古发现最早往返于东亚（中国）与印度洋的古代海船，意义重大；而它代表的"缝合船"的造船法，流行于古代印度洋世界，首先驰骋于亚洲海域，值得一提。南海Ⅰ号时代早于泉州一号约一百年，它和泉州一号都是宋代中国的远洋帆船。需要注意的是，取代黑石号直航印度洋的便是宋代中国的"泉舶"与"广舶"，泉州一号和南海Ⅰ号均属于前者。

第二部分"物"，也就是商品，大致从这两艘沉船的发现出发，逐一介绍了中国和亚洲海洋流通的商品，包括龙涎香、椰子、海贝与珊瑚等。第三部分"事"则在虚实之间，侧重于海洋知识、信息与文化，甄选了在印度洋和海洋中国之间流传的故事，或者说"海上流言"。"实"者如郑和最后一次下西洋的细节、汪大渊等人对马尔代夫的记录；"虚"者如女儿国、人参果、南海观音的信仰、中国鱼鹰的传说等，努力勾勒其流传与衍变。其中或真或假，似真似假，半真半假，亦真亦假。第四部分"人"则逐一追述了从汉晋时代到郑和下西洋这一千多年中到达印度洋世界的古代中国人，以管窥先贤筚路蓝缕以启山林的足迹。

这四个部分，涉及海船、航海技术、地理知识、海洋生活、商人、商品以及相关的文化痕迹，无法截然分开。同时，由于作者个人的旨趣，本书重心在于古代中国和印度洋的海上交通，印度洋是重点，东海和南海叙述得不多。东海和南海毗邻中国大陆，而印度洋则是古代中国的极远（西）之海，是海洋中国的最远触角，代表了海洋中国的最高峰，故本书用力颇勤。读者或可发现，印度洋的马尔代夫时常在书中出现，这不仅是因为它坐落于海洋亚洲和海洋贸易之要冲，也是因为它在某种程度上象征了古代中国与印度洋世界交往之兴衰沉浮。

必须介绍一下本书经常引用的中文史料。除了正史之外，本书依赖于中西交通史的常见资料，如宋代周去非的《岭外代答》与赵汝适的《诸蕃志》，元代汪大渊的《岛夷志略》，明代马欢的《瀛涯胜览》、费信的《星槎胜览》、巩珍的《西洋番国志》、黄省曾的《西洋朝贡典录》、张燮的《东西洋考》、罗懋登的《西洋记》以及罗曰褧的《咸宾录》等，其基本情况见表1。

表1　中文文献及其年代

著作	作者/编者	完成年代
《南州异物志》	万震	3世纪中期
《南方草木状》	嵇含	3世纪晚期
《佛国记》（亦称《法显传》）	法显	416
《述异志》	任昉	5世纪末
《水经注》	郦道元	5世纪末6世纪初
《梁高僧传》《出三藏记集》	僧祐	510年代
《大唐西域记》	玄奘	646
《法苑珠林》	道世	668

著作	作者/编者	完成年代
《大唐大慈恩寺三藏法师传》	慧立	688
《大唐西域求法高僧传》 《南海寄归内法传》	义净	691
《往五天竺国传》	慧超	约727
《经行记》	杜环	约762
《蛮书》	樊绰	8世纪末9世纪初
《一切经音义》	慧琳	783—807
《酉阳杂俎》	段成式	约860年代
《岭表录异》	刘恂	约9世纪末
《太平御览》	李昉等	977—983
《宋高僧传》	赞宁	988
《夷坚志》	洪迈	1162—1202
《岭外代答》	周去非	1178
《诸蕃志》	赵汝适	1225
《五灯会元》	普济	1252
《癸辛杂识》	周密	13世纪末
《事林广记》	陈元靓编，元人增补	宋末元初
《真腊风土记》	周达观	约1297—1298
《云南志略》	李京	1303—1304
《大德南海志》	陈大震、吕桂孙	1304
《岛夷志略》	汪大渊	1349—1350

著作	作者/编者	完成年代
《异域志》	周致中	约 1389 年后
《西洋番国志》	巩珍	1434
《星槎胜览》	费信	1436
《瀛涯胜览》	马欢	1451
《前闻记》	祝允明	约 16 世纪初
《西游记》	吴承恩	16 世纪
《西洋朝贡典略》	黄省曾	1520
《灼艾集》	万表	1549
《海语》	黄衷	16 世纪下半期
《本草纲目》	李时珍	1578
《咸宾录》	罗曰聚	1591
《西洋记》	罗懋登	1597
《牡丹亭》	汤显祖	1598
《五杂俎》	谢肇淛	17 世纪初
《东西洋考》	张燮	1617
《客座赘语》	顾起元	1617
《万历野获编》	沈德符	约 1619
《初刻拍案惊奇》	凌濛初	1627
《郑和航海图》	茅元仪	1628
《客商一览醒迷》	李晋德	1635
《海国闻见录》	陈伦炯	1730
《澳门记略》	印光任、张汝霖	1751

除了这些一手的中文文献，笔者当然还学习、参考和引用了中西交通史的前辈先贤和当代学者、友人的许多研究和发现。他们包括沈曾植、玉尔（Henry Yule）、柔克义（William W. Rockhill）、伯希和（Paul Pelliot）、费琅（Gabriel Ferrand）、戈岱司（George Cœdès）、藤田丰八、米尔斯（J. V. G. Mills）、桑原骘藏、江上波夫（Egami Namio）、方豪、冯承钧、张星烺、岑仲勉、饶宗颐、向达、薛爱华、陈佳荣、谢方、陆峻岭、苏继庼、杨博文、韩振华、杨武泉、余思黎、张毅、张一纯、章巽、耿昇、穆根来、何高济、耿引曾、陈高华、王赓武、王邦维、安东尼·瑞德、普塔克（Roderich Ptak）、刘迎胜、曹树基、荣新江、金国平、吴志良、林天蔚、钱江、李永迪（Li Yung-Ti）、孙键、李庆新、许路、张绪山、陈丽华、韦杰夫、刘宏、沈丹森（Tansen Sen）、Michael Feener、Michael Flecker、宋以朗、杨维中、沈福伟、纪赟、李夏恩、张世民等，当然还有泉州一号和南海I号的众多考古和研究人员。其中挂一漏万，所引文献也因本书性质与篇幅所限，未能一一标识，还请海涵。

本书提及的外国旅行家和学者资料，也须明白其时空背景，大致情况见表2。书中许多古希腊、波斯、阿拉伯和印度文献，直接引用自耿昇翻译的《希腊拉丁作家远东古文献辑录》（戈岱司著，中华书局，1987）以及他与穆根来合译的《阿拉伯波斯突厥东方文献辑注》（费琅著，中华书局，1989）、何高济翻译的《十六世纪中国南部行记》（C.R. 博克舍编注，中华书局，2002）和《鄂多立克东游录》（中华书局，2002）、钱林森与蔡宏宁翻译的《开放的中华：一个番鬼在大清国》（老尼克著，山东画报出版社，2004）、张子清等翻译的《中华帝国纪行（下）》（古伯察著，南京出版社，2006）。书中未能一一标注引用信息，特此致歉。

表 2 外文文献及其年代

著作	作者	年代
《地理志》	托勒密	约 150
《道里郡国制》	伊本·库达特拔	844—848
《公元九世纪阿拉伯人及波斯人之印度中国游记》	苏莱曼（Sulayman）	851
《〈印度珍异记〉述要》	伊布拉西姆·本·瓦西夫（Ibrahim Bin Wasif）	10 世纪前后
《黄金草原》	马苏第（Masudi）	943
《创始与历史》	穆塔哈尔·本·塔希尔·马克迪西（Mutabar Bin Tahir Al-Makadisi）	966
《诸国风土记》	伊迪里西（Edrisi）	1154
《卡兹维尼的宇宙志》	卡兹维尼（Kazwini）	13 世纪中期
《马可·波罗游记》	马可·波罗（Marco Polo）	1298—1299
《鄂多立克东游录》	鄂多立克（Odorico da Pordenone）	约 1330
《伊本·白图泰游记》	伊本·白图泰（Ibn Battuta）	约 1356
《中国报道》	盖洛特·伯来拉（Galeote Pereira）	1555
《亚洲数十年》	巴罗斯（J. de Barros）	1552—1563
《中国行记》	加斯帕·达·克鲁士（Gaspar da Cruz）	1569
《东方航海记》	贝纳迪诺德·埃斯卡兰特（Bernardino de Escalante）	1577

著作	作者	年代
《中华大帝国史》	胡安·刚萨雷斯·德·门多萨（Juan Gonzalez de Mondoza）	1585
《开放的中华》	雅各·范·纳克（Jacob van Neck）	1601
《皮埃尔游记》	弗朗索瓦·皮埃尔（Francois Pyrard de Laval）	约 1611
《利邦日记》	艾利·利邦（Elie Ripon）	1617—1627
《职方外纪》	艾儒略（Giulio Aleni）	1623
《荷使初访中国记》	约翰·牛霍夫（Johan Nieuhof）	1665
《阿美士德使团行记》	亨利·艾利斯（Henry Ellis）	1819
《中国画卷》	托马斯·艾龙姆（Thomas Allom）	1845
《鞑靼西藏旅行记》	古伯察（Evariste Régis Huc）	1850
《开放的中华》	老尼克（Old Nick，Émile Daurand Forgues）	1845
《马来群岛》	华莱士（Alfred Russel Wallace）	1869

本书的主题试图突出古代中国也是海洋中国，而海洋中国与海洋亚洲及海洋世界是密不可分的。采用海洋史的视角，将古代中国置于海洋世界当中，或许有助于我们对中国和世界有一些新的理解和认识。至于欧人西来之后的亚洲海洋，本书着墨不多。原因一方面是读者对于古代中国的海洋经历相对陌生，而作者对此颇有兴趣；另一方面是近代以来头绪颇多，亦非作者所长。序言标题中"我闻如是"四字，不过是借用佛家之语来揭示历史的本质特征，也就是根据所闻（读到的材料），构建过去发生但逐渐被时间沉淀、掩盖和湮没的人、物、事。

古代中国的海洋知识，或者说，古代中国乃至古代世界的海洋知识，也大致口耳相传，如同流言与白云，虚幻与真实交错并存，这也是本书的旨趣所在。

由于本人学识有限，此书恐有不少谬误，前后文也略有重复，还请读者批评与谅解。

第一部分　船

第一章

往返印度洋：宋代海船泉州一号的前生后世

海底七百年：沉没与发现

南宋景炎二年（1277）夏秋之际，一艘长达 34 米、宽达 11 米的中国远洋帆船，经过数月的海上航行，在东南季风的护送下，缓缓地驶回泉州湾。船上将近二百人发出了一阵阵欢呼，引得本来在舱房下象棋的同伴也抛弃楚河汉界跑到甲板上。纲首（船长或船主）、舟师（负责罗盘的航海员）、杂事（各类管理人员）、巨商（大商人）、客位（普通商人）以及水手个个喜笑颜开。这次远航，他们带回了两三百吨的货物，其中主要是广受中国市场欢迎的各种香药，尤其是官家千金难求的龙涎香，这必定让他们大发其财。更何况，从前年冬天出发，他们离家至今已超过一年，近乡情更怯，想见亲人的心情，愈加按捺不住。

海船缓缓地驶进泉州湾，泉州城的轮廓逐渐显现，港口高耸入云的望云楼也扑面而来。但船上的欢呼声却顿时转成叽叽喳喳的议论，只见码头上冷冷清清，停泊港湾的船只东倒西歪，一些士兵正忙于掳掠货物；而远处的泉州城烽烟缭绕，大火正在燃烧。狂风吹来，一阵乌云顷刻笼罩了港湾，人们的心情顿时如坠冰窟。

海船尚未停稳，一群执枪抢剑的士兵乱哄哄地冲了上来，大声呵斥船员即刻下船，随身不许携带任何物品。在明晃晃的刀剑威逼下，人们被押送下船。大家尚未离开之际，船上的士兵便开始抢劫。几天之内，海船甲板上下的三四层舱房被打砸损坏，货物几被掳掠一空。在随后的岁月里，因海涛拍打风雨侵蚀，无人照看的海船逐渐沉入海中，层层淤泥覆盖其上，不见天日。

696 年之后，1973 年 7 月 1 日，泉州人、厦门大学历史系老师庄为玑和另外两位同事，应邀协助泉州海外交通史馆撰写陈列提纲。8 月上旬任务即将完成之际，庄为玑向晋江地区革委会副主任兼文管会主任张立提议去考察一下泉州后渚的五座元代小石塔。8 月 13 日下午，在考察途中他们得知，海水退潮时可以看到后渚海滩下有一条沉船。庄为玑敏感地意识到这艘沉船可能有文物价值，张立遂问当地的民兵队长，雇人挖出这艘船要花多少钱，民兵队长表示，"两百元就够了"。

这两百元就挖出了一条宋代沉船。1974 年 6 月 9 日，相关单位开始发掘，至 8 月下旬结束。8 月 20 日，庄为玑亲自登上海船。他发现沉船的船舷侧板是由三重木板叠合而成；他还伸手从淤泥中捞出好几捆用细绳扎成的"树枝"，长约 40 厘米，头尾都用刀切得很整齐，这些树枝后来被确认都是珍贵的香药。同行的林祖良又摸出三块青瓷片，说这些是宋代的瓷片，因此这可能是一艘宋代海船（图 1.1）。

图1.1 泉州一号发掘现场（泉州海外交通史博物馆）

　　以上便是泉州湾宋代海船发现的经过，而本文开头的描述，不过是笔者根据诸多学者之研究重构的场景而已。这艘南宋末年中国制造的海船，由于发现太早，一直没有命名，笔者在此不妨称之为"泉州一号"（图1.2）。泉州一号的发现，对于中国海洋史、经济史、科技史等领域的研究意义极其重大。1979年3月26日至4月4日，"泉州湾宋代海船科学讨论会"在泉州召开，中国学者对泉州一号进行了全面深入的探讨。这是改革开放时代伊始的一次学术盛会，不但学术界在屡遭摧残的情形下以对一艘沉船的研究为契机和开端而逐步恢复发展，而且参会的学者们在没有所谓跨学科的概念下就展开了人文、社科与科学的交叉研究，意义重大。正是在对泉州一号研究的基础上，中国学者们组织成立了"中国海外交通史研究会"，创设了《海交史研究》

图 1.2　泉州一号残骸（泉州海外交通史博物馆）

这一研究古代海外交通史的权威刊物。

　　根据学者们的研究，泉州一号大致完工于南宋末咸淳七年（1271）之前，是一艘远洋帆船，曾经几次远航。1275 年（或 1276 年）的年底或年初，泉州一号满载中国的货物，如瓷器和铁器等，离开泉州，驶向南海。就在此时，南宋镇守泉州的阿拉伯后裔、大商人蒲寿庚见南宋天命已微，投降元朝。泉州是东南大港，对南宋的生存至关重要。1277 年 7 月，南宋将领张世杰率兵进攻，随后便包围泉州，时间长达三个月之久，此时正是泉州一号返航的季节。这个翻天覆地的变革，岂是泉州一号的商人和水手所能逆料？战火就这样改变了他们和泉州一号的命运。

香料之船

　　虽然曾被洗劫，但泉州一号出水的遗物依然丰富多彩，令人惊叹。除了海船必备的工具之外，船上还发现了香料、药物、木牌／木签、钢／铁器、陶瓷、铜／铁钱、竹木藤棕麻编织物、文化用品、装饰品、皮革制品、果核、贝壳、动物骨骼等，总计14类69项。其中香料药物数量巨大，占出水遗物的第一位。因此，泉州一号可以说是一条香料之船。

　　香料包括降真香、沉香、檀香、胡椒、槟榔、乳香以及龙涎香，以降真香最多，檀香次之。其中的香料木占出水遗物总数的绝对多数，未经脱水时其重量达4700多斤。它们散乱于船舱的堆积层中，有的还有绳索绑扎，刚出水时颜色清鲜，有紫红和黄色。香料木多为枝杈状，长短粗细不同，出水时多系断段，一般长度3～10厘米，个别的长168厘米，直径1～4厘米（图1.3）。

　　降真香在海船各舱均有发现，出水时表里呈绛色，或附有外皮，或皮已脱落。洗净阴干后，仍呈绛色。试用火烧，冒出的烟尚有降真特有的香味。降真香之所以这样命名，是因为道士相信，此香一旦燃起，便会吸引真人（仙人）下凡，因而是道教仪式必用之物。檀香各舱亦均有发现，出水时色泽鲜明，有紫、黄二种，而黄色较多。沉船第二舱中发现了沉香，块头不大，外观纹理保持沉香的特点。乳香形态不变，滴乳分明，虽然泡浸海中数百年，多数成分尚未发生明显变化。此外还有胡椒，混杂在各舱近底部厚约30～40厘米的黄色沉渣中。发掘人员淘净收集的胡椒约5升，一般呈白色，颗粒大致完好，但也有部分变成棕黑色，一部分肉腐壳存，烂成一团。降真香、檀香、

图 1.3　泉州一号上发现的香料（泉州海外交通史博物馆）

沉香、乳香以及胡椒，皆是唐宋时代中国进口的最常见的香药，在宋代以香药为主体的海外贸易商船中发现这些物品，不足为奇。泉州一号上发现的香药中，最引人瞩目的是当时极为名贵的龙涎香。

龙涎香出于第二、三、五、六、九、十、十三等舱近底部的黄色沉渣中。出水时与乳香、胡椒等杂物混凝在一起，成小块状与碎散状，其色灰白，嗅之尚有一些带腥的香气。研究人员经检选，对其中的 1.1 克进行鉴定，发现是较纯净的龙涎香。

龙涎香（ambergris）是海洋中抹香鲸肠道的分泌物，历史上主要产于印度洋。这种阿拉伯人最早记载的香料早在唐代就为我国所知，但直到宋代随着海上丝绸之路的发展，龙涎香才从一种传说变为上层人士使用的香料。唐人段成式（803—863）在《酉阳杂俎》中记载，西南海中拨拨力国，"土地唯有象牙及阿末香"。所谓阿末香，即后来被人们所称的龙涎香。阿末为阿拉伯语 anbar 的音译，也被译为俺八儿。阿拉伯人最早认识开发龙涎香，故全世界龙涎香之命名几乎都来源于阿拉伯语的 anbar 或 amber，也就是琥珀。在中古文献中，几乎所有的龙涎香都以琥珀的名称出现，不时造成后人的误会。后来法国人称之为 amber gris，意思就是灰色的琥珀（grey amber），遂为世人接受。

唐宋时期中国的龙涎香或由海外诸国进贡而来，或由市舶司专买而来。如熙宁四年（1071），层檀国"贡真珠、龙脑、乳香、琉璃器、白龙黑龙涎香、猛火油、药物"；次年（1072），大食勿巡国遣使贡龙涎香等。市舶司专买可能是宋代官方的主要来源。与泉州一号同时代的陈敬说："龙涎如胶，每两与金等，舟人得之则巨富矣。"则龙涎香当时与黄金同价。这听起来似乎夸张，但实际上龙涎香的价格可能更贵。早于泉州一号数十年的张世南说："诸香中，龙涎最贵重，广州市直，每两不下百千，次等亦五六十千，系蕃中禁榷之物，出大食国。"则每两龙涎香价值在五十贯到一百贯铜钱之间，也就是五十两到一百两白银。以宋代一两黄金等于十两白银算，一百两白银约合十两黄金，折合龙涎香每两值黄金五到十两。经历靖康之变的张知甫记载的价格更为离谱。他说："仆见一海贾鬻真龙涎香二钱，云三十万缗可售鬻。时明节皇后许酬以二十万缗，不售。"明节皇后（1089—1121）刘氏为宋徽宗爱妃，死后追赠皇后。海商二钱"真龙涎香"要价"三十万缗"，核算成一两龙涎香要价十五万两白银（一万五千两黄金），那是令人瞠目结舌了。不过，笔者以为此处"万"字衍，如此，则一两龙涎香要价十五两白银，这和"每两与金等"的论断大致相符。明节皇后还价二十缗，即二十两白银，确实有根有据。

以上是宋代文献所记载的龙涎香价格，而泉州一号发现的龙涎香成为这种香药传入中国唯一的考古和实物证据，意义不可谓不重大。事实上，在郑和之后，中国就很少见到真正的龙涎香了。

从何处返航？

关于泉州一号的航行路线，自其发掘之后，便是中国学者们首先考虑解决的重大问题。从 1970 年代中期开始，前辈学者经过多学科的全面研究，得出了大家一致接受的结论：泉州一号从泉州出发，航行于南海等海域，很可能是从位于现在印度尼西亚苏门答腊岛的三佛齐返航的。

这个结论完成于 20 世纪 70 年代末和 80 年代初，在当时海洋史研究尚未兴起、国内外学术交流极其有限、海洋考古发现和研究异常稀罕的情况下，首开风气之先，经得起时间的考验。四十年后，笔者重新学习，一方面受益匪浅，另一方面觉得前辈学者采用了谨慎稳妥同时也是相对保守的立场。他们的解读立足于充实的证据，经得起考验，也就是说，泉州一号必然曾经航行东南亚海域，但排除了它到过印度洋乃至从印度洋返航的可能性，在某种程度上低估了这艘宋代海船承载的历史信息，不能体现宋元时期我国海行技术和海洋贸易的实际情况。笔者结合目前的考古和国内外文献，重新解读考古报告，认为泉州一号从印度洋返航的可能性颇高。以下从泉州一号中发现的香料、海贝、船体附着物的地理分布、宋代文献中往返印度洋的泉州海舶以及印度八丹的中国塔加以论述。

关于香料，前辈学者指出，出水的香料药物多为南洋诸国所产，或为东南亚一带集散的货物。它表明泉州一号航行于以上国家的海域。这个判断大体不错，如沉香和降真香，主产区和品质最好的都在东南亚诸地；但仔细分析，也有几处值得斟酌。

首先，泉州一号出水的降真香的显微鉴定和化学分析似乎都指向印度是其原产地。全部六个降真香样品，显微判定其来源系豆科植物印度黄檀。印度黄檀原产地为印度、巴基斯坦、尼泊尔等南亚地区，东南亚不是原产区。假如以上科学分析是正确的话，那么，泉州一号出水香料中最多的降真香最终源头是印度。

其次，关于檀香，虽然印度和东南亚都是原产地，不过，檀香介绍到中国，最早是随佛教东传而来，所以檀香的使用源自印度，而后传播到东南亚和中国。檀香最早的出口地应当是印度，而后东南亚开始参与。因此，檀香也指向了印度这个可能性。

再次，关于胡椒，前辈学者认为胡椒出于爪哇中部，这就完全忽视了印度作为胡椒最早和最主要的产地的历史事实。印度半岛西南部的喀拉拉邦（Kerala），位于马拉巴尔海岸（Malabar Coast），濒临阿拉伯海，从古埃及时代就以出产胡椒闻名，在葡萄牙人到来之前的两三千年时间里向地中海世界输出这种著名的香料。因此，宋元明时代的印度，其胡椒生产和出口不亚于东南亚。泉州一号的胡椒不见得只产自爪哇，而可能直接购买自印度，或者在爪哇购买到本地生产和印度贩卖过来的胡椒。

此外，香料中的乳香和龙涎香并不产于东南亚，完全是印度洋的产物。乳香出于大食（阿拉伯半岛南部），而龙涎香，前已述及，产于印度洋，三佛齐等地的龙涎香其实是从印度和阿拉伯而来的。

综合上述，虽然三佛齐可能是这些印度洋商品的集散地，但读者可以发现，这些分析使得泉州一号自印度洋返航的可能性大大提高了。因此，前辈学者排除了这艘宋代海船自印度洋返航的可能性，实在是谨慎有余。

除了乳香和龙涎香（以及降真香），泉州一号的遗物还有两样也只产于印度洋，那就是货贝和环纹货贝。它们同样指向并大大增加了这艘中国海船自印度洋返航的可能性。

不能不说的海贝

泉州一号出水的海贝有货贝和环纹货贝两种，共 2000 多枚，色泽呈黄色或淡黄褐色，有的背面具一枯黄色环纹，为环纹货贝；有的表皮脱落，呈暗灰色。过去中国学者认为货贝和环纹货贝产自南海，这是误解。

关于货贝和环纹货贝的产地，过去中文研究大致称其广泛分布于太平洋和印度洋的热带和亚热带海域，包括我国的东南沿海。虽然南海如菲律宾附近是海贝的产区，可是，从历史记录和考古发现来看，这些地区并没有成为前现代时期海贝的主要出口区域。只有印度洋的马尔代夫群岛，由于天然的地理位置和气候条件，成为亚欧大陆唯一大量出口的产地。从丰富的中文文献来看，关于古代东南亚各个地区的风俗和物产，记录详尽繁杂，但是，这些中国文献从来没有提到过东南亚出产和出口海贝。因此，海贝来自东南亚的说法没有任何文献和考古材料可以直接或者间接加以证明。相反，东南亚大陆如暹罗和清迈，乃至中国西南的南诏和大理王国使用的海贝，其来源相当明确，就是印度洋。此点马可·波罗早就明确指出。

泉州一号上的海贝，笔者认为来源于印度洋马尔代夫群岛，而不是东南亚。首先，马尔代夫以盛产货贝闻名，历史上曾有一千多年是亚非大陆贝币的最主要提供者。其次，马尔代夫货贝的一个特殊性在于体积特别小。泉州一号发掘的货贝可分为大、中、小三种，一般壳长1.8厘米，宽1.4厘米，高0.8厘米。因此，符合泉州一号发现的货贝体积的海域只有马尔代夫、菲律宾、琉球和关岛，后两者又可直接排除。关于菲律宾，虽然欧洲殖民者到达东南亚后注意到那里出产的海贝，可是在传统的亚洲海洋文献中，并没有提到菲律宾的海贝；菲律宾成为南海贸易一个重要参与者的时代也相对较晚，宋元时代的中文文献几乎没有提及。因此，泉州一号上的货贝不可能来自菲律宾。

虽然某个产品在许多地方都有出产，但是一般而言，这个产品不见得就成为商品，这个产地不见得就成为出口地。某个地方的产品成为畅销的商品，不仅和这个地方、这种产品的特点有关（如质量），而且和相关地区（也就是市场）以及交通运输等各个方面有关。海洋产品尤其如此。以海贝为例，虽然理论上从太平洋到印度洋的热带和亚热带海域都有栖息，实际上盛产并能出口的地区寥寥无几。有许多缺一不可的因素制约着海贝成为商品。首先是有无市场需求，也就是邻近社会是否有对海贝的需要。如果是作为货币使用，则邻近社会是否有庞大的人口和繁荣的经济，同时是否缺乏小额货币。与市场同样重要的便是运输，是否有港口？船舶和航运是否发达？以此论之，在海贝的诸多产区中，只有马尔代夫符合这些条件。而正是马尔代夫首先为印度（孟加拉地区），而后为东南亚大陆的勃固、暹罗以及我国的云南提供了数以亿计的海贝。

因此，泉州一号发现的海贝，又是马尔代夫海贝从海路抵达我国东南沿海的唯一考古证据，意义绝对不可以忽视。

船体附着生物：印度洋和南海并存

前辈学者论证泉州一号航行路线的另一个重要证据是，船体的附着生物（贝类）多数来自东海和南海。他们指出，泉州一号船体发现的15种海洋生物中，除了马特海笋、船蛆和巨铠船蛆在世界各海洋中分布较广外，其余都是西太平洋或印度洋的暖海种；水晶凤螺和篱凤螺分布于我国南海至越南、菲律宾、马来西亚、印度尼西亚和日本本州中部以南等海域；银口凹螺、龙骨节铠船蛆、暹罗船蛆和裂铠船蛆分布于南海、菲律宾、越南、斯里兰卡、马来西亚和印度尼西亚等海区；中华牡蛎和色带乳玉螺分布于南海和日本中部以南海区。这个分析强调了南海和东南亚海域，忽视了多数附着物也生长于印度洋的事实。

根据前辈学者的归类，笔者加以重新分析，发现泉州一号上15种贝类均在南海或东海栖息（假如排除货贝和环纹货贝，则是13种），9种在印度洋栖息。此前学者采取了保守稳妥的解释，指出宋代海船的目的地是东南亚。其实乐观地看，这艘宋代海船的返航地是印度洋，这个论断也完全符合船上贝类的地理分布情况。特别是当排除南海是货贝和环纹货贝的产地时，印度洋是这艘宋代海船返航地的可能性相当高。当然，任何一种情况都不能排除这艘船只是到了东南亚港口如三佛齐，从那里获得了印度洋的货物和海贝之后便返航的可能性。可是，如果我们综合考虑南宋至元初中国的海洋贸易，那时中国的海船和商人已经频繁驰骋于印度洋，抵达南印度诸国和阿拉伯世界，那么，我们便会得出结论，泉州湾的这艘宋代海船也是从泉州出发，驶往印度洋乃至波斯湾，而后从那里返航，却在家门口因为战乱而遭遇不测。

泉舶：宋代文献中的"泉州一号"

关于宋元明时期中国的海舶、海洋贸易和海商，历代文献不胜枚举，笔者在此简要引述宋代文献中关于我国制造的海船：泉舶（泉州制造和出发的海船）和广舶（广州制造和出发的海船），及其航行印度洋和阿拉伯世界的航线与日程，这对于理解笔者提出泉州一号应当自印度洋返航的结论不无裨益。

12世纪下半期的周去非曾任职广州，他编撰的《岭外代答》对于广舶航海至印度洋有相当详细的记载。冬季出海的中国海船，经阇婆（爪哇）或蓝里（南浡里，位于苏门答腊岛的西北部），几个月内可以抵达印度洋的故临国（印度西南沿岸的奎隆）与大食国。他认为，"故临国与大食国相迩，广舶四十日到蓝里住冬，次年再发舶，约一月始达"，"中国舶商欲往大食，必自故临易小舟而往，虽以一月南风至之，然往返经二年矣"。

南宋宗室赵汝适（1170—1231）在1225年以朝散大夫提举福建路市舶兼权泉州市舶，直接管辖泉州的海洋贸易，对于泉州的海外交通非常熟悉。他编撰的《诸蕃志》补充了泉州和阿拉伯世界的航路细节。

位于印度西南海岸的南毗国，即郑和去世之处古里，"在西南之极；自三佛齐便风，月余可到"，"故临国，自南毗舟行，顺风五日可到。泉舶四十余日到蓝里住冬；至次年再发，一月始达"。赵汝适这里所说的是泉舶，介绍的就是泉州的宋代商船到达南印度的航程。提到大食国的时候，赵汝适直接记录了泉州到阿拉伯世界的航程。"大食，在泉之西北；去泉州最远，番舶艰于直达。自泉发船四十余日，至蓝里博易，住冬；次年再发，顺风六十余日，方至其国。本国所产，多运载与三佛齐贸易贾转贩以至中国。"此外，他还直接提到泉州和南印度的里程数和航行路线。"注辇国，西天南印度也。东距海五里，西至西天竺千五百里，南至罗兰二千五百里，北至顿田三千里。自古不通商，水行至泉州约四十一万一千四百余里；欲往其国，当自故临易舟而行。或云蒲甘国亦可往。"赵汝适记载的其实就是以泉州一号为代表的中国商船往返印度洋的航行路线。

与周去非和赵汝适的记录相印证，考古和文献研究表明，泉州港崛起于唐末五代的 10 世纪，而后逐渐和唐代的第一大港广州并驾齐驱，并在 12 至 13 世纪取代广州，成为宋元时期世界第一大港，其繁荣持续了几个世纪。在泉州一号沉没的十几年后，1291 年初，马可·波罗从泉州出发，护送元朝的阔阔真公主漂洋过海嫁到波斯（伊朗）和亲。马可·波罗惊叹，泉州商人之众，货物之多，令人不可思议；而泉州港之兴盛，让地中海的大港亚历山大相形见绌。这位见多识广的意大利旅行家估计后者不超过前者的百分之一。

马可·波罗后又三十多年，约在 1322 年至 1328 年间，意大利方济各教会会士鄂多立克长途跋涉，从欧洲经印度坐船到达广州，而后到了泉州。他赞美"此地系世上最好的地方之一"。数年后，约 1330

年初，南昌人汪大渊从泉州出发，游历东南亚和印度洋世界，可能还到了埃及。又十六年后，与汪大渊交错而行的摩洛哥旅行家伊本·白图泰从海路直接在泉州登陆，对这个世界上最大的港口亦赞不绝口。

然而，造化弄人，随着晋江和洛阳江冲刷的泥沙堆积，泉州湾逐渐向外推移，港口吃水越来越浅，不再适合海船停泊。到了明代，泉州国际大港的地位逐渐丧失，其邻居漳州（月港）取而代之，其航向辐射日本和东南亚，成为东南第一大港。

印度八丹的中国塔

赵汝适担任泉州市舶使，时间早于泉州一号不过五十年。那时，中国海船早已到达印度洋，中国的商人和水手也在印度和西亚留下足迹，有的甚至流寓海外数十年。元代温州人周达观于 1296 年至 1297 年间出使真腊（柬埔寨），曾遇及乡人薛氏，"居番三十五年矣"，则薛氏在南宋末年（1260 年代）流寓真腊可知，大约在泉州一号沉没十余年前。

元人汪大渊则于 1331 年登临南印度，他记载了在印度东南沿海的八丹有中国人参与建造的土塔。土塔"居八丹之平原，木石围绕，有土砖甃塔，高数丈。汉字书云：'咸淳三年八月毕工。'传闻中国之人其年贩彼，为书于石以刻之，至今不磨灭焉"。咸淳三年为 1267 年，八丹即现在印度东南沿海泰米尔纳德邦的纳加帕蒂南（Nagapattinam），唐代求法僧人无行、智弘等曾到此港。11、12 世纪的八丹，是印度半岛东南的重要港口，为当时强盛一时的注辇王国横跨孟加拉湾南抚三佛齐的据点。泉舶和泉商曾访问此地，甚至捐造佛教建筑，这是非常可能的事。实际上，汪大渊所说的中国塔，直到 19 世纪还为英国人亲见。

1846 年，沃尔特·埃利奥特爵士（Sir Walter Elliot）亲自查看了这座有"中国塔"之称的建筑残留，并对其历史和现状加以介绍（图 1.4）。此塔名为 the Jeyna（Jaina）pagoda，位于印度半岛东南岸的讷加帕塔姆（Negapatam）北部一二英里处；这是一座四面三层的砖塔，每面都有一个门或窗户；二层有楼板的痕迹，塔中建筑楼层已经毁坏；塔内外并未发现雕刻或文字；1867 年拆毁时，基座发现了泰米尔文的文字，时代约为 12 世纪或 13 世纪初。汉学家玉尔指出："坦焦尔（Tanjore）诸港，曾常有中国人前来贸易，已由讷加帕塔姆西北一英里处所发现一座俗名中国塔之穗塔而获证实。此塔有中国之名，大概由来已久。余意此名，并非谓塔之建筑为中国式。然此一奇异旧迹既有此名，得视其与中国人来此区域之传说有关，自不待言。"因此，汪大渊的话应该是真实可信的。当然，这座位于印度的中国塔也不是完全由中国商人出资建造的，而是各国商人和八丹本地居民一起合作建成。

八丹土塔建造于 1267 年的印度，薛氏流寓于 1260 年代的真腊，元典章记录了 1275 年江南的海贝，这些都与泉州一号建造和航行年份正好相符，不能不令人浮想联翩。

综合以上根据泉州一号发掘报告所作的一些分析，我们可以看到，泉州一号海船发掘的货贝和环纹货贝产自印度洋的马尔代夫群岛；龙涎香和乳香只产于印度洋；降真香根据科学分析非常可能就是印度原产；胡椒既盛产于爪哇，也盛产于印度西海岸；船体附着物的绝大多数栖息于印度洋一带。因此，这艘海船从印度洋返航的可能性非常高。而同

图 1.4　1846 年的八丹土塔（沃尔特·埃利奥特爵士提供的素描）

时代或稍早于泉州一号、熟悉广州贸易的周去非和熟悉泉州贸易的赵汝适，已经明确记载了宋代中国的海船通航印度洋和阿拉伯世界的路线、季节和日程，给我们提供了理解与研究泉州一号极其可靠的文献旁证。此外，稍晚于泉州一号的元代材料则记录了中国商人在印度东南部海岸的活动遗迹，这也被相关的考古所佐证。这样看来，虽然没有直接的、强有力的证据，但相关的证据链比较充分完备，泉州一号自印度洋返航的结论是经得起推敲的。当然，这艘船也必然到过三佛齐等东南亚的诸多港口。因此，泉州一号就是宋代文献中提到的往返印度洋的泉舶，是宋代中国和印度洋世界交往的亲历者，是中国人贡献于海上丝绸之路的实证。

第二章

无钉之船：横穿印度洋和南海的黑石号

马可·波罗："船只建造没有用铁钉"

1291 年，马可·波罗奉忽必烈大汗之命，从泉州出发护送蒙古阔阔真公主，经海路到伊利汗国和阿鲁浑汗完婚。在阿拉伯海或波斯湾，马可·波罗看到了不用铁钉的阿拉伯海船。他说：

> 忽鲁谟斯建造的船只是全世界最差的，也是最危险的，将乘船的商人和其他的乘客置于巨大的风险之中。它们的缺陷就在于船只建造没有用铁钉；使用的木材太坚硬，很容易像陶土那样裂开。如果想打个铁钉，木材反弹，常常破裂。船板也不堪铁钻，哪怕小心至极。只好采用木钉或木楔，把它们连接；而后，用印度核桃（the Indian nuts）外壳的纤维制成绳索绑缚。印度核桃果实很大，外壳包覆着如马鬃一般神奇的毛。在水里浸泡发软之后，

外壳的丝线就用来制作绳索，后者又用来捆绑船板。这些绳索耐水耐用。船底也没有用沥青，而是用麻絮混合鱼油加以填塞。这些船只不过一帆一舵一层甲板而已。装载货物时，以兽皮覆盖船板，马就站在兽皮之上运往印度。它们也没有铁锚，而是用另一种锚具。这样的后果是，当恶劣天气到来时——海上总是波涛汹涌——船只往往被冲上岸而沉没。

马可·波罗所说的"印度核桃"就是椰子；提到的"另一种锚具"大概是指木制的锚具，分量比铁锚轻，因而船只容易被大风吹走。这种"建造没有用铁钉"的"无钉之船"，就是所谓的缝合船。这种海舶和马可·波罗乘坐的中国制造的泉州海舶相比，实在太差了，根本不入这位见多识广的意大利旅行家的法眼。

马可·波罗之后的三十多年，意大利方济各会会士鄂多立克于1330年前到达印度洋，并从波斯湾一带乘坐无钉之船到达印度西海岸的塔纳（Tana）。他说："人们使用一种称为Jase的船，它仅用绳索来缝联。我登上其中一艘，在上面找不到一枚铁钉。如此上船后，我在二十八天内来到塔纳。"对于无钉之船，鄂多立克虽然惊讶，但并未臧否。无论如何，这艘船经过将近一个月的时光，把他平安带到了印度。看来，无钉之船并不像马可·波罗所说的那样不堪。

汪大渊的马船

马可·波罗和鄂多立克介绍的波斯湾船只，不久之后就为元代旅行家汪大渊亲见。大约在 1330 年冬天，汪大渊从斯里兰卡登临马尔代夫群岛；等到次年春夏之间季风改向后，他就乘船北上抵达南印度，而后可能到了波斯湾。在波斯湾的甘埋里（大约为忽鲁谟斯一带），汪大渊看到了当地贩马的"马船"。他说："其地船名为马船，大于商舶，不使钉灰，用椰索板成片。每舶二三层，用板横栈，渗漏不胜，梢人日夜轮戽水不使竭。下以乳香压重，上载马数百匹，头小尾轻，鹿身吊肚，四蹄削铁，高七尺许，日夜可行千里。"

汪大渊提到的马船，就是马可·波罗所说的无钉之船，其最重要的特征当然是"不使钉灰，用椰索板成片"。马可·波罗对于马船的评价很低，认为建造简陋，不堪风雨，而且船体很小，不过一帆一舵一层甲板，汪大渊则不同。他首先指出，马船比一般的商船要大，原因当然是因为用来运马贩卖。"每舶二三层，用板横栈"，"下以乳香压重，上载马数百匹"，则马船之大可知。由于马船的特点——渗水严重，所以需要有人专门把渗进船体的海水排出去，故"梢人日夜轮戽水不使竭"。此外，汪大渊所说的马船，不仅用来载马贩马，也用来运载其他货物，如各种香料，尤其是印度西岸盛产的胡椒，其实本质上就是商船。他说："所有木香、琥珀之类，产自佛郎国，来商贩于西洋互易。去货丁香、豆蔻、青缎、麝香、红色烧珠、苏杭色缎、苏木、青白花器、瓷瓶、铁条，以胡椒载而返。椒之所以贵者，皆因此船运去尤多，较商舶之取，十不及其一焉。"

汪大渊还记载了印度洋海洋贸易使用马船的其他情况。小具喃（奎隆）"居民懒事耕作，岁籍乌爹运米供给。或风信到迟，马船已去，货载不满，风信或逆，不得过喃巫哩洋，且防高浪阜中卤股石之厄。所以此地驻冬，候下年八九月马船复来，移船回古里佛互市"。高浪阜即斯里兰卡的科伦坡，而卤股石大致指珊瑚礁。古里佛（卡利卡特）"畜好马，自西极来，故以舶载至此国，每匹互易，动金钱千百，或至四十千为率，否则番人议其国空乏也"。则马船至少可以航行于波斯湾和印度洋西岸乃至东岸之间，那么，它应该经得住相当大的风浪。因此，汪大渊对于马船的介绍，实际上推翻了马可·波罗对马船的负面评价。当然，我们也并不能简单地说马可·波罗的记录就是错的，因为各类马船大小功能不同，其建造材料和质量当然也不一样。近海航行的船只和远洋航行的海舶相比，材料、工艺和质量差别就更大了。

永乐年间郑和宝船中的通事马欢、巩珍等人，也记录了印度洋一带的缝合船，即无钉之船。马欢在介绍溜山国（马尔代夫群岛）本地的造船方式时写道："其造番船皆不用钉，其锁孔皆以索缚，加以木楔，然后以番沥青涂之。"巩珍非常明确地提到造船"皆不用钉"，给船板打孔，用"椰索联缚"，而后"加以木楔"，最后"用沥青涂之至紧"，比较完整地介绍了无钉之船的建造方式，可以说是古代中西文献中最全面的记载，非常珍贵。

16世纪初葡萄牙人到达印度洋之际，马上发现了当地的无钉之船。他们指出，马尔代夫当地的船，无论大小，都由棕榈树干制成，加以木楔，由椰绳绑缚，其帆也是由棕榈叶编成；这些船只坚固轻巧，主要用于岛屿之间互相来往，有时也用于航海至印度南部的马拉巴尔海岸。

可是，以上终究是文献记录，读者虽然好奇，但也会发问：这种没有铁钉、不用油灰填塞船板缝隙的船，能够经得起海洋的大风大浪吗？能够在海上航行几天、几个星期甚至几个月吗？答案是肯定的。事实上，这种阿拉伯人发明的无钉之船是最早往返于阿拉伯海（西亚）

与南海（东亚）的海舶。1998 年在印度尼西亚发现的黑石号沉船便是明证。

黑石号：考古发现的无钉之船

　　1998 年，印度尼西亚勿里洞岛附近海域发掘出一艘沉船，这是南海海洋考古史上最重要的发现。这艘被称为"黑石号"的海舶，共出水各类器物（瓷器、金银器等）六万多件，其中长沙窑的瓷器超过五万九千件（图 2.1，2.2）。黑石号的重要性，不仅在于船上发现的丰富多彩的各类商品和航海物品，更重要的是它为南海发现的最早沉船。船上的一件长沙窑瓷器有"宝历二年七月十六"的落款，则沉船发生在约宝历二年（826）后的几年之间，也就是 9 世纪早期，相当于我国的中晚唐时期。学者大致同意，这艘船是从广州进货后返回阿拉伯世界，在印尼海域遭遇风浪袭击而触礁沉没的。

　　虽然"黑石号"这艘远洋海舶装载的几乎都是中国的商品，船上也很可能有中国的水手或商人（以发现的砚台和擀面杖为证），可是，这并不是一艘中国建造的海舶，也不是一艘中国商人拥有的海舶，而是一艘阿拉伯制造的船（Arab dhow）。这是根据发掘出来的黑石号残骸得出的结论。

　　非常幸运，黑石号虽然在海底沉没埋藏了 1100 多年，但船体保持基本完整，残存的长度为 15.3 米。据此推断，黑石号全长可达 18 米。船板厚为 4 厘米，长度从 20 厘米至 40 厘米不等。船板表面留有清晰的捆绑痕迹，绳索穿过约 5 厘米至 6 厘米间隔的孔从两侧将船板一块

图 2.1　黑石号中的长沙窑瓷器（新加坡亚洲文明博物馆，陆海月摄）

图 2.2　黑石号中发现的扬子江江心镜（新加坡亚洲文明博物馆，陆海月摄；镜背铸有八卦，并铭文"扬子江心百炼造成唐乾元元年戊戌十一月廿九日于扬州"）

一块地绑紧固定，船体内外木板的缝隙均有填充物填塞防水。这种阿拉伯式的造船技术表明，黑石号来自印度洋西部，即西亚的阿拉伯世界。

如果上述证据还不够充分的话，船体使用的木材分析则排除了所有疑云。以色列特拉维夫大学的研究表明，船体八个木材样本中有五个是非洲缅茄木，这种树木只产于非洲，尤其是东北部、东部、西部和中西部的热带地区；第六个样本为另一种非洲特产拜宾德缅茄，来自非洲中部、西部和中西部的热带地区；第七个样本可能为非洲圆柏，产于非洲东部的山区，一直到阿拉伯半岛的西南部也门一带；第八个样本属于例外，为柚木，产于印度、缅甸和其他东南亚地区。这样，黑石号使用的木材，除了一种可能来自印度，其他都来自非洲。因此，黑石号只能是在中东地区建造的，很可能就是也门或者阿曼。反过来说，为什么不可能是印度建造的呢？因为印度有很多木材，建造船只根本不需要从非洲经阿拉伯地区进口木料。

无独有偶，2013年泰国曼谷以西的湿地里发现了一艘和黑石号同时代的阿拉伯式沉船。残留的船体长18米，比黑石号要大一些。时间约为9世纪上半期，其建造技术与黑石号一致。这艘船的目的地应该是中国，途中前往位于泰国的古国堕罗钵底（Dvaravati）时沉没或废弃。可惜的是，这艘沉船发现的东西不多，目前还在研究之中。

根据考古发现和研究可知，黑石号是最早的阿拉伯沉船。它以无可辩驳的证据表明，在9世纪，阿拉伯世界（西印度洋）和中国之间已经开展了直接的贸易往来，因而黑石号也是目前所知最早穿越印度洋和南海的海船。当然，由于当时阿拉伯和波斯的地理、文化关系，我们无法区分这是一艘波斯还是阿拉伯的船只，学界只能以阿拉伯船代称。这些缝合制成的船只都是无钉之船。这种无钉之船，中国文献也早有记载。

"造船皆空板穿藤约束而成"

无钉之船是相对"有钉之船"而言的。有钉之船对于无钉之船先是诧异，而后加以歧视。以常理度之，无钉之船的名称必然发明于铁钉产生之后，但人类社会当然是先有无钉之船，而后才有有钉之船。最早的独木舟就是无钉之船。以此论之，无钉之船并不限于阿拉伯世界。唐代和唐代之前的中国文献，就不仅记载了外国的无钉之船，也记录了中国自有的无钉之船。

早在晋代，中国人就注意到南方用各种材料，包括椰子和桄榔制成绳索并连木为舟的情形。晋代嵇含指出，胡人用南方的桄榔树皮绑缚船板，因为桄榔树皮遇水浸泡后反而变得柔软，这和用来捆绑无钉之船的椰索是一样的。嵇含说："桄榔，树似栟榈，中实。其皮可作绠，得水则柔韧，胡人以此联木为舟。"桄榔又称砂糖椰子、糖棕，为棕榈科桄榔属。桄榔制舟的传统至少延续了几个世纪，唐代刘恂就进一步介绍了桄榔对于建造无钉之船的重要性。

刘恂在唐昭宗时期（888—904）曾任广州司马，他在《岭表录异》中记录说："桄榔树生广南山谷，枝叶并蕃茂，与枣、槟榔等小异，然叶下有须，如粗马尾，广人采之，以织巾子。其须尤宜咸水浸渍，即粗胀而韧。故人以此缚舶，不用钉线。"他在这里说的是桄榔树的须，而不是嵇含说的树皮。刘恂还指出，广人采了这些桄榔须之后，可以编织成"巾子";至于是否编成绳索，尚不清楚。桄榔须的特点，刘恂所说和嵇含无异，也就是耐腐蚀，不怕海水浸泡，且浸泡后反而膨胀坚韧；所以用来捆缚船板，不但坚韧有力，而且可以堵塞缝隙，防止海水渗漏。最后，刘恂用"不用钉线"四字概括之，这正是阿拉伯式无钉之船的关键特征。

除了桄榔须，"橄榄糖"也用来填塞船板之间的缝隙，这属于造船的防水技术。刘恂指出，橄榄"树枝节上生脂膏，如桃胶。南人采之，和其皮叶煎之，调如黑汤，谓之橄榄糖。用泥船损，干后，牢于胶漆，着水益干坚耳"。所谓橄榄糖，也就是把橄榄树脂或树胶，混合橄榄叶，加水煎成糊状，然后填塞到船缝里。橄榄糖水分挥发后，完全和缝隙合为一体，入水后不但不会泡软，反而"着水益干坚"。橄榄糖的这种特征非常适合航海的商船。因此，刘恂总结说："贾人船不用铁钉，只使桄榔须系缚，以橄榄糖泥之。糖干甚坚，入水如漆也。"所谓贾人船就是海船，而唐代广州的海船，几乎都是东南亚和阿拉伯（波斯）的船。法国汉学家费琅在《昆仑及南海史地丛考》中引用唐代鉴真的话："七四九年时，广州珠江之中，有婆罗门、波斯、昆仑船舶无数。"这些船，从其名称判断，大致源于东南亚和印度洋，其中肯定有阿拉伯式无钉之船。

刘恂在广州做过官，熟悉广州港停泊的无钉之船无足为奇。其实，比他早数十年的僧人慧琳（737—820）在《一切经音义》中就介绍过用椰索和"葛览糖"制作的无钉之船。慧琳是西域疏勒国人，一直居住在长安，却熟知阿拉伯船，令人不得不惊叹唐人对于海洋亚洲的了解。关于椰子，慧琳在书中写道："海中大船也，累枋木为之，板薄不禁大波浪，以椰子皮索连之，不用铁丁，恐相磨火出。千人共驾，长百丈，大船也。"慧琳所说的"累枋木为之"以及"以椰子皮索连之"，和马可·波罗以及汪大渊记载的造船方式是一致的。慧琳虽然没有到过南方沿海之地，但他依据的信息都是通过陆上丝绸之路而来的。关于驰骋于印度洋的阿拉伯船，他的描述应当比刘恂可靠。

这是宋代之前中国人关于外国无钉之船的记载。其实，古代中国也有自己的无钉之船。曾在广西任职的周去非在《岭外代答》中记录过"藤舟"，书中写道："深广沿海州军，难得铁钉桐油，造船皆空板穿藤约束而成。于藤缝中，以海上所生茜草，干而窒之，遇水则涨，舟为之不漏矣。"则可知两广沿海因为铁钉桐油缺乏，而不得不用藤条从船板的孔中穿过以捆缚船板，这种造船方式就是黑石号所采用的阿拉伯方式。那么，两广地带的藤舟也是一种无钉之船，只不过这种船使用藤条为索，而阿拉伯的船以椰绳为索。周去非还指出："其舟甚大，越大海商贩皆用之。"则藤舟也可以作为泛海的商船使用，其制作和材料应当相当考究。

什么时候消失？

那么，阿拉伯式无钉之船是什么时候从海洋消失的呢？16世纪初葡萄牙人首次到达印度洋的时候，他们看到了这种无钉之船的普遍使用，而后一两个世纪内其他欧洲人也有过连续的记录。不过，最晚的文献记录还是由乾隆年间澳门的中国官员提供的。

1751年，曾担任首任澳门同知的印光任及其继任者张汝霖编著了《澳门记略》一书，其中居然提到无钉之船："蕃舶视外洋夷舶差小，以铁力木厚二三寸者为之，锢以沥青、石脑油。碸以独鹿木，束以藤，缝以椰索。其碸以铁力水掌底二重。或二樯、三樯，度可容数百人。"束以藤，缝以椰索"一句清楚地表明，这是来自印度洋的阿拉伯式无钉之船。这些蕃舶应该是从印度西海岸的果阿等地而来，因为果阿自17世纪初便是葡萄牙在亚洲的总部和最重要的基地，澳门受其管辖。不过，此时澳门在中外海洋贸易中的地位已经大不如前，在澳门的无钉之船也逐渐凋零。《澳门记略》中写道："向编香字号，由海关监督给照，凡二十五号。光任分守时有一十六号。比汝霖任内，止一十三号。二十余年间，飘没殆半，澳蕃生计日拙。"因此，印、张二人明确地告诉我们，直到18世纪四五十年代，无钉之船依然在亚洲海域驰骋，虽然处在最后的没落期。这部中文文献不仅是对海洋亚洲中无钉之船的有力旁证，恐怕也是世界上关于驰骋于东亚和西亚之间的阿拉伯式无钉之船最后的文献记载了。

当然，乾隆之后直到20世纪末，仍然有少量无钉之船在印度洋和阿拉伯海航行，主要用于近海运输和打鱼，其独特的建造方式也只有少数老船工掌握。遗憾的是，2004年12月26日印度洋发生强烈地震，引发高达30米的海啸，摧毁了印度洋沿岸仅有的几艘无钉之船。悲观估计，目前还在使用或保留在博物馆的无钉之船屈指可数。

"不使钉灰"的阿拉伯式无钉之船，虽然征服了浩瀚的印度洋和南海，从西亚抵达广州，完成万里之遥的海上航行，也游弋在东非附近海域；可是，它们也有自身的缺陷，无法经受非洲南部（马达加斯加岛以南）的风暴与海浪。在葡萄牙里斯本"印度办公室"任职的巴罗斯（J. de Barros，1496—1570）明确指出："千真万确，这些船无法通行于好望角暴怒的狂风。"造船和航海技术导致亚洲的海船无法沿着东非海岸向南探索，完成环非航行进入大西洋。阿拉伯人如此，郑和宝船亦如此。

黑石号沉没后的两三百年间，宋代中国制造的海舶开始驰骋于从东海、南海到印度洋的广阔的海洋亚洲，逐渐取代阿拉伯式的黑石号，占据了海洋亚洲远洋航行的统治地位。1974年泉州湾发现的宋代海舶泉州一号和最近发掘的南海I号便是明证。

第三章

南海Ⅰ号：南宋海洋贸易的时空胶囊

阴差阳错的发现

在我国东南海域，与泉州一号相提并论的沉船，莫过于南海Ⅰ号了。和泉州一号一样，南海Ⅰ号的发现也充满偶然性，可以说是阴差阳错。

1987 年 8 月，英国海洋探测打捞公司向中国政府提出搜寻、打捞"林斯堡号"（Rimsberg）沉船，最后双方决定合作打捞。林斯堡号是荷兰东印度公司的一艘商船，1772 年在广东上川岛附近海域沉没，船上装有 385.5 吨锡锭、6 箱白银、136 吨胡椒以及可可、棉布、毛皮等货物。打捞工作开始后，声呐仪器便发现疑似目标，但由于海底淤泥深积，打捞人员不得不使用大型海底抓斗进行探挖。这一挖不要紧，虽然没有挖出白银和锡锭，却意外捞出大量中国器物，包括瓷器、铜器、锡器、铁器、银锭、铜钱等文物共 247 件，其中以瓷器为主。根据这些发现，中方工作人员初步判断，这并不是要找的荷兰商船，而是一艘中国古代沉船。1989 年 11 月，中日联合调查队对沉船进行了第一次水下考古。根据考古工作的惯例，俞伟超先生将这艘沉船命名为"南海 I 号沉船"。这便是南海 I 号被意外发现的故事。

南海 I 号沉船船体长 23.8 米，宽约 9.6 米，船艏宽 3.8 米，型深约 3 米。不妨以泉州一号来对比。泉州一号沉船残长 24.2 米，残宽 9.15 米，有学者认为，泉州一号复原后的长度大概为 30 米，载重为 200 吨左右，载客数量为 200 人至 300 人，属于宋代的中等远洋帆船。以此推知，南海 I 号也大致如此，与泉州一号属于同一类型。

泉州一号的发掘异常简单，因为沉船本身就在海滩，南海 I 号则不然。由于南海 I 号地处深海，打捞工作也成为刚刚起步的我国海洋考古的艰难挑战和宝贵实践。南海 I 号发现于 1987 年 8 月，1989 年 11 月首次开展水下考古调查，随后因种种原因停顿，直至 2001 年重新启动。在 2001 年至 2004 年先后进行七次水下考古调查与试掘，最后在 2007 年 12 月 22 日整体打捞出水，并于 12 月 28 日移驻广东海上丝绸之路博物馆。南海 I 号的调查与打捞历时二十年，见证了中国海洋考古从无到有的历程，为此后的海洋水下考古与打捞提供了丰富的经验，树立了这个行业的模式。

南海 I 号的意义当然不仅仅在于它激发了中国"海洋考古"这一学科的建设，更重要的是，它是目前中国海洋考古所发现的保存最好、出水文物品种最丰富、数量最多、文物制作最精美的沉船。即使就世界海洋沉船发现而言，南海 I 号也是目前所见保存较为完好的唯一一艘公元 12 世纪的沉船。因此，沉没海底八百年的南海 I 号，可谓南宋时期我国海洋贸易的"时空胶囊"，其历史文化价值不可估量。

那么，南海 I 号具体属于哪个年代？是从哪里出发，又要去哪里呢？

年代与始发港

考古人员在南海 I 号 1987 年挖出来的文物当中发现了许多瓷器，这些瓷器主要是福建泉州德化窑和晋江磁灶窑、浙江龙泉窑、江西景德镇窑等处的产品，时代为宋元时期。据此推测，南海 I 号沉船的年代当属宋元时期，虽然当时无法确认其具体年代。

2001 年至 2004 年的几次水下考古调查与试掘，基本解决了南海 I 号的年代问题，其中的关键在于发现的铜钱。南海 I 号所发现的铜钱前后超过 2 万枚，其中 2004 年调查中的抽泥滤网里就发现了 6000 多枚铜钱，类别超过 40 种。早期的有新莽、唐、五代十国的铜钱，包括货泉、五铢、景元通宝、开元通宝、乾元重宝、天汉元宝、周元通宝、唐国通宝等。晚期的为两宋铜钱，但以北宋为主，最晚为南宋的绍兴元宝和乾道通宝。此后，2014 年至 2015 年又出水铜钱 15000 多枚，年号与 2004 年发现的基本一致。根据统计，两宋时代的铜钱就多达 38种，如表 3.1 所见。

表 3.1 南海 I 号出水的两宋铜钱

北宋（960—1127）				南宋（1127—1279）	
铜钱年号	铸造年份	铜钱年号	铸造年份	铜钱年号	铸造年份
宋元通宝	960 年始铸	嘉祐通宝	1056—1063	建炎通宝	1127—1130

北宋（960—1127）				南宋（1127—1279）	
铜钱年号	铸造年份	铜钱年号	铸造年份	铜钱年号	铸造年份
太平通宝	976—984	嘉祐元宝	1056—1063	绍兴通宝	1131—1162
淳化元宝	990 年始铸	治平元宝	1064—1067	绍兴元宝	1131—1162
至道元宝	995 年始铸	治平通宝	1064—1067	隆兴元宝	1163—1164
咸平元宝	998—1003	熙宁重宝	1068—1077	乾道元宝	1165—1173
景德元宝	1004—1007	熙宁元宝	1068—1077		
祥符元宝	1008—1016	元丰通宝	1078—1085		
祥符通宝	1008—1016	元祐通宝	1086—1093		
天禧通宝	1017—1021	绍圣元宝	1094—1098		
天圣元宝	1023—1032	元符通宝	1098—1100		
明道元宝	1032—1033	圣宋元宝	1101 年始铸		
景祐元宝	1034—1038	圣宋通宝	1101—1106		
景祐通宝	1034—1038	崇宁重宝	1102—1106		
皇宋通宝	1039—1054	大观通宝	1107—1110		
庆历元宝	1041—1048	政和通宝	1111—1117		
至和元宝	1054—1056	宣和通宝	1119—1225		
至和通宝	1054—1056				

由上可知，南宋乾道之前的两宋铜钱，南海Ⅰ号上几乎全部都有。乾道九年（1173），宋孝宗于圜丘祭祀，大赦天下，改次年（1174）为

淳熙元年。淳熙共十六年（1174—1189），其间铸有淳熙元宝（1174—1189）和淳熙通宝（1183 年始铸造），两种铜钱均未在南海 I 号上发现。由此我们可以逆推，南海 I 号沉没的时间应该在乾道二年至淳熙元年之间（1166—1174）。如此，则南海 I 号属于南宋中期的海船，时间比泉州一号早一百年左右。

时代确定之后，人们关注的下一个问题便是"南海 I 号"这艘海船的类型。我们知道，宋代中国的南方海船，大致分为广舶和泉舶两种，那么，南海 I 号是古代中国远洋航行中使用的广舶还是泉舶（福船）呢？

研究人员发现，南海 I 号船体使用多重木板搭接构造，两舷上部及船壳板多为三重板结构；其中 14 道木质横向隔舱板大部分保存较完整，由此推测南海 I 号有 15 道横向隔舱；隔舱间还存在以舵、桅为中心左右对称的两道货物隔板和小隔舱。这样的设计结构和搭接技术大大提高了木船内部的整体挤压强度。整体看来，南海 I 号船型宽扁，船艏平头微翘，两侧船舷略弧，艏艉部弧收，长宽比例小，也就是船型短而肥。这样的体型不但载货量大，而且安全系数高。总而言之，从建造工艺和船体结构看，南海 I 号与泉州一号以及华光礁 I 号沉船结构相近，属于福船。

福船的产地主要是福建，据此或可初步判断，南海 I 号的始发港是福建的港口。考虑到南宋时期福建的海洋贸易，这个港口无疑是泉州。南海 I 号沉船发现的瓷器进一步指向"泉州"这个当时世界第一大港。

来自江西、浙江和福建的瓷器

南海Ⅰ号沉船所处的海域泥沙淤积严重，虽然为打捞工作增加了难度，却十分有利于沉船的保护。密实的泥沙淤积包裹着沉船船体，隔绝了海水和空气（特别是空气中的氧分子）。一方面，缺氧的环境使得海洋贝类生物无法在沉船船体内生存，保护了南海Ⅰ号的木质船体；另一方面，厚实的泥沙则为沉船及其装载的商品提供了一层保护，避免了船体沉没后环境对这些商品的进一步腐蚀和破坏。在这样的环境下，满载货物的南海Ⅰ号虽然沉没，但琳琅满目的货物却意外地在这个时空胶囊中沉睡了近八百多年。瓷器便是其中的最大宗货物。

南海Ⅰ号的出水货物中以瓷器数量最多，这些瓷器基本产自江西、浙江和福建。从釉色上看，这些瓷器包括青白瓷、青瓷、黑釉瓷、绿釉瓷、酱褐釉瓷等；从产地看，它们主要来自南方地区的窑场，包括江西景德镇窑、浙江龙泉窑以及福建泉州德化窑、晋江磁灶窑、闽清义窑等；从种类看，包括碗、盘、碟、壶、瓶、罐、盅、盆、军持、盒、瓷塑等，主要是生活器具。景德镇窑的青白瓷器发现有一定数量，种类比较丰富，包括碗、盘、盒三大类。出水时，它们大都集聚分布在沉船的各个船舱中，可见是船上的重要货物。

龙泉窑瓷器在南海Ⅰ号发现的货物中所占比重也比较大，在沉船的前、中、后舱均有分布。龙泉瓷的釉色以青黄、青灰和青绿为主，器型则相对单一，碗最多，盘其次，其他器型仅见一件青瓷四棱方瓶。值得注意的是，龙泉瓷的纹饰基本为刻花和划花，多以荷花、荷叶为主题，呈现不同的风格和组合形式。荷花形态较饱满，主要为带长曲茎的四瓣荷花；大幅的荷叶呈侧覆状、侧仰状，较小的荷叶或侧立或平展，刻划生动可爱。北宋周敦颐（1017—1073）在 1063 年曾到于都（属江西赣州），作《爱莲说》："予独爱莲之出淤泥而不染，濯清涟而不妖，中通外直，不蔓不枝，香远益清，亭亭净植，可远观而不可亵玩焉。"可见爱莲当时已成为士大夫的时尚，这在瓷器绘制上也有所反映。难怪《爱莲说》后一百年的南海 I 号上发现了这么多以荷叶、荷花为主题的龙泉瓷。

南海 I 号出水的龙泉窑对于我们理解外销远洋的瓷器装载也有重要意义。根据发现，龙泉瓷多叠放，呈长条状包装和摆放。14 号舱发现的保存完整的三摞龙泉碗，每摞长度约 80 厘米。其中两摞为 41 个器物，另一摞为 40 个器物。每摞先用四根宽约 3 厘米的竹条包夹整摞碗，然后再用竹篾包扎竹条进行包装，这样既节省了宝贵的空间，又加强了稳固性。外销瓷器的盘、碗、碟大致应该以同样的方式包装和摆放。

德化窑是福建古外销瓷器的重要产地之一，目前发现从宋代到清代的窑址多达 180 处，著名的有屈斗宫、碗坪仑，后者以清白瓷闻名。南海 I 号上发现的德化窑青白瓷数量众多，各个船舱均有分布，器型有器盖、壶、执壶、军持、三足炉、碗、罐、碟、粉盒、大盘、葫芦瓶、喇叭口瓶等类别，许多器物底部常见墨书。大部分器物在釉、胎和纹饰造型三个方面与碗坪仑所出瓷器较为一致，或可推断它们就产自碗坪仑窑。

磁灶窑也是福建宋元时期重要的外销民窑，具有浓厚的地方特色和时代风格。作为民窑，磁灶窑瓷器的胎体颗粒较粗，胎质不够紧密；釉色以酱釉为主，其次为绿釉，还有少量黑釉和青釉；器型以罐、瓶等为主，还有器盖、碗、粉盒、军持等。南海 I 号发现的磁灶窑瓷器主要分布在沉船中前部，其中包括绿釉印花碟、梅瓶、玉壶春瓶、喇叭口瓶、长颈瓶等。有的四系罐不但戳印鲜明，还有"玉液春""酒鳖""丙子年号"等字款，显示了生动的民窑风格。

位于闽清县东桥镇的义窑也是富有特色的福建地方名窑。它以青白釉瓷为主，主要烧制日用粗器。南海Ⅰ号发现的义窑瓷器主要是碗类，分布在后部船舱。这些青白釉碗套装成摞，一排排码放，而后一层层叠加。有些义窑瓷器还有生烧现象，表明质量不高，但既然装载上船，表明海外市场对它们依然有强烈需求。

南海Ⅰ号出水的瓷器对于我们理解这艘海船从何处出港颇有帮助。首先，这些瓷器或产自江西，或产自浙江，或产自福建，这就表明始发港的最大可能性是泉州。景德镇的瓷器很早以来就经水路和小段陆路，转运至泉州。浙江的龙泉窑瓷器既可以直接从浙西南往南经陆路进入福建，又可以利用婺江—钱塘江和瓯江分别经杭州或温州出海。德化位于泉州西北部，磁灶窑位于泉州之南，义窑位于闽清县，在福州西北不远，可通过闽江水运到泉州。因此，来自江西、浙江和福建的瓷器，作为"南海Ⅰ号"这艘南宋泉舶的主要货物，指向了"泉州为其始发港"这个结论。

那么，南海Ⅰ号驶向哪里呢？以南海Ⅰ号上发现的大量铜钱而言，这艘船必然驶向东南亚。为什么这样说呢？这是因为中国的铜钱在一些东南亚社会直接作为货币使用。古代东南亚社会的货币没有统一的制度和形式。在越南、苏门答腊、爪哇等地，当地社会或直接使用中国铜钱，或仿照中国铜钱铸造自己的金属货币，甚至还把中国的铜钱重新熔化来铸造铜器。宋代《诸蕃志》介绍阇婆国时写道："此番胡椒萃聚，商舶利倍蓰之获，往往冒禁，潜载铜钱博换。朝廷屡行禁止兴贩。番商诡计，易其名曰苏吉丹。"而在东南亚其他地区，则不接受、不使用中国铜钱（但不排除个别遗留或收藏），更不要说印度了。铜钱的大量外销对宋代中国的经济和财政不利，因此，两宋时期政府不断下诏禁止铜钱外流。《宋史》卷一百八十记载："又自置市舶于浙，于闽，于广，舶商往来，钱宝所由以泄。是以自临安出门下江海，皆有禁。"淳熙九年（1182），也就是南海 I 号出现十几年前，有诏："广、泉、明、秀，漏泄铜钱，坐其守臣。"因此，南海 I 号上装载的大量铜钱，表明东南亚是其目的地之一。同理，南海 I 号出水的大量瓷器也同样指向了东南亚。东南亚为宋代瓷器主要的海外市场，东南亚如苏门答腊、爪哇等岛屿社会，陶瓷技术不发达，对中国瓷器尤其是生活器具需求极大，这在宋代文献中被频繁记录，不再赘引。

然而，印度等地虽不使用中国铜钱，可是在南印度乃至东非都有宋代铜钱出土。因此，印度洋世界也可能是南海 I 号的目的地。南海 I 号出水的铁器和金器，在某种程度上支持并加强了这个推测。

铁器和金器：南海 I 号的别具一格

铁器是南海 I 号的重要特色，数量惊人，是仅次于瓷器的大宗外销商品。截至 2015 年，研究人员提取了船体上方凝结物共计 70 块，总重量达 60 余吨。这些凝结物的主体是铁器，表面可见的类型为铁条、片状铁坯及铁锅。和瓷器一样，铁器的包装和装载颇具巧思。以铁坯为例，先用竹篾绑成一捆，两捆绑成一组，各捆和各组之间还垫衬草席、竹席，以防止剧烈撞击。铁锅则成摞倒扣于船舱，铁锅之间也以竹篾、竹席填充。

南海 I 号出水的铁坯件是铁器的大宗，主要为条状和片状，还有少数楔形器。这些铁条和铁片形状多样，长短宽厚不一，因而是半成品。研究人员判断它们应该是兵器坯件，大致用来锻打成刀剑使用。那么，为什么南海 I 号不直接出口兵器呢？首先，民间大量锻造兵器属违法；其次，海船装载大量兵器也属违法。因此，南海 I 号的商人无法直接锻造或装载重达几十吨的兵器出口海外，不得不通过变通出口半成品来达到牟取高额利润的目的。

那么，这些半成品的铁制兵器和成型的铁锅销往何处呢？首先当然是东南亚。东南亚的海岛社会或缺乏铁矿，或冶炼技术落后，因而极其渴望中国铁器。它们需要的铁器，就如南海 I 号上发现的铁器一样，包括两种：一种是武器，一种是生活用具。前者属于"高科技"，一方面可以用来生杀予夺，另一方面也可以在森林中狩猎砍伐，因而需求强劲；后者是生活必需品，尤其是铁锅，既利于携带，可以随处迁徙，又经久耐用，实在是珍稀之物。因此，南海 I 号上出水的铁器，同样表明东南亚是这艘海船的目的地。

话说回来，这些铁器依然指向了印度洋为其目的地的可能性，因为孟加拉湾的许多小型岛屿社会对铁器的渴求绝不亚于东南亚。唐代义净曾详细记载了孟加拉湾的裸人国（尼科巴群岛）上"野人"对铁器的渴望。他曾提及，从马来半岛西北部的吉打向北航行十几天，就到了裸人国，"向东望岸，可一二里许，但见椰子树、槟榔林森然可爱。彼见舶至，争乘小艇，有盈百数，皆将椰子、芭蕉及藤竹器来求市易。其所爱者，但唯铁焉，大如两指，得椰子或五或十"。义净的记录和中世纪阿拉伯人的游记基本相符。这些海洋亚洲的岛民，由于资源和技术的限制，无法自己冶铁，因而对硬度较高的金属异常渴望。中国、印度或阿拉伯经过的船只，便成为这些岛民获得铁器的唯一机会。由此，我们或可推测，南海 I 号装载的大量铁器，主要是销售给东南亚的岛屿社会；但也有一些，特别是小型铁具，是留给印度洋的小岛居民的，用来交换海上航行需要的椰子、芭蕉等生活必需品，以及宋代中国渴望的奢侈品——龙涎香。

南海 I 号上发现的瓷器和铁器，毫无疑问，都是中国的产物。就此而言，南海 I 号上发现的金器则别具一格，因为它们颇具异域风情。2013 年 11 月至 2016 年 1 月，研究人员在南海 I 号上发现了 180 件 / 套金器，重达 2449.81 克。这些金器，从功能上看，主要是首饰、佩饰，包括腰带、项链、手镯、耳环、戒指、缠钏六大类；从工艺上看，采用了编织、焊接、掐丝、镶嵌等方式；从纹饰上看，包括花卉纹、卷草纹、几何纹、联珠纹、篦点纹、龙纹等，以錾刻为主，阴刻为辅。总体而言，这批金器数量之多、品种之繁、制作之美、设计之巧，为南宋考古所仅见。更为重要的是，南海 I 号左舷前部外侧发现了一个漆盒，里面有一批异域风情的金器，包括两条犀角形饰品项链、四枚镶宝石或金饼戒指、一组腰带配件（共计 26 件）、十对耳环以及若干金箔，其制作与南宋金器迥然不同，令人惊艳。

由于金器实在太多，加上制作精细、风格华美，我们无法一一介绍，不妨挑选其中两件以飨读者。其一是金腰带（或腰饰）。这条腰带其实是金链，发现时为 8 件残段，全部残长为 130.1 厘米。这根金腰带由两股直径 0.8 毫米的金丝逐结编织而成，每结长约 4 毫米，其工艺之繁复与精致令人咋舌。图 3.1 便是南海 I 号出土的一条金腰带。

其二是一条三重顶链犀角形牌饰金项链。这条金项链制作比上述金腰带更为繁细。它由三条并行金链、两块对称犀角形金牌饰、一段

图 3.1　南海 I 号出水的金腰带（广东海上丝绸之路博物馆）

五连环金链、三条流苏金桃坠构成，其组合虽然复杂，但异常雍容华贵，不见其赘（图 3.2）。这条项链顶端的金链长 32 厘米，截面正方形，边长 0.5 厘米；中端金链长 28.9 厘米，截面正方形，边长 0.6 厘米；底端金链长 24.9 厘米，截面也是正方形，边长 0.5 厘米，项链总重 272.7 克。其中左右对称的犀角形牌饰长 5 厘米，最宽 2.4 厘米，高 0.6 厘米，中空，应嵌有宝石（发现时宝石已脱落）。南海 I 号上发现的三重顶链金项链共有两条，此外还有一条双重顶链金项链和两条单顶金项链。

　　通过比较，研究人员发现，南海 I 号发现的金器，以阿拉伯风格和宋代风格为主，间有北方的辽国风格。那么，这批金器是船上人员

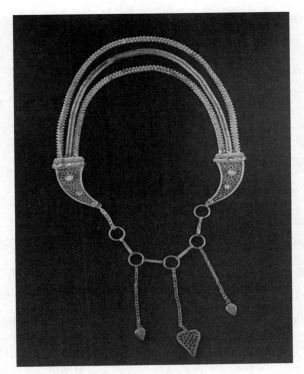

图 3.2　三重顶链犀角形牌饰金项链（国家文物局水下文化遗产保护中心等：《南海Ⅰ号沉船考古报告之二（下）》，北京：文物出版社，2018 年，469 页）

佩戴的，还是准备销售海外呢？从金器发现的位置分析，它们主要出土在遗址的上层，水平分布于船体的中后部。以此判断，一部分金器应该是船上人员随身佩戴或携带，或者放置于居住的舱室。不过，如前所述，有一个漆盒里发现了大量的金器，包括项链、戒指、耳环、腰饰和金箔等，笔者认为这些很可能是销往海外的。无论如何，阿拉伯风格的金饰，如果是随身佩戴，那么主人很可能来自印度洋世界；如果是商品，那么它们的外销对象也是印度洋市场。如此，则南海Ⅰ号的目的地很可能就是印度洋了。

南海Ⅰ号还出水了其他一些珍贵的遗物，虽然数量不多，但品种丰富，对了解宋代中国的远洋贸易和海上生活颇有益处。比如，船上发现了铜砝码、天平和秤盘，以及铸有"湖州石十二郎"字样的带柄铜镜。还有各种锡器，主要是生活器物和饰品，这些作为实用器的锡器，应该是为东南亚准备的。再如，南海Ⅰ号还出水了珍贵的漆器（提取标本66件），包括髹红、髹黑褐等漆器以及剔红、剔犀等雕漆器。其器型包括碟、盒、盘、勺、簪、奁、箱等，纹饰有香草纹、卷云纹、缠枝纹和花鸟纹等。这些宋代漆器，有的朴素，有的精美，在陆地考古中或不乏发现，但在海底却几乎是硕果仅存的实物，"珍贵"两字自然无法道尽它们的价值。

南海Ⅰ号上发现的动植物遗物也值得一说。除了海洋动物，研究人员发现了鸡、鹅、猪、牛、山羊、绵羊、淡水龟和蛙等。这些考古发现，印证了古籍中关于海船携带家禽家畜出海的记录，丰富了我们对远洋海上生活的认知。研究人员还清理了南海Ⅰ号上发现的植物遗存，发现了至少19个不同的植物种属，包括核果类、坚果类、浆果类、荔枝类、瓜类、谷物类、香料类等，其中有梅、槟榔、橄榄、枣、滇刺枣、南酸枣、锥栗、银杏果、香榧、松子、葡萄、荔枝、冬瓜、稻壳、花椒、胡椒等。这些植物大多数属于热带和亚热带作物，主要产地为浙江、福建和岭南地区。这一方面说明了海员食物的多样性，另一方面也指向了泉州是始发港的推论。总体而言，南海Ⅰ号出水的遗物，数量庞大，种类繁多，工艺精湛，质量精美，保存状况良好，无愧是南宋中国海洋贸易的时空胶囊。

从被动到主动：海洋中国的"唐宋变革"

综上所述，南海Ⅰ号虽然在广东沿海沉没，却和泉州一号一样是一艘福船，也就是宋代文献中所说的泉舶。它的始发港应该就是泉州，且必然要驶向东南亚，同时也很有可能前往印度洋。尤其值得注意的是，南海Ⅰ号和泉州一号一样，是一艘中国人建造、中国资本支撑、中国商人主导、中国水手驾驶，满载中国货物前往东南亚和印度的海舶，这和三百多年前的黑石号形成了鲜明的对比，从而为我们理解唐宋时期海洋中国（以及海洋亚洲）的变迁提供了鲜活的案例。不妨比较一下阿拉伯式的黑石号与宋代中国的南海Ⅰ号、泉州一号这两艘沉船，以此来理解唐宋时期中国航海和海洋贸易的变迁；或者说，从海洋角度来理解学者们广泛讨论的"唐宋变革"，虽然这可能并不符合唐宋变革的本意。

黑石号是一艘相当于我国晚唐时期的阿拉伯（波斯）式沉船，这是南海发现的年代最早的沉船，也是最早往返于西亚和中国之间的海舶。黑石号沉船上有6万多件遗物，主要是中国制造的瓷器。船上还有30多件唐代铜镜，包括文献记载但很少能找到实物的扬子江江心镜，以及30件金银器和18件银锭。黑石号的重要性，不仅仅在于船上发现的丰富多彩的各类商品和航海物品，更重要的是，它是南海发现的最早沉船。船上的一件长沙窑瓷器有"宝历二年七月十六"的落款，宝历是唐敬宗（李湛）的年号，则沉船发生在约公元826年8月22日后的几年之间，也就是9世纪早期。

非常幸运，黑石号虽然在海底沉没埋藏了1100多年，但船体保持基本完整，残存的长度为15.3米；据此推断，黑石号全长可达18米，载重量大概 25 吨至 30 吨，在当时已经是体量非常大的商船了。黑石号的建造方式是完全用绳索缝合船板，不用任何铁钉、木榫等，"不使钉灰"。根据造船技术、船体残骸以及对木料做进一步分析，学者们认为这是一艘阿拉伯式海船，则黑石号来自印度洋西部或波斯湾，即西亚的阿拉伯世界。因此，目前的考古发现表明，阿拉伯式的无钉之船最早完成了从西亚到中国的远洋航行，驰骋于从东非到南海的广阔的亚洲海域之中。

关于黑石号的航线，目前有几种推测：一种是它从广州返航途中失事；一种是它从扬州返航；一种是它从三佛齐（旧港）返航。笔者以为它从广州返航的可能性非常高，因为广州在 7 世纪就已经是世界大港，波斯舶、昆仑舶和狮子舶等来自印度洋和东南亚的外国船只云集，这样的文献记载很多。

黑石号传递了海洋亚洲的丰富信息。关于船，西亚、波斯湾一带阿拉伯式样的海船最先完成了从西亚（印度洋、波斯湾）到东亚（南海或东海）的往返航程；关于商人和水手，也是西亚的阿拉伯人、波斯人或印度人在东南亚人的协助下，开始了西亚和东亚的贸易来往；关于货物，中国的货物特别是瓷器通过阿拉伯人和阿拉伯船到达印度洋世界。因此，笔者认为，唐代中国在南向和西南向的航海和海洋贸易中还处于被动地位，等待别人上门购买自己的货物。当然，我们也不能排除黑石号上有个别中国的商人或者水手。

这样看来，在唐代，从印度洋到中国的航海是由外国人主导的，所以中国的求法僧人，如 7 世纪的义净，或 8 世纪中在怛罗斯城被俘的杜环，762 年从西亚回来的时候，都搭乘了外国的船只。当然，这些以黑石号为代表的西亚船只，更多的是辗转在印度洋—东南亚—中国之间，直接往返的比较少。无论如何，这大致都是唐代宰相贾耽所记载的广州通夷海道。

南海 I 号和泉州一号则是南宋中国的两艘海船，都是福建制造的泉舶，从泉州出发前往海外世界。它们传递的信息与黑石号大相径庭。第一，它们都是中国制造的海船。第二，它们都是中国和古代东南亚以及印度洋航海的实物证据，尤其泉州一号完成了从泉州到印度洋的往返航程，这是中国航海史的突破。第三，这两艘船上的商人、水手应该主要是中国人，海洋贸易的组织者和领导者也是中国人；他们出发携带的货物是中国商品，返航携带的是西亚、印度和东南亚的商品。此外，南海 I 号上发现的异域风格的金器，表明这艘中国海船可能搭载了印度洋世界的商人。因此，这两艘中国沉船传递的信息是中国技术、中国商人、中国资本、中国货物。最重要的是，这是中国主动走出去，和黑石号被动地搭载中国货物完全相反。

因此，就海洋中国而言，唐代的中国属于被动接受，宋代（南宋）的中国则是主动进发，实在是海洋中国和海洋亚洲革命性的变革。

第二部分　物

第四章

皇帝也难求：嘉靖宫中的龙涎香

变生榻寝

嘉靖二十一年（1542）十月二十二日凌晨，北京紫禁城乾清宫。宫女杨金英联合苏川药、杨玉香、邢翠莲、姚淑翠、杨翠英、关梅秀、刘妙莲、陈菊花、王秀兰等十几人将打好的绳结套在了天下一人，也就是睡梦中的嘉靖皇帝（1521—1567年在位）的脖子上，然后使劲拉紧绳子，嘉靖顿时陷入昏迷。可是，这绳子打的是死结，嘉靖昏而不死。眼看事情就要败露，宫女张金莲非常害怕，便向皇后报告。经过救治，嘉靖免于一死。这一年是壬寅年，这次宫闱之变便称为"壬寅宫变"。

皇帝差点被宫女勒死，这是自秦始皇以来从未发生过的事情，也是中国历史上两千年帝制空前绝后的丑闻，"当是时中外震惶"。嘉靖自知此事和"朕德不修"有关，内心七分惊恐，三分羞惭。宫变之后，他派成国公朱希忠等告谢天地、宗庙、社稷及应祀神祇，并说道："群婢大肆逆谋，实变出非常。仰荷天地、祖宗、皇考妣、百神佑护，以致朕躬安宁。"

关于壬寅宫变，明代史料记录模糊。对于事件的起因，也就是现在所说的犯罪动机只字不提，因为涉及皇帝本人的德行，故为圣人讳。其实，当时已经有人了解或推测实情，只是不能妄议。现在的学者也大致知道起因，那就是嘉靖皇帝为求长生不老，沉迷炼丹，在身体与精神上虐待宫女，后者不堪其辱，采用了旁人不敢想象的反抗手段。

炼丹，是中国自古以来的传统，并不稀奇，为何嘉靖皇帝的炼丹会凌辱宫女呢？不妨看看明人的记录。嘉靖驾崩当年出生的谢肇淛（1567—1624）粗略地介绍了宫女在炼丹中的角色：医家有取红铅之法，择十三四岁童女，美丽端正者，一切病患残疾，声雄发粗及实女无经者俱不用，谨护起，候其天癸将至，以罗帛盛之，或以金银为器，入磁盆内，澄如朱砂色，用乌梅水及井水河水搅澄七度，晒干，合乳粉、辰砂、乳香、秋石等药为末，或用鸡子抱，或用火炼，名"红铅丸"。

嘉靖死后十一年出生的沈德符（1578—1642）还指出选秀和炼丹的关系："嘉靖中叶，上饵丹药有验，至壬子（三十一年）冬，命京师内外选女八岁至十四岁者三百人入宫。乙卯（三十四年）九月，又选十岁以下者一百六十人。盖从陶仲文言，供炼药用也。其法名先天丹铅，云久进之可以长生。"童女进宫后，"嘉靖间，取童女初行月事，炼之如辰砂以进"。沈德符一针见血地指出："名曰长生，不过供秘戏耳。"将房中术与长生术的关系说得一清二楚，直接批评了嘉靖炼丹求长生的同时，其实也是制春药求床笫之欢。

"取童女初行月事"则大致指向了炼丹一事对未成年少女，甚至女童的凌辱和摧残。至于细节，我们虽然无从得知，但当时的朝鲜使臣曾说过，宫女"若有微过，多不容恕，辄加棰楚。因此殒命者，多至二百余人"，可见嘉靖之暴虐。无知无识又与家人隔绝的宫女，最终采取了勒死皇帝这个她们知道是大逆不道的手段，可以想见她们被凌辱到何等地步。

壬寅宫变的直接起因是嘉靖炼丹对宫女身心的摧残，而关于嘉靖炼丹，史学界一般谈到的就是谢肇淛、沈德符所说的红铅丸，需要童男女的小便或月经初潮，以及乳粉、辰砂、乳香、秋石等材料。其实，从阿拉伯世界和印度洋传入中国的龙涎香，更是嘉靖炼丹的关键成分，不可不说。自唐代起，龙涎香就从阿拉伯世界传入中国，作为香料使用。到了宋代，龙涎香更成为最受欢迎的合香原料，故"泉州一号"这艘香料之船当中也有发现。由于其价高昂，各种仿制的龙涎香在南宋时已层出不穷，记载龙涎香使用和制作的香谱也不断涌现。不过，无论是唐代还是宋代，龙涎香并没有作为药物使用。从香料到药物的转变，是在明代完成的，道士和嘉靖皇帝在其中起到了关键作用。

大约就在壬寅宫变前后，嘉靖皇帝开始频繁求购龙涎香。在道士指导、辅佐嘉靖皇帝炼丹的几十年中，采办金、银、灵芝及各种香料便成为宫廷一大要务，数十年内动用全国之力求索孔急。其中龙涎香因为与印度洋直接贸易的中断尤其匮乏，成为嘉靖炼丹的短板和关键。龙涎香的缺乏，使得嘉靖皇帝异常烦躁与苦恼，甚至大发雷霆。

"龙涎香十余年不进，臣下欺怠甚矣"

大约在 1542 年后，龙涎香开始进入嘉靖的视野。《明史》记载：

"又分道购龙涎香，十余年未获，使者因请海舶入澳，久乃得之。"使者请海舶入澳门大致在1556年，往前推十余年，则购龙涎香就在1540年代初。又，嘉靖十八年（1539），梁材任户部尚书，"醮坛须龙涎香，材不以时进，帝衔之。遂责材沽名误事，落职闲住"，则醮坛用龙涎香在用灵芝等炼丹之前。由此看来，搜求龙涎香在1540年之前。不过，炼丹似乎需要龙涎香甚多，所以《明实录》中有关文献集中于1550年代，不妨引述如下。

"嘉靖三十年（1551）七月"，"命户部进银五万两，仍谕起自明年每五年一进银十万两，复敕分道遣人购龙涎香，无得枉道延扰"。这是嘉靖第一次下旨购买龙涎香，而"无得枉道延扰"不过是表面文章。

"嘉靖三十三年（1554）八月"，"上谕辅臣严嵩等户部访买龙涎香至今未有，祖宗之制宫朝所用诸香皆以此为佳，内藏亦不多，且近节用非不经也，其亟为计奏？嵩等以示互户部，部覆此香出云广偏僻之地，民间所藏既无，因而至有司所得以难继，而止又恐真赝莫测。不敢献者有之，非臣等敢惜费以误上供也，疏入。上责其玩视诏旨，令搏（博）采兼收以进"。

看来，从1551年夏下诏"分道遣人购龙涎香"，整整三年并无所获，所以嘉靖颇为诧异。他对严嵩说，内库藏龙涎香不多，自己的使用也很节俭，究竟该怎么办？严嵩把嘉靖的问话传给户部，户部的解释是龙涎香产自云南、广东偏僻之地，民间也没有什么收藏，所以三年来买不到；此外，大家对龙涎香不熟悉，不知道真假，即使有龙涎香者，也不敢进奉；因此，绝不是户部为了省钱而不买或买不到龙涎香。嘉靖看到这个回复十分不满，指责户部轻视他的旨意，要求"搏（博）采兼收以进"龙涎香。

嘉靖对户部不满也不是没有根据。实际上，1554年距他下诏求龙涎香已经十多年了。《明实录》"嘉靖三十四年（1555）五月"记载："先是上命访采龙涎香十余年尚未获，至是令户部差官往沿海各通番地方设法访进。"十多年来一无所获，嘉靖不能不疑心户部阳奉阴违，所以在1554年的旨意一年之后，嘉靖再次命令户部派人到沿海各地寻访龙涎香。

　　然而，嘉靖的愤怒和户部的努力并没有带回龙涎香。到了"嘉靖三十五年（1556）八月"，嘉靖大发其怒。"上谕户部，龙涎香十余年不进，臣下欺怠甚矣，其备查所产之处具奏取用。户部覆请差官驰至福建广东会同原委官于沿海番舶可通之地多方寻访，勿惜高价，委官并三司掌印官各住俸待罪，俟获真香方许开支疏入。上姑令记诸臣罪，克期访买，再迟重治，仍令差官一员于云南求之其官民之家有收藏者，许自进献给价。时采芝、采银、采香之命并下，使者四出，官司督趣急于星火。论者咸归罪陶仲文、顾可学云。"他指责户部"龙涎香十余年不进，臣下欺怠甚矣"，要求户部详细提供龙涎香产地的信息，以备访买。而户部在高压之下无计可施，也只能重复过去的措施，加大力度，请批准再派一名专任官员前往福建、广东，会同前一年派去的官员一起，到"沿海番舶可通之地"，不惜高价，寻访龙涎香。当时明王朝仍在海禁当中，外国海船可以到达的地方其实也就是澳门—广州而已，且以葡萄牙人为主。"委官并三司掌印官各住俸待罪，俟获真香方许开支疏入"，也就是相关官员在获取真的龙涎香之前，待罪停薪。在这样的措施之下，嘉靖稍觉安心并略发慈悲，"姑令记诸臣罪，克期访买，再迟重治"。同时命令另派官员去云南，鼓励当地官民进献龙涎香，并提醒官府按照市场的价格购买。大概嘉靖当时炼丹到了紧要关头，所以这一年采办灵芝、天真银和龙涎香的旨意一道接一道，"使者四出，官司督趣急于星火"。于是人们纷纷怪罪挑起炼丹之事的陶仲文、顾可学。如沈德符所记："当炼芝时，用顾可学、陶仲文等言，须真龙涎香配和，并得矿穴先天真银为器，进之可得长生。于是主事王健等以采龙涎出，左通政王槐等以开矿出，保定抚臣吴岳等献金银砂，所至采办遍天下矣。"

就这样，1556年大明王朝出现了整个帝国采办动员的高潮。全国总动员还是有效的，大约三个月后，"嘉靖三十五年十一月"，"广东布政司进龙涎香一十七两"；第二年（1557）"嘉靖三十六年七月"，"福建抚臣进龙涎香拾陆两；广东抚臣进龙涎香十九两有奇"。看来王健颇有作为。那么，王健采取了什么新措施呢？

《明实录》"嘉靖三十六年十二月"记载："先是，遣主事王健等往闽广采取龙涎香，久之无所得。至是，健言宜于海舶入澳之时酌处抽分事宜，凡有龙涎香投进者方许交商货买，则价不费而香易获，不必专官守之。部议论以为然，请取回奉差。"最初王健也是一无所得，后来采取了一项新措施，要求所有外国的海船到"入澳之时"，必须先"投进"龙涎香才允许买卖；王健认为这样不但可以获得龙涎香，而且价格便宜，同时也不用派驻专官守在当地，可谓一举三得。户部看了这个建议也觉得可行。这样，购买龙涎香就和明王朝的海洋贸易、对外政策结合起来，成为外国海商到中国交易的前提。这就为明王朝允许葡萄牙人入驻澳门留下了伏笔。

可是话说回来，两年的倾国之力不过搜罗了两斤多一点龙涎香，实在说不过去。到了"嘉靖三十九年（1560）八月"，"上谕户部，向所进龙涎香皆非真者，近有一二方是，其令用心采取以进"。此处嘉靖指出，此前所献龙涎香多数都是假的，只有一两块是真的，希望户部继续用心采办。此时，嘉靖似乎已经了解到龙涎香的难得，所以对户部也抚慰为主，口气缓和了很多。

八两龙涎香换七百六十两白银

从 1540 年前后到 1562 年的二十多年时间里，嘉靖火急火燎地下旨，动员全国力量，也不过搜求得龙涎香数斤而已。然而，1562 年的一场火灾，将嘉靖所有的龙涎香和其他香料几乎毁为一炬，即刻导致另一场举全国之力的运动。"嘉靖四十一年（1562）六月"，"上谕内阁，自访取龙涎香以来，二十余年所上未及数斤，昨尽毁于火，其示耀设法取用。于是户部覆请遣官至闽广购之。诏官不必遣，即令所在抚按官急购以进京师，商人有收得者令平价以售，有司毋得抑减；仍别购沉香、海䖠香各二百斤，杂香品各二三十斤。"

其中"耀"即户部尚书高耀。大火烧掉了所有的龙涎香，嘉靖就让高耀设法急速购买龙涎香；户部便老调重弹，准备派官去福建、广东督办；嘉靖下旨说不必如此，闽广两地所在官员办理即可；并特别提醒官员，如果商人有售龙涎香，不得压价；此外，除了龙涎香外，还需要"别购沉香、海䖠香各二百斤，杂香品各二三十斤"。

两个月后，户部尚书高耀"购得龙涎香八两献之。上喜，即命价银七百六十两；寻以耀用心公务，与欺怠者不同，加太子少保，耀疏辞，不允"。《明实录》此处记载颇有玩味之处。首先，户部受命寻访龙涎香，结果户部尚书，也就是户部的第一长官却私人进献了龙涎香，这实在不合常理。其次，户部督办此事，动员东南各地寻访，三个月毫无成效，反而是身居北京的户部尚书本人得到了龙涎香，这户部长官将自己掌管的部门以及东南抚臣置于何面目？而且，户部尚书又是从何人何处得到龙涎香呢？再次，八两龙涎香，嘉靖居然回报白银七百六十两，相当于黄金八十两以上。这个价格比一些宋代文献推算的价格还要高，实在离谱。而按照明末严从简的记载，南巫里龙涎香的价格不过每斤（十六两）值中国铜钱九千文（九两白银），嘉靖给的价格约是其一百七十倍。这或许是嘉靖千金买马骨的大手笔？此外，《大明会典》"内府估验定价例"中规定"龙涎每两三贯"，这个低廉的价格当然不可能买到龙涎香。最后，高耀不仅获得七百六十两白花花的银子，而且嘉靖还给了他太子少保的头衔，以奖励他"用心公务，与欺怠者不同"；虽然高耀推辞，可是嘉靖不许。话说回来，作为户部尚书，寻访龙涎香不过是他的本职工作。其中的确大有端倪。

《明实录》接着说明了其中的原委："初，大内灾中人有密收得龙涎香者，至是会上索之急，耀阴使人以重价购之禁中，用圣节建醮日上之，遂大称旨。云耀初以贿结严世蕃，致位八座，其典邦赋以赃秽著闻，及是世蕃既败，知不为公论所容，乃诡遇以要结上，知为固位计，盖小人患失如此。"到此，真相大白。高耀的八两龙涎香其实就是嘉靖皇帝的，宫中火灾时有太监火中取得，高耀得知后重价收购之，而后趁着道教做仪式的黄道吉日献上，获得了嘉靖的欢心。高耀之所以这样做，是因为他当年的高位是贿赂结交严世蕃而来，而此时严嵩、严世蕃父子已经败露，舆论对高耀极为不利，高耀遂借机讨得嘉靖的欢心，以巩固自己的地位。

高耀献香三天之后，"福建布政司进龙涎香十八两"，数量虽少，对嘉靖皇帝来说却是个莫大的安慰；次年（1563）"四月七日"，广东献"龙涎香六十二两有奇"。广东一次居然奉上龙涎香近四斤，这是有史以来最多的一次，可谓不凡。其实，这么多数量的龙涎香来自葡萄牙人，他们数年前已经蒙明王朝恩准居住澳门，所以愿意把从印度洋购得的龙涎香卖给广东抚臣。二十天后，"福建抚臣进龙涎香八两"；约四个月后，"福建抚臣进龙涎香五两"。福建的"八两""五两"都说明了龙涎香在澳门之外的稀少与难得。

可是，炼丹所需的龙涎香数量远非数斤可以解渴。到了1565年，嘉靖皇帝再次失去耐心，龙颜大怒。"嘉靖四十四年（1565）二月"，"上谕：内阁曰累年诏户部访取龙涎香，至今未足三四斤数。此常有之物，只不用心耳。昔梁材诽为世无之者，皇祖《永乐大典》内有此品，且昨斤两不足，虚费价。耀尝加恩，如何似此忽诸？于是户部尚书高耀皇恐待罪，请遣使广东、福建趣抚按官百方购之。上曰：香品，旧例用制万岁香饼，非因斋修，梁材诽慢，尔等何为效之？其实访取真品是也，每次以三五斤进用。已耀先购一斤八两进之，云得之民间物也"。

嘉靖首先指出，这几年户部访取龙涎香不过三四斤，而且斤两不足，浪费银钱；龙涎香是"常有之物"，户部不能买到，实在"不用心"；然后他拿因为进献龙涎香不及时而被免职的梁材为例来警告户部，说过去梁材胡说龙涎香是史上罕有之物，可是《永乐大典》中就有记载，怎么会买不到呢？而后嘉靖敲打了户部尚书高耀，说他此前因为进奉了八两龙涎香而"加恩"，现在为何如此怠慢此事？高耀本来就担心自己地位不保，嘉靖的指责让他诚惶诚恐，回奏说再派专任官去广东、福建敦促地方官购买。嘉靖对此也没有办法，只是借机为自己辩护说，他需要龙涎香，不是因为道教的"斋修"（也就是道家仪式以及炼丹）需要，而是按照过去的惯例制作"万岁香饼"而已，这样来防止群臣批评他滥用国库修仙炼丹。他接着指示大家用心办事，每次只要三五斤即可。而高耀早有先机，此前已经进献龙涎香一斤八两，说是民间得来。这一斤八两很可能是他利用自己的权势从广东得到，而伪称是从民间购买的。

1567年1月，嘉靖驾崩，寻访龙涎香的运动暂时告一段落。综合上述，明王朝全国动员访取龙涎香长达二十多年，这完全是因为嘉靖皇帝在宫内沉溺道教修仙炼丹的结果。《明史》总结道："中年以后，营建斋醮，采木采香，采珠玉宝石，吏民奔命不暇……又分道购龙涎香，十余年未获，使者因请海舶入澳，久乃得之。"这不仅直接批评了嘉靖求道修仙而导致的奢靡浪费，而且隐约提到因为分道购龙涎香而引出葡萄牙人进驻澳门的故事。这和本文无关，按下不表。

积习难改

嘉靖驾崩之后，新皇帝穆宗朱载垕登基，年号隆庆（1567—1572）。他马上宣布结束龙涎香的购买，《明实录》记载他执行嘉靖遗诏之命，"停止其原建斋醮之所"，停止"广东采珠买黄白蜡降真香及与福建买龙涎香"等。不过，穆宗和嘉靖一样沉迷房中术，乱服春药，六年之后（1572）便驾崩了，时年三十五岁。他服用的春药里面很可能有龙涎香的成分。

穆宗皇帝登基之初便开放海禁（1567），也就是所谓的"隆庆开放"。不过，隆庆开放只是允许漳州一港对外贸易。虽然中国和东南亚的海上贸易迅猛发展，可是中国和印度洋的海上往来并没有恢复，因此龙涎香在中国依然极其稀缺。在现存明代漳州的两张税收货物单（分别是 1589 年和 1615 年）中并没有出现龙涎香，而檀香、沉香、没药、奇楠香、肉豆蔻、冰片、降真香、白豆蔻、血竭、束香、乳香、木香、丁香、芦荟等香料都在其内，并标明税率。这说明 1567 年明王朝开放海禁后并没有从海外贸易中获得龙涎香，原因在于：第一，东南亚本身不产龙涎香；第二，直到 16 世纪末，印度洋的龙涎香到东亚依然至稀至少，而葡萄牙人可能是唯一掌握龙涎香的势力。

到了神宗年间（1573—1620 年在位），龙涎香再度在官方文献中出现。神宗与其祖嘉靖如出一辙，以九岁孩童的身份登基，年轻时异常勤政。他十五岁亲政，让人看到中兴气象，然而 1588 年之后神宗开始怠政，深居宫中，三十年不出宫门，不郊、不庙、不朝，耽于酒色，"晏处深宫，纲纪废弛，君臣否隔"。他的身体虚弱和病逝或许和服用春药有关，也正是在神宗时期，广东又开始进奉龙涎香。

张燮在 1620 年完成的《东西洋考》中引述了宫中购买龙涎香的事迹。万历二十一年"十二月，太监孙顺，为备东宫出讲题，买五斤，司札验香，把总蒋俊访买。二十四年正月进四十六两，再取。于二十六年十二月买进四十八两五钱一分，二十八年八月买进九十七两六钱二分"。张燮的说法得到《明实录》的证实，万历二十四年"户部题广州府照磨王应龙解龙涎香四十六两"，即张燮引述的"二十四年正月进四十六两"。如此表明，神宗至少在万历二十一年就有旨意访取龙涎香。

三年之后，"万历二十七年（1599）三月"，"户部上言，典礼在迤，所需金、珠、宝石、名香等项，乞分派各省。上命俱于在京召商买办，惟龙涎香行该省办进"。则神宗皇帝知道北京是买不到龙涎香的，要买龙涎香必须到南方。六个月后，"户部进大珠、龙涎香，命内库验收，仍以大珠不堪及退出，未进者谕令精求速办毋误典礼"。"万历四十年（1612）九月"，广东巡按王以宁提议"协黔木价办龙涎香"，则说明万历年间一直还在求购龙涎香。根据以上购买龙涎香的文献，大致可推测，神宗皇帝继承了乃祖乃父的旧习，依然到南方采办龙涎香，而且大致可以肯定是用来制作春药。

1620 年 8 月，神宗驾崩，年仅五十六岁。一个月后，在位不足三十天的明光宗服用红丸暴毙。由此可见，自宪宗以来明代宫廷服用道家春药，特别是嘉靖首创以龙涎香制作金丹的传统一直在延续。

以上明代文献大致说明，自 16 世纪中期嘉靖朝以来，龙涎香成为道士在宫廷为皇帝修炼金丹（无论是春药还是长生不老药）的关键原料。明代之前，中国对龙涎香的开发利用不过是当作香料而已，或熏燃或佩戴或加工制作合香，并没有开发任何药物价值，所以 16 世纪末李时珍在《本草纲目》中对龙涎香的药性极其陌生，不知道有什么龙涎香的成方。可是，正是在李时珍的时代，皇帝和道士在宫室之内展开了对龙涎香红红火火的试验，奠定了龙涎香在中医学中的基石地位。

第五章

为什么只有印度洋出产龙涎香？

西南海中来

龙涎香，早在唐代便为中国人所知。段成式在《酉阳杂俎》卷四中记载："拨拔力国，在西南海中，不食五谷，食肉而已。常针牛畜脉取血和乳生食。无衣服，唯腰下用羊皮掩之。其妇人洁白端正，国人自掠卖与外国商人，其价数倍。土地唯有象牙及阿末香。波斯商人欲入此国，围集数千人，赍缯布，没老幼共剌血立誓，乃市其物。自古不属外国。战用象排、野牛角为矟，衣甲弓矢之器。步兵二十万。大食频讨袭之。"

如前所述，所谓阿末香，即后来所称龙涎香。阿末为阿拉伯语 anbar 的音译，后又翻译成俺八儿。Anbar 或 amber 就是传统的琥珀，为树脂滴落后在地下因压力和热力共同作用形成的透明生物化石。琥珀大多由松科植物的树脂石化形成，故又称为松脂化石。龙涎香因其形状、色彩、香味乃至想象的来源与琥珀相同或相似，在 16、17 世纪之前，人们往往将两者混淆，但其实两者的成分和形成机制大相径庭。

段成式所说的拨拔力，即 Berbera，为东非索马里的一个港口。段成式介绍的内容是，东非附近拨拔力，陆地产象牙，海中产龙涎香，西亚的波斯人经常和他们交易，而那时势力正盛的大食几次前来攻打。根据段成式的记载，龙涎香在当时（9 世纪）已经传入中国。

拨拔力附近的海域，为东非附近的印度洋，即印度洋西部海域，或者说是阿拉伯海的南部。段成式记载龙涎香产于西南海。西南海的地理位置，如果就唐朝的方位而言，位于南海之西，即今天的印度洋海域；如果就波斯或大食而言，地理方位依然正确。无论如何，印度洋成为中国文献中记载龙涎香的最早产地，这个记录完全符合事实，也和其他语言的文献一致。10 世纪阿拉伯历史学家和旅行家马苏第不但详细记载了龙涎香的形状，而且强调了印度洋盛产龙涎香的海域，即印度洋西部，尤其是东非沿岸，这与唐人段成式的记载吻合。他写道："最好的龙涎香发现于东非沿海及其岛屿，圆形，鸭蛋青，体积有时如鸵鸟蛋大小。这些海鱼吞食过的食物被称为 Awal。一旦大海发怒，就会把这些如岩石块的琥珀卷到海面，吞食琥珀的海鱼会被呛住，而后浮在海面。东非当地人一旦发现漂浮的海鱼，便划上独木舟，向海鱼投掷鱼叉和绳索，将其拉上岸，切开鱼腹，取出龙涎香。"

海中聋人

关于龙涎香的来源，全世界各地区，包括中国，众说纷纭，颇为神秘。有说是大鸟或怪兽的粪便，有说是海边的树脂树胶，有说是海

图 5.1　龙涎香（美国国家历史博物馆）

底生长的蘑菇，有说是海底流淌的沥青，不一而足。这些说法看起来相差很大，但都指向大海，可见当时各地的人们普遍知道龙涎香与大海密不可分。或产于大海，或发现于大海，归根结底是海底奇珍。12世纪的阿拉伯旅行家伊迪里西（Edrisi）指出，一些岛上"发现一种物质，如同液态的沥青—树脂，它在海底焚烧海鱼，而后浮上海面"。伊迪里西的描述虽然简单，但其关键情节都指向了龙涎香。当然，龙涎香在海底焚烧海鱼只是想象而已（图5.1）。

　　13世纪上半期的伊本·巴伊塔尔引述前人的话说："琥珀乃一种海生动物之排物。据说，这种物质生长在深海，被某些海兽吞食，然后泄出来，被海浪抛出，退潮时留在海滩。琥珀呈木质结节状，油腻、量轻，可浮在水面。还有一种琥珀，黑色，空而干，无很大价值。琥珀芳香扑鼻，强心健脑，治疗瘫痪、面部抽搐以及因过量液体引起之疾病。琥珀乃香料之王，可用火来验其真假。"又说："琥珀被称为海中聋人。至于说这是海泡石或某种动物之排泄物，此说与事实相差太远了。最好的琥珀介于黑白之间，来自石矶国；其次是天蓝色的，再次是黄色的。质量最次的琥珀是黑色的，往往被当成枸杞、蜡或劳丹脂。至于曼德琥珀，呈黑色，很少被人重视；这种黑色琥珀经常在一种鱼的内脏里见到，这是因为此鱼是食琥珀后死去的。"

阿布尔·法兹尔（1551—1602）是莫卧儿王朝阿克巴尔大帝（Akbar, 1542—1605）的大臣和朋友，在其1595年完成的著作中几乎搜罗了所有的说法："某些人声称琥珀是生长在大海深处的，在海底生活的各种动物吃过它之后便成为一种滋补品。还有些人声称，当海鱼吞食过这种物质之后便会死亡，然后再从鱼肠中提取。另外一些人认为，琥珀是一种海牛（Sārā）的粪便，或者是大海的泡沫。也有人认为它是从某些岛屿的山上逐滴掉下来的。许多人把琥珀看作一种海胶，其他人又认为它是一种蜡，笔者本人也赞同后一种观点。有人声称在某些山上曾发现过大量的蜂蜜，实际上已经多至漫溢到大海之中了。蜂蜡漂浮海面，经日光曝晒之后便形成一种固体。因为蜂蜜是由蜜蜂在香花丛中采集的，所以琥珀当然也呈香味。人们时常会在琥珀中发现死蜜蜂的遗骸。阿布·西纳（Abū Sinā）认为，在海底有一股喷泉，琥珀就是从那里流出来的，然后又被大浪卷到海岸。当琥珀还很新鲜的时候，尚显得非常潮湿，只是在阳光的照射下才逐渐干枯。琥珀呈现多种颜色，白色者为最佳，而黑色者为最次，中等质量的呈淡绿或杏黄色。最好的琥珀是灰白色的。它显得油光发亮，而且还是由叠合的数层组成的。如果将它打碎，又呈现一种浅淡的黄白色。它同那种白色的琥珀同样质地优良，但更为轻盈和柔韧。质量次之的琥珀是淡黄色的，再次就是被称为花罂粟的黄色琥珀。那种黑色的琥珀质量最劣，而且还是易燃物。市场上贪得无厌的不法商贾从中掺入一些蜂蜡、曼达尔琥珀和草木树胶等物品，但并不是所有人都进行这种以假充真的勾当。曼达尔琥珀采集自死鱼的肠腔里，并没有多少香味。"

这些都是人云亦云的说法。直到 17、18 世纪，对于龙涎香的来源和性质，就连最博学的耶稣会教士也语焉不详。1610 年到达澳门的艾儒略在《职方外纪》中介绍非洲时写道："又有一兽，躯极大，状极异，其长五丈许，口吐涎即龙涎香。或云龙涎是土中所产，初流出如脂，至海渐凝为块，大有千余斤者，海鱼或食之。又在鱼腹中剖出，非此兽所吐也。"则误会为陆地猛兽之涎。

"在马尔代夫我见过很多"

综合中世纪的中西文献，我们发现，印度洋是龙涎香首要乃至唯一的产地。而位于中西海航必经之处的马尔代夫群岛，也以盛产龙涎香闻名于世。14 世纪初的摩洛哥旅行家伊本·白图泰在印度洋的马尔代夫群岛居住了一年半时间，他发现岛上的居民沉溺于各种香油香料，包括檀香油、麝香油、玫瑰露等。马尔代夫当然不产这些香料，却出产明代皇帝垂涎三尺的龙涎香。

阿拉伯人和印度人临近印度洋，早就注意到此岛出产龙涎香。9 世纪的苏莱曼（Sulayman）认为："海浪把大块状的琥珀推到这些岛屿的岸边，一些琥珀形状仿佛一棵树，或者与之相似。琥珀长在海底，如同树木；当海洋躁动不安时，就把琥珀像南瓜或松露一样推到海面。"苏莱曼所说的琥珀，其实就是龙涎香。约 10 世纪的伊布拉西姆在《〈印度珍异记〉述要》（成书于公元 1000 年前后）中讲述了类似的故事，不同之处是把龙涎香比作沥青从海底喷到海面而已。书中认为，马尔代夫"据说有一千九百个岛屿，岛上有大量的琥珀，大块琥珀好似房屋，这种琥珀在海底似植物一样生长，当海潮来临，海浪滚滚，琥珀便被海浪从海底卷出，抛出海面，似沥青，似滚开热水，这是油脂琥珀"。他用油脂琥珀来指代龙涎香，以区别于一般的琥珀。

16 世纪初的巴尔博扎（Duarte Barbosa，1480—1521）是葡萄牙航海家和作家，也是麦哲伦环球航行的一员。他当然注意到马尔代夫的这种珍稀产物："此处亦可见大块的龙涎香，或白，或灰，或黑。"他当时还不知道龙涎香的正确来源，别人告诉他这是巨鸟的排泄物。他写道："我不时问那些摩尔人龙涎香是什么东西，哪里长出来的。那些摩尔人认为是鸟的粪便；他们说，许多无人居住的岛屿上有一些巨鸟，它们停留在海边的岩石或悬崖上，排泄出龙涎香，而后经风吹雨打日晒变软，颜色也转为棕褐色；狂风暴雨又将其分割成大大小小的一块块，先后坠入大海；它们或被海浪冲到海岸，或被鲸鱼吞食。白色的称为白琥珀（Ponambar），在海里的时间比较短，价值最高；灰色的则在海里浸泡了很久，因而变成这种颜色。他们认为灰色的价值也高，只是不如白色的。再次的是黑色的、形状压碎的，他们说是被鲸鱼吞食过的，因为消化不了又吐了出来，这种他们称为霉琥珀（Minambar），价值最低（虽然比其他颜色的要重，但缺少香气）。"

13 世纪的宋代士人张世南根据历代文献，对龙涎香做过全面、综合的介绍，其中也包括龙涎香的分类。他认为："龙出没于海上，吐出涎沫有三品：一曰'泛水'，二曰'渗沙'，三曰'鱼食'。'泛水'轻浮水面，善水者，伺龙出没，随而取之。'渗沙'乃被涛浪漂泊洲屿，凝积多年，风雨浸淫，气味尽渗于沙中。'鱼食'乃因龙吐涎，鱼竞食之，复化作粪，散于沙碛，其气腥秽。惟'泛水'者，可入香用，余二者不堪。"比较中西文献，我们基本可以断定，关于龙涎香的知识同出一源。

17世纪初的法国水手皮埃尔（Francois Pyrard，约1578—约1623），因为在马尔代夫触礁被当地人俘虏，在岛上待了五年时间（1602—1607），对当地社会异常熟悉，因而给我们留下了更多的龙涎香信息。他写道："龙涎香产自大海，主要是热带海域。在马尔代夫我见过很多，往往在海滩上发现。我见过的本地居民没有一个知道它从哪里来，在哪里生长。只知道是来自大海而已。"

根据马尔代夫当地的法律，海岸上发现的任何物品都属于国王，无论"船骸、木材、箱子，以及其他海滩残存物或者龙涎香，后者被当地人称为gomen；如果是已经配制好的则称为meccuare"。gomen原意为牛粪，龙涎香乍一看就像牛粪；而meccuare则是指甜香之物。皮埃尔在马尔代夫肯定见过很多龙涎香，因为他自称"此处发现的（龙涎香）比东印度群岛的任何地方都要多"，"所有的发现，都属于国王；任何人私藏，一旦发现，就会被剁去双手"。惩罚的冷酷自然也反映了龙涎香的珍贵。

为什么只有印度洋出产龙涎香？

马尔代夫当然不是印度洋中唯一出产龙涎香的岛屿。龙涎香在印度洋世界早已闻名，大约在公元 1000 年前后，阿拉伯人把"龙涎香"这个词介绍给印度人。9 世纪阿拉伯地理学家和历史学家雅库比（Yaqubi，约 897 或 898 年去世）曾出游印度、埃及和马格里布等地。他认为，龙涎香从滨海地区出口到波斯湾的巴士拉。而苏莱曼认为，孟加拉湾出产龙涎香，还说尼科巴群岛的土人用龙涎香换取铁器。伊布拉西姆在《〈印度珍异记〉述要》中也提到印度某个岛屿上的"裸体人"，"他们攀树不用双手，可游泳追逐船只，快如疾风；他们嘴叼琥珀，换取生铁"。伊迪里西在《诸国风土记》（1154 年成书）中提到，细轮叠岛（锡兰）往东十日到达郎婆露斯岛（尼科巴群岛），岛上居民男女均裸体，"商人乘大小船只到此，用生铁换琥珀、椰子"。总之，孟加拉湾一带的岛屿，包括尼科巴群岛的土人，用本地特产（如龙涎香）换取经过海船上的铁器，中西方文献中记录颇多。

马苏第的观察不但细节丰富，而且和后来马可·波罗以及费信等人的记录十分相似。他描述龙涎香及其获取的一些常用词语，如块状、岩石、白色、黑色、深黑、鱼吞食、漂浮、独木舟、鱼叉等，都出现在中西文献的相关介绍当中。元明时期的中国人如汪大渊、费信、黄省曾、严从简等莫不如此。可见，印度洋的传统在中古时期逐渐被阿拉伯人、欧洲人、中国人等知晓并传播开来。从以上可知，中世纪的龙涎香产于印度洋，也就是唐代文献中的"西南海"，大致相当于明代郑和时的"西洋"。既然龙涎香是抹香鲸的分泌物，而抹香鲸在太平洋、印度洋和大西洋等广大海域都存在，为什么印度洋成为龙涎香的主要产地呢？

抹香鲸的存在虽然与环境，特别是食物有关，但它们的确游弋于从赤道到高纬度的广阔海洋中。因此，理论上说，龙涎香应当在三大洋都有产生，事实也是如此。不过，读者须知，龙涎香产生之后，必须被人类发现才能被记录。从这点而言，人类的发现至关重要。因此，岛屿、海岸线以及邻近地区人类社会的存在，是龙涎香被发现和记载的最关键因素。龙涎香被抹香鲸从体内排出之后，在海面上随波逐流，因此它们在海面上被中古渔民或商船发现的概率很小；一旦漂浮到岛屿附近或者在海滩搁浅，它们被人们发现的概率就很大了。特别是岛屿或大陆滨海地区有人居住，或者随着航海技术的发展，海舶也会在这些岛屿停留。从这几个因素看，相较于太平洋和大西洋，印度洋从东往北往西三面被大陆包围，是亚非欧大陆的航海要道，同时印度洋上岛屿众多，很多都有人居住，因此印度洋成为史上人类发现龙涎香最多的海域。这就是印度洋西部的东非海域，以及印度洋东部的孟加拉湾尼科巴群岛，在历史上都以龙涎香著名的原因。

从这个意义上说，被人类发现，龙涎香才存在。所以在欧洲人到来之前，亚洲文献关于龙涎香的发现几乎全部都在印度洋区域。然而，从理论上推测，大西洋和太平洋应当也有龙涎香，太平洋诸岛屿以及新大陆的原住民都应当有所发现，可是他们既没有和亚欧大陆的商贸往来，又没有文字记录，故我们对此知之甚少。

到了大航海时代，人类探索的海域更加广阔了，发现龙涎香的机会也就更多了。故明末来华的传教士艾儒略在《职方外纪》中称："龙涎香，黑人国与伯西儿两海最多，曾有大块重千余斤者，望之如岛。然每为风涛涌泊于岸，诸虫鱼兽并喜食之，他状前已具论。"黑人国指的是非洲，伯西儿即巴西。也就是说，大航海时代之后，印度洋和大西洋都有龙涎香的发现。

第六章

海贝：从商品、货币到文字

亚非欧大陆的海贝

1974 年泉州发现的宋代海船泉州一号，在船体残骸的内外，发掘者发现了 2000 多枚海贝。这些海贝，根据笔者的研究，是从印度洋的马尔代夫群岛辗转而来的。在世界历史上，从公元后的几个世纪一直到 19 世纪末，马尔代夫曾向亚非欧大陆提供了天文数字的海贝。其中相当一部分，在印度、东南亚大陆的许多社会，以及我国的西南边疆长期作为货币使用，即所谓的贝币。出乎绝大多数人的想象，货贝对于人类的作用，无论从空间还是时间而言，都超出了其他各种货币，如金、银、铜钱，或者现在的电子货币，因而是最早的全球性货币。

历史上的马尔代夫以出产海贝、鱼干和航海必用的椰绳著名。人类历史上曾经有 250 多种海贝，不过，当我们谈到曾经作为货币使用的海贝时，实际上主要指两种海贝：第一种是货贝（Monetaria moneta）。之所以被如此命名，就是因为它的货币功能。它曾经被当作货币使用，英文为 money cowrie，意思就是钱贝、货贝。货贝的中文名为黄宝螺，俗名白贝齿。另一种是环纹货贝（Monetaria annulus），又称金环宝螺，其俗名也叫白贝齿。环纹货贝体积略大，其背部有一道环纹。这两种海贝，尤其是第一种，因为在世界历史上曾经作为货币使用，因而得到广泛关注。比较而言，虽然两者都曾经是货币，但货贝的重要性远远超过后者，是历史上最重要、最主要的贝币。

　　马尔代夫周围的珊瑚礁仿佛巨大的森林，是海贝天然的温床，孕育了天文数字的货贝，因此为马尔代夫博得了"海贝之岛"的名称。这些货贝在马尔代夫采集之后，用船运至孟加拉地区以交换当地的大米。在印度，可能早至 4 世纪，这些货贝就摇身一变，成为当地的货币。从印度一路向东，海贝抵达东南亚大陆，在那里的某些地区和社会，如阿萨姆、阿拉干、下缅甸、暹罗、老挝以及我国的云南地区同样作为货币使用，塑造了人类经济史和货币史上的奇迹。从印度一路向北，经过印度北部而后向东，便到达了我国的西北地区。在中国北方，大量考古遗址都发现了天然海贝。1976 年 6 月 7 日，殷墟的妇好墓中就发现了 6800多枚海贝。当年挖掘妇好墓的负责人之一郑振香回忆说，挖掘工人发现墓葬中"海贝成堆，则将贝放在铜器内递上来"。此外，北方各地还发现了大量的用玉、石、陶、蚌、骨、金、锡和青铜制作的仿贝。同时，西周时期的青铜器铭文也往往有赐贝的记录。因此，印度洋（主要是马尔代夫）来的海贝，在商周社会中具有极其突出的政治、经济和文化功能，虽然它们并不是货币，却在中华文明的形成和演变中留下了不可忽视的足迹，影响深远（图 6.1）。有兴趣的读者，不妨翻看拙作《海贝与贝币：鲜为人知的全球史》。

图 6.1　海贝（白色为海贝，稍深色为仿贝；山东出土，作者自藏）

换大米

　　以上几个阿拉伯或波斯旅行家的记录，大致为"我闻如是"，也就是从印度人或锡兰人那里听说得来，没有证据表明他们亲自登临了马尔代夫，亲眼看到海贝以及收集海贝的过程。关乎海贝的贸易，他们也言语含糊，并没有点明马尔代夫用海贝换什么东西，也没有提到印度进口海贝做什么用。这些问题，非常自豪地说，是一个中国人给予了清晰而正确的回答，他就是元代商人汪大渊。

　　关于马尔代夫的特产，汪大渊明确说道："地产椰子索、玳子、鱼干、大手巾布。"汪大渊所说的贝子，就是当地的海贝。那么，马尔代夫用贝子换什么呢？换大米。汪大渊十分清晰地记载："海商每将一舶贝子下乌爹、朋加剌，必互易米一船有余。盖彼番以贝子权钱用，亦久远之食法也。"乌爹是下缅甸的勃固，朋加剌是孟加拉。也就是说，马尔代夫不但进口孟加拉的大米，也进口勃固的大米，这是伊本·白图泰等西方旅行者没有注意到的细节。马尔代夫的一船海贝可以换回孟加拉一船多的大米，可见海贝在孟加拉和勃固之受欢迎。那么，孟加拉和勃固人以大米换马尔代夫的海贝做什么用呢？汪大渊十分明确地回答，他们用海贝作为小额货币使用。

汪大渊是第一个介绍马尔代夫和孟加拉地区之间海贝换大米贸易的人。海贝是马尔代夫的特产，不可胜数；而作为岛国，马尔代夫缺少种植粮食的土地，因此当地居民必须进口淀粉类的谷物以满足需要。大米是孟加拉地区的特产，其生产远远超出本地的需要，但孟加拉地区商品经济的发展，迫切需要一种小额货币来满足日益增长的市场交易需求，马尔代夫的海贝恰恰回应了孟加拉的这种需求。对于印度大陆的孟加拉，汪大渊印象深刻，说此地"五岭崔嵬，树林拔萃，民环而居之。岁以耕植为业，故野无旷土，田畴极美。一岁凡三收谷，百物皆廉，即古忻都州府也。气候常热。风俗最为淳厚。男女以细布缠头，穿长衫。官税以十分中取其二焉"；又说"贸易之货，用南北丝、五色绢鞋、丁香、豆蔻、青白花器、白缨之属。兹番所以民安物泰者，平日农力有以致之。是故原防菅茅之地，民垦辟种植不倦，犁无劳苦之役，因天之时而分地利，国富俗厚，可以轶旧港而迈阇婆云"。这样，孟加拉地区和马尔代夫群岛两者互为补充，各取所需，相得益彰。总之，关于马尔代夫海贝的介绍，汪大渊用上段中的短短三四十个字，回答了几百年来海洋亚洲关于海贝来源、性质与作用的关键问题，简明扼要，完全正确。这是汪大渊对印度洋知识的一个重大贡献。

比汪大渊晚了十几年登临马尔代夫的伊本·白图泰也注意到马尔代夫和孟加拉之间的海贝贸易。他指出："岛上居民把海贝当作钱使用，他们从海里收集海贝，一堆堆地堆在沙滩上，海贝的肉逐渐腐烂消失，只剩下白色的外壳。在买卖中，大约四十万个海贝和一个金迪奈尔（dinar）等价，但经常贬值到一百二十万个海贝换一个金迪奈尔。他们用海贝换回孟加拉人的大米，而孟加拉人则把海贝当作钱用。在也门，海贝也是钱。在航行时，孟加拉人用海贝，而不是沙子作为压舱物。"伊本·白图泰的话很值得细细琢磨。他是第一个提到海贝是如何运到孟加拉的人。他说孟加拉的船只直接把海贝作为压舱物，从马尔代夫运到孟加拉。这是一个非常重要的细节，因为上千年来海贝都是以压舱物的方式被运到印度、东南亚乃至欧洲和西非。

换黑奴

西非约在 11 世纪前后开始了使用海贝作为货币的历程，不过，最初使用的可能是大西洋沿岸的海贝。随着跨地区长途贸易的扩张，印度洋的海贝，或通过红海，或通过波斯湾到达小亚细亚，而后经地中海到达西非，成为当地的货币。当然，在 1500 年以前，西非的贝币区域相对较小，直到以葡萄牙人为首的欧洲人，从印度直接用帆船运来数以亿计的马尔代夫海贝。

1498 年 5 月，葡萄牙航海家达伽马（Vasco da Gama，1469—

1524）的船队绕过非洲沿岸及阿拉伯半岛，开辟了从欧洲到印度的远航路线，从而开始了欧洲殖民主义在非洲和亚洲的急剧扩张。几年之后，葡萄牙人认识到马尔代夫盛产海贝，而西非使用贝币，于是把两者与大西洋—印度洋的欧亚直航结合转化为一个巨大的商机。他们沿袭孟加拉人几个世纪的做法，以海贝为帆船的压舱物，船舱则满载亚洲的各类货物（包括中国的丝绸、瓷器和茶叶），从印度洋绕过好望角驶回里斯本。在里斯本卸货后，海贝又和欧洲的产品一同装上驶往西非的船只，完成了从马尔代夫经印度、欧洲到达西非的海贝路线。葡萄牙人的海贝贸易成为西非贝币历史上的转折点。它不但改变了海贝的主要供应链，也重构了整个贝币区域。而后荷兰人、英国人、法国人和德国人也如法炮制，把印度洋的海贝运到欧洲的港口，如伦敦、阿姆斯特丹和汉堡，在那里拍卖、销售，再运到西非换取商品（特别是黑奴），然后运到新大陆。这样，海贝就把印度洋和大西洋以及亚洲、欧洲、非洲和新大陆紧密地联系起来。

从 16 世纪开始，马尔代夫的海贝从几内亚湾滨海登陆，贝币区域也从尼日尔河的滩头逐步向西非挺进，迅猛扩张。非常值得注意的是，海贝的输入，以及海贝在西非成为最受欢迎的货币，是和万恶的黑奴贸易紧密结合的，甚至在很大程度上，两者是合二为一的，也就是用海贝换取黑奴的贸易。最重要和最有意思的事实是，西非主要的奴隶输出国家和地区都位于贝币区域之内。17 世纪后西非几个强大王国的出现，就是海贝—黑奴贸易的直接后果。以黑奴海岸为例，17 世纪占统治地位的是阿拉达王国（Kingdom of Allada），而后威达王国（Whydah）在 17 世纪末取而代之，后者又被从内陆来的达荷美王国在 1720 年代征服。作为奴隶的主要输出地，黑奴海岸在当年欧洲人的账本里留下了极其丰富的各种商品，包括海贝的价格信息。笔者的导师、匹兹堡大学荣休教授曼宁（Patrick Manning）曾经估算，贝宁湾出口的黑奴大约五分之一乃至三分之一是由海贝支付的。这个估算大致可以推广到几内亚湾的奴隶贸易，可见海贝在黑奴贸易中首屈一指的角色。

据统计，整个 18 世纪，西非从英国和荷兰进口的海贝总数达到25931660 磅，合计超过 100 亿个海贝。平均而言，每年有超过 259316 磅海贝进入西非。以 1693 年 4 万个海贝（400 个海贝约重一磅）换一个奴隶的价格计算，每年可购买 2500 个奴隶；以 1770 年代末 17 万个海贝换一个奴隶计算，可以购买 600 个奴隶。很清楚，在 18 世纪，光是英国和荷兰的海贝就从西非购买了几万个奴隶去新大陆。

1818 年至 1850 年，英国将超过 1000 万磅的海贝从马尔代夫运到西非。以 200 磅海贝购买一个黑奴计算，则 32 年间理论上购买了 5 万个黑奴。以最低的比率，也就是以五分之一的海贝专门用来购买黑奴计算，则马尔代夫的海贝从西非购买了 1 万个黑奴到新大陆；以较高的比率，也就是以三分之一的海贝专门用来购买黑奴，则马尔代夫的海贝从西非购买了将近 17000 个黑奴到新大陆。而这不过是英国一国的贸易量而已。考虑到法国和德国等国家在这场竞争中的拼劲，我们可以想见，他们从马尔代夫运走了多少吨的海贝，而后又通过海贝购买了西非的多少奴隶。

海贝—黑奴贸易是当时西非经济的核心部分。海贝，同其他商品如棉布、枪支等一样，用来购买奴隶。在欧洲的商船上经常以下列方式记录：多少磅的海贝，每个奴隶花了多少磅，以及奴隶的总数量。西非当地人如此喜爱海贝，以至于欧洲人即使非常愿意，也感觉到有心无力，无法满足当地人对海贝的渴望。有时候，欧洲人从西非购买的货物高达一半由海贝支付；不过，多数情况下约三分之一，或者更少一些。

换棕榈油

到了 19 世纪初，黑奴贸易的罪恶激起了西方人道主义者的公愤，废奴运动兴起。1778 年，在托马斯·杰斐逊的主导下，新弗吉尼亚州最早禁止奴隶进口买卖。在欧洲，丹麦于 1792 年成为第一个通过立法禁止奴隶贸易的国家，并于 1803 年生效；1807 年，英国禁止奴隶贸易，其皇家海军也行动起来，阻止其他国家进行奴隶贸易，并宣告黑奴贸易等同于海盗行为，黑奴贩子应该判处死刑。随着欧洲各国纷纷立法禁止奴隶贸易，印度洋—欧洲—西非之间的海贝贸易也在这几十年内变得萧条。此时欧洲工业化正在起飞，欧洲商人发现了西非的另一种黄金资源，那便是棕榈油。于是，海贝贸易二度兴起，只不过这一回不是换黑奴，而是换棕榈油。

1849 年至 1850 年，英国海军军官弗雷德里克·福布斯（Frederick Forbes）曾两次访问达荷美王国。达荷美王国（约 1600—1894）位于今天贝宁一带的非洲西部，兼通大西洋世界和非洲内陆，因而受益于黑奴贸易，持续扩张，一跃而成西非最强大的王国。福布斯与同时代的许多人一样，认为奴隶贸易违反人道，因此自愿去奴隶贸易中心的达荷美王国拜见其国王，希望说服国王终止这个罪恶行径。很遗憾，他未能如愿。不过，他的记录不仅使我们可以管窥达荷美先是通过奴隶贸易，后来通过棕榈油贸易而吞噬的天文数字的海贝，也可以感受到贝币对于达荷美政权自我延续的关键作用。

达荷美王国的军事化程度以及征服能力，令福布斯十分诧异。当国王发动战争时，他率领大约24000名男兵，以及同样数目的女性后勤人员，而后指挥这近5万名男女行军作战。要知道，这支大军约是整个达荷美王国人口的四分之一强，整个达荷美王国都处于军事动员状态，这是一个史无前例的军事政权。因此，达荷美王国的一年分为两季：战争季与庆祝季。在战争季，王国军队开拔，出征西非内陆，掳掠奴隶以换取海贝；在庆祝季，国王炫示财富，举办各种节日活动，陈列海贝并分给臣民。促使军事化和不断扩张的，便是海贝—黑奴贸易和海贝—棕榈油贸易，国王以此来积累财富和动员战争。不如此，整个国家的军事机器便无法运行。

福布斯详细记录了海贝和贝币在当地社会的各种用途："如果一个男子引诱了一个姑娘，法律要求他们成婚；男子需要向家长或者主人支付八十头（一头为2000枚）的海贝，这是他身为奴隶而必须支付的补偿。"在达荷美，税收也以海贝征收："对所有人而言，税负很重，由收税者承包。负责税收的官员派收税者驻扎各个市场，收税者根据销售货物的价值征收相应的若干枚海贝。"除了货物税，还有过路税："通往市场的道路上守着收税人，每个载着货物的人需要交五到十个海贝。"大臣每年需要向国王进贡。有一次，有人进献两千头海贝给国王。这些习俗——绝大多数，如果不是全部——都可以在印度阿萨姆、暹罗和中国云南发现。

达荷美王国当地的市场给福布斯留下了深刻印象。他写道："这个市场是我在非洲见过最好的，这里有各种奢侈品以及许多有用的货物。由于当地没有商店，所有的买卖都在这里进行；整个市场按照不同货物分成相应的区域。肉、鱼、玉米、面粉、蔬菜、水果以及外来商品各有其单独的小市场。"福布斯记录了市场上很多物品的海贝价格，如一只鸡的价格为280个海贝，一只火鸡为4000个，一瓶朗姆酒为240个，一加仑棕榈酒为40个，一只螃蟹为10个，一头绵羊为5000个，一头小公牛则为25000个。

福布斯最有价值的观察之一，是这个时期西非贸易由海贝换黑奴到海贝换棕榈油的转变。在贝币往北向内陆流动的同时，先是黑奴后是棕榈油从内陆流向海滨。当时处于工业化进程中的欧洲极度渴求棕榈油，因为后者可以做润滑油、燃料、肥皂，以及用于其他工业生产，极受欢迎。棕榈油成为欧洲工业化名副其实的"润滑油"。福布斯注意到当时达荷美王国棕榈园以及棕榈油贸易的兴起，他提到很多商人和代理人先从奴隶贸易而后从棕榈油贸易中大发横财。有一个叫唐·若泽·多斯·桑托斯的商人，"是奴隶贸易中间人，更是棕榈油购买商。他来此地时身无分文，而现在拥有巨大的庄园，虽然我相信他目前资金很少"。奴隶和棕榈油给桑托斯带来的财富，相当部分已经被这个沉溺赌博的人挥霍殆尽。不过，幸运的是，"唐·若泽还有一处加工棕榈油的种植园。他的院子里挤满了来卖油的人，有的只有一加仑的油；有的则让很多奴隶携来一葫芦一葫芦的油；他自己的奴隶则忙于清点海贝来支付这些棕榈油"。另一个大商人多明戈·若泽·马丁斯"则是全非洲最大的奴隶商"，同样在棕榈油贸易中大发横财。1850年6月10日，马丁斯告诉福布斯，"去年一年仅棕榈油他就挣了八万元，他说奴隶贸易和棕榈油贸易是互惠互利的，他本人也不知道哪一行更挣钱"。

考虑到奴隶贸易的繁荣和棕榈油贸易的渐入佳境，难怪达荷美国王有能力在各种庆祝活动和各种仪式上散发无数的海贝。福布斯生动细微甚至不厌其烦地记录了达荷美国王在各种场合，尤其是达荷美的传统仪式上，向他的臣民分配、赠送和散发海贝的举动。国王这些看起来奢靡、夸张的行为，不但显示了他的财富、慷慨和权力，也加强了他的合法性。达荷美国王沉迷其中，无法自拔，因而彬彬有礼地拒绝了福布斯禁止奴隶贸易的建议。

在不断邀请英国人参与庆祝活动并赠与各种各样的礼物（包括海贝），从而让福布斯领略了自己的慷慨与伟大之后，达荷美国王觉得时机已经成熟，可以答复英国人了。1850 年 7 月 4 日，国王召见了福布斯及其随从。善良天真的福布斯希望这位伟大的国王能够禁止"他领土内的奴隶贸易"。为了说服国王，"我们给他介绍了邻国采取的措施使他加深印象；邻国通过鼓励棕榈树的种植来满足市场需求，这种贸易的优势和利润远比葡萄牙人和巴西人给达荷美带来的好处多得多"。福布斯提到葡萄牙人和巴西人，就是指代他们从事的奴隶贸易。国王非常礼貌地回复，他秉持着"英国人是排名第一的白人这个信仰"，然而，虽然"时代不同了"，"但达荷美人绝不会放弃奴隶买卖。他的人民是战士，他的税收源自奴隶贸易（或者说，销售战俘）"。达荷美国王非常清楚"奴隶＝海贝＝财富＝权力"这个公式；他不会放弃自己的权力，当然也不会终止奴隶贸易。福布斯非常失望，但是无能为力，只好告别这位权势熏天、充满自信的国王。

四十四年后，1894 年，达荷美王国的最后一个国王贝哈心（Béhanzin）被法国打败。强大的达荷美王国烟消云散，成为法兰西帝国的海外殖民地。

"𧵅""𥳲"和"㖻㘝"：海上丝绸之路传来的"贝"

通过以上简短的介绍，我们可以管窥海贝对于印度、西非以及欧洲，特别是欧洲殖民主义、美洲奴隶制度，以及以奴隶制度为基础的种植园经济的突出作用。海贝的这种全球性影响力，如果不放在跨地区的视角下，很容易被忽视。实际上，印度洋的海贝对于中国的影响不仅从北方的草原之路（丝绸之路的前身）而来，也从南方的海上丝绸之路而来；不仅对上古中国有影响，对元明清的中国也仿佛透过窗纱的月光，令斗室生辉，使人有无限遐思。这一点，我们可以从中文对于海贝的命名略知一二。

对于各种贝类，无论淡水产的还是海水产的，古代中国均以"贝"命名之，这种命名从上古一直持续到元代。到了元代，由于中国人辗转乘船航行到印度洋地区，亲眼见识了马尔代夫的特产海贝，亲身观察到在孟加拉和东南亚大陆许多地区使用的贝币，并留下了许多珍贵的记录，从而把印度洋世界的海贝引入中国的词汇和文化当中。

汪大渊在《岛夷志略》中记录，北溜"海商每将一船𧵅子下乌爹、朋加剌，必互易米一船有余。盖彼番以𧵅子权钱用，亦久远之食法也"。他说的𧵅子就是海贝。"𧵅"字是新创的形声字，以"贝"旁表示性质，以"八"为音。

到了明代，随郑和下西洋的马欢在《瀛涯胜览》"溜山国"条中，对当地海贝也留下了记录："海𧵅，彼人采积如山，腌烂其肉，转卖暹罗、榜葛剌等国，当钱使用。"在榜葛剌（孟加拉），"街市零用海𧵅，番名考黎，亦论个数交易"。在这里，马欢不但沿用了汪大渊所用的

"贝"字，而且在前面加了"海"字，明确指出这是海洋所产。同时，马欢指出，海贝，也就是海贝，在印度叫作"考黎"（也以造字法新创了形声字"哮嚓"）。

与此同时，由于海贝在云南长期作为货币，当地也把海贝叫作海贝、海巴或贝子。元代在云南任职的李京在《云南志略》中就说，"交易用棋子，俗呼为肥"。这里的"棋"字当是"贝"，而"肥"和"贝"一样，都是新创的形声字，两字在关于云南贝币的元明清文献中经常混用。"肥""贝"二字并行，表明在元代的云南，人们很清楚"肥"就是"贝"。刊于 1635 年的《客商一览醒迷》，是明末李晋德为商人而写的经商手册，其中有一条谈到云南用海巴。他写道："物无贵贱，用着为奇。人无淑惠，情投为好。远产者是珍，罕见者为怪。履不售于越地，海巴用于云南，衣帽尚时，玩器尚古，非物之偏，乃习俗之不同也。惟中正之士，不随习俗，不恃己见，希得不得，患失不失。"因此，云南用海贝作为货币的习俗在明代是全国皆知的现象。

综上所述，到了元明时期，对于海贝的称呼，中文中除了原来的"贝"字之外，出现了贝子、海贝及考黎（哮嚓）。后三者都是外来词，可以说深受印度洋海贝文化的影响。

首先，无论是"贝"还是"肥"，发音虽然和"贝"类似，但其来源实际上和中文中的"贝"无关。这两字大致都念"ba"音，其实是梵文 kaparda（贝）及其变体 kapari 的音译。而"ba"的发音又和占婆语（Cham）的 bior、高棉语（Khmer）的 bier、泰语和老挝语的 bia，以及马来语的 biya 吻合。而"考黎"（哮嚓）一词，则和英文 cowrie（cowry）一样，是从印度语 kauri 或 cury 而来，后者同样可以追溯到梵文 kaparda。语言学的分析表明,以上几部元明时期中文文献中出现的"贝"的名称和文字,在中文中只有七八百年的历史。它们是中印两大文明通过丝绸之路而碰撞产生的现象,是海洋文化留下的蛛丝马迹,可谓海洋中国的具体而微者。

第七章

海岛奇珍：椰子的妙用

椰树之岛

我们已经知道，阿拉伯式的无钉之船"不使钉灰"，船只的建造没有铁钉，没有榫卯结构，而是依靠椰绳将有孔的船板（有些就是椰树木板）捆缚起来。这不禁令人发问，难道椰绳不怕海水浸泡腐蚀吗？

还真不怕！更为神奇的是，在海洋亚洲，位于印度半岛南端海面上的马尔代夫群岛，便是"椰绳"这种造船和航海必需品的集中产地。

椰树是马尔代夫的特产，遍布各个岛屿，很早就为人所知。中世纪时外人登临此地，满目便是葱茏的椰林，印象极其深刻。7 世纪玄奘游学印度后，在《大唐西域记》中提及，在僧伽罗国（斯里兰卡）"南浮海数千里，至那罗稽罗洲。洲人卑小，长余三尺，人身鸟喙。既无谷稼，唯食椰子"。那罗稽罗，梵文为 nārikela，即椰子之义；那罗稽罗洲按其方向，即为马尔代夫，则马尔代夫有"椰树之岛"之称。玄奘法师到达南印度的建志补罗时，僧伽罗国内乱，那里的僧侣渡海逃到建志补罗，玄奘法师因而没有去僧伽罗国。《大慈恩寺三藏法师传》（即玄奘的传记）中写道："建志城即印度南海之口，向僧伽罗国水路三日行到。未去之间而彼王死，国内饥乱。有大德名菩提迷祇湿伐罗，阿跋耶邓瑟罗，如是等三百余僧，来投印度，到建志城。法师与相见讫，问彼僧曰：'承彼国大德等解上坐部三藏及《瑜伽论》，今欲往彼参学，师等何因而来？'报曰：'我国王死，人庶饥荒，无可依仗。闻赡部洲丰乐安隐，是佛生处，多诸圣迹，是故来耳。又知法之辈无越我曹，长老有疑，随意相问。'法师引《瑜伽》要文大节征之，亦不能出戒贤之解。"看来，玄奘本人原来是计划要去斯里兰卡的。这样的话，他就有可能得知关于马尔代夫的更具体的信息。可惜，玄奘没有成行，因而也没有到过马尔代夫，他关于这个椰树之岛的记录很有可能就是逃难的斯里兰卡僧人告诉他的。

马尔代夫群岛坐落在离斯里兰卡西南方一千多公里的海域上，其岛屿数量多达两千个。时人注意到，"每一百个或不到一百个便簇拥成了戒指形状；这个戒指只有一个入口，仿佛城门；船只只有通过这个城门才能进入岛屿，别无他路。当外来船只抵达马尔代夫海域时，必须有一个当地人领航才能进入。各个岛屿如此紧密簇集，当你离开某个岛时，另一个岛的椰子树顶历历可见"。则椰子树的确是马尔代夫群岛的一个地标。

椰树是一种常绿乔木，树身可高达三十米，自然寿命可达一百多年。马尔代夫岛上茂密的椰子林，为居民提供了全方位的服务。最为外来者瞩目的是马尔代夫生产的椰绳。它和鱼干、海贝并列，是马尔代夫从中古时期到近代一千多年来的三大著名出口商品，为海洋亚洲的繁华做出了独特的、不可或缺的贡献。

马尔代夫盛产的椰绳是用椰子外壳的纤维——椰棕——制造的。椰棕强韧耐腐蚀，是航海绳索的理想材料。用椰棕制作椰绳是一个漫长的过程，常常需要几个月之久，极其考验人的技术和耐心。先把椰子的外壳埋在潟湖或者沼泽的泥潭里，让海水充分浸泡；几个月后，再把海水濡透的椰壳挖出来，把外面的硬壳去掉；而后擢取稍微有些露出来的纤维一端，将椰子放在坚硬的木板上，用木槌使劲敲打椰壳，这样逐渐把纤维从椰瓤和外皮中分离出来；再用海水清洗分离出来的纤维，而后晒干；等到纤维完全干透之后，便可以纺织成椰绳、椰席或者椰帚。马尔代夫的椰绳，由于其拉力、韧性出众，经得住海水的长久浸泡，驰名内外，不仅用来建造无钉之船，同时也在船上作为缆绳使用，深受外国水手的欢迎，是外来船只的必购之物。

地产椰子索

1330年冬，元代江西商人汪大渊从斯里兰卡抵达马尔代夫，在这里过了一个冬天。汪大渊很自然地注意到用椰子壳纤维制作的马尔代夫特产。他称为马尔代夫"地产椰子索"，可他并没有提到椰子索（椰绳）的用处。直到谈及波斯湾的马船时，他才明确解释说，马船"不使钉灰，用椰绳板成片"，这就清晰指出了椰绳的功能。郑和宝船的通事（翻译）马欢则提供了更多的细节。他说，马尔代夫的椰绳，"堆积成屋，各处番船上人亦来收买，贩往别国，卖与造船等用。其造番船皆不用钉，其锁孔皆以索缚，加以木楔，然后以番沥青涂之"，而印度西海岸古里国（今卡利卡特），用椰子"外包穰打索造船"。郑和宝船中的巩珍大致复述了马欢的描述，不再赘述。

16世纪的黄省曾虽然未曾游历海外，但在提到古里时也注意到了椰子。他说："其利椒、椰。椰子之种也，富家千树，以为恒业。其资用也，浆为酒，肉为糖、饭，穰为索，壳为碗，为酒食器，亦可厢金，木以架屋，叶以盖。"以上大致是中文古籍中关于马尔代夫椰绳的记载，而中世纪以来中东、欧洲文献的相关记载就更多了。

大约在公元1030年前后，阿拉伯旅行家阿比鲁尼（Alberuni）分享了他的观感。他根据出口的特产，直接把马尔代夫叫作"海贝之岛"（the islands of cowries），把拉克代夫叫作"椰绳之岛"（the island of cords）。实际上，这两个群岛几乎连在一起，很难区分。而椰绳和海贝一样，都盛产于马尔代夫，拉克代夫的产量是无法和马尔代夫相比的。

马尔代夫椰绳在印度洋世界的重要性是无可比拟的，伊本·白图泰的亲身观察可以证明。比汪大渊晚了约十年左右，著名旅行家伊本·白图泰也登临了马尔代夫。他在岛上居住了一年半时间，因而对马尔代夫异常熟悉。马尔代夫的椰绳自然也给他留下了深刻的印象。椰绳由椰子壳制成，"它的纤维细如发丝，纤维编织成绳索，他们不用钉子而是用这些椰绳造船，同时还当缆绳"；"马尔代夫的椰绳出口到印度、中国和也门，其质量远超麻绳。印度和也门的船只就用这些椰绳穿缝为一体，因为印度洋充满岩礁，铁钉钉成的船只如果碰上岩石就会破碎，而椰绳连接的船只有一定的弹性，即使撞到岩石也不会碎裂"。作为一个在海上航行很久的旅行家，伊本·白图泰当然有资格评论和赞赏马尔代夫出口到国际市场上的椰绳。有一次，伊本·白图泰从法坦（Fattan，或许是南印度泰米尔纳德邦的八丹[Devipatam]）登上了八艘船中的一艘，向也门进发。我们大致可以判定，他乘坐的就是由马尔代夫椰绳、椰板制造的无钉之船。

1602 年 7 月 2 日，法国水手弗朗索瓦·皮埃尔的船只在马尔代夫的一个环礁触礁失事，被马代尔夫居民俘获，在马尔代夫生活了将近五年光阴。因此，弗朗索瓦·皮埃尔有了解马尔代夫社会的难得机会，留下了关于 17 世纪马尔代夫日常生活不仅栩栩如生而且相当深刻的描述。他注意到椰树的重要性，椰子树"在岛上自然繁衍，并没有人工培育；它们提供了外来客户需要的各种各样的东西，比如椰绳，这是所有船只的必备工具"。他还注意到"世界各地的商人"，"源源不断地来到马尔代夫，带走马尔代夫丰富的特产"，其中"最大宗的贸易就是椰绳"。与此同时，当地居民还根据他们从事的行业，用椰绳、海贝或者鱼干向国王交税。

"所有的食物都从椰子那里而来"

椰树不仅仅用来制造椰绳，它几乎全方位地塑造了马尔代夫和其他许多海岛的经济和社会。椰树不但为各种工具、交通、房屋和船舶提供了必要的建筑材料，更重要的是，它为马尔代夫提供了最基本、最重要的食物来源。椰子汁和果肉可以直接食用，不但口感清凉甘甜，而且营养非常丰富，含有大量的蛋白质、果糖、葡萄糖、蔗糖、脂肪，以及各种维生素和钙、钾、镁等微量元素。椰子不仅可以直接食用，还可以加工成其他食物。"果实可以制成椰奶、椰油以及椰蜜，"伊本·白图泰仔细地写道："椰蜜可以制成椰酥，和椰子干一起吃。所有的食物都从椰子那里而来，它们和鱼一起食用，为当地居民提供了他人无法比拟的充沛精力。"

伊本·白图泰对马尔代夫用椰子加工出来的食物赞不绝口。"椰树真是一个非常奇怪的树，它看起来和枣椰树很像。它的果实像人的脑袋，因为它也有眼睛和嘴巴的痕迹，其内含之物还是绿色的时候，很像人脑。"椰子营养之丰富，伊本·白图泰觉得颇为神奇。"椰子能使人身体强健，脸颊生红；打开椰子，如果里面是绿色的，其果汁则异常甘甜鲜美。喝完椰子汁，可以用勺子剜出椰壳内面附着的椰肉。"马尔代夫的椰子一定有其过人之处，当时的人们甚至以为它有壮阳的功能。伊本·白图泰在马尔代夫娶了四个老婆，还有一些女仆，他曾经兴致勃勃地自夸，岛上食物给了他足够的精力，使得家庭和睦。

椰子的一个特殊之处是可从中提炼出椰油、椰奶和椰蜜。伊本·白图泰还详细地介绍了椰蜜的提取过程。先在果实下约两个手指处砍一道口子，口子下面系一个小碗，用来盛放滴下来的汁液。如果早上砍口子的话，那么傍晚再带着两个碗爬上椰树，其中一个装着水；先收了早上的碗，用清水清洗椰树的口子，然后再削掉一小块，形成一道新的口子，系上新的碗。第二天早上重复上述过程，直到收集了足够的汁液，然后把汁液煮开直至浓稠。这样，上等的椰蜜便制成了。伊本·白图泰称："印度、也门和中国的商人都前来购买，带回他们自己的国家，并加工成糖。"

16世纪的巴罗斯虽然只是一个身在葡萄牙首都里斯本的"印度办公室"的工作人员，却因为阅读和整理有关印度洋贸易的报告而熟谙马尔代夫的特产。千里之外的巴罗斯提到了马尔代夫的著名景观，那就是茂密的椰树林及其众多的功能。他写道："这些岛屿生产鱼类，并制作了大量鱼干，而后出口到世界各地，获利颇丰；鱼油、椰子以及椰糖也是如此。椰糖就是像炼蔗糖一样从椰子中提取的。"

的确，从中世纪到大航海时代，椰子一直是东南亚、印度洋海舶航行的必备之物。欧洲人处于温带，对于"椰子"这个亚热带和热带食物不熟悉，不过，他们很快就学会了这个亚洲传统，在远洋航行中储备了大量的椰子。这一点在16世纪到19世纪的航海游记中屡见不鲜。

"热两度，湿一度，其汁非寒性"

除了作为食物，椰子还能用来治病。1623年，意大利耶稣会教士艾儒略在其所著的《职方外纪》中介绍马尔代夫："海中生一椰树，其实甚小，可疗诸病。"此点阿拉伯人最有心得。

阿拉伯医学家伊本·巴伊塔尔（Ibn al-Baytār，1197？—1248）出生在西班牙的马拉加（Malaga），1219年离开家乡后游历北非各地，并抵达小亚细亚和希腊，成为正在扩张的埃宥比王朝（Ayyubid Dynasty）国王的总农艺师。伊本·巴伊塔尔搜集前人成果编写成的博物学著作包罗万象，介绍了各种各样的动植物和矿物及其药用价值。比如，火药的主要成分硝石，他称为"中国雪"（Snow of China），而对被称为"印度核桃"的椰子，他也不厌其烦地旁征博引，颇有可观者。

他介绍椰汁时写道："这种刚刚得到的液体，黏稠，甘甜，甜美可口，似羊奶，似美酒；如果在野外喝此果汁，便会半醉；在室内喝此果汁，则会烂醉如泥。如果偶然一次饮此果汁，就会神魂颠倒，理智不清。"这哪里说的是普通椰汁，简直是神仙水！当然，他这里说的可能是椰汁酿成的椰酒。他说，如果喝不完，到了第二天，椰汁就变成了醋，用来煮水牛肉，水牛肉会煮得更好。这是有科学根据的。

伊本·巴伊塔尔当然不会漏掉椰子的药用功能。他引述说，椰子"热两度，湿一度，其汁非寒性，最好的椰子汁乃刚刚采集来的鲜椰汁，白色，甘甜似糖，当其发生质变时，可用作治曲鳝和绦这样虫之药物"。这个介绍不但腔调和中医颇为一致，其中的"热""湿"和"寒性"观念，推其本意，与中医亦为吻合。或可见"热""湿"和"寒性"并非中医固有或独有之概念。

寻求壮阳的食物或药物是天下男性（以及女性）最为关心的事，根据伊本·巴伊塔尔所说，椰子能壮阳。他认为，鲜椰汁是一种性欲刺激素，可以加速精液的形成；又说椰子加速精液分泌，有暖肾及其邻近部位之功能等。怪不得伊本·白图泰在介绍马尔代夫以椰子为主要成分的食谱时意味深长地说："它们为我提供了足够的养分，即使我有四个老婆。"要知道，除了四个老婆，伊本·白图泰在马尔代夫还有其他侍妾。

明代中国进口椰子

关于椰子的妙用，伊本·白图泰和比他晚了几十年的马欢完全谈得拢。马欢谈到古里时曾仔细描述说："富家则种椰子树，或千株或二三十千株，为产业。椰子有十般取用：嫩者有浆甚甜，好吃，又好酿酒；老者椰肉打油做糖，或做饭吃；外包穰打索造船；椰壳为碗为酒盅，又好烧火打厢金银细巧生活；树好造屋，叶堪盖屋。"虽然马欢说的是古里的椰子树，但可见马尔代夫的椰子树亦是如此。对于马尔代夫的椰子，马欢也有细致的观察："人多以渔为生，种椰子树为业"，"椰子甚多，各处来收买往别国货卖。有等小样椰子壳，彼人镟做酒盅，以花梨木为足，用番漆漆其口足，标致可用。椰子外包之穰打成粗细绳索，堆积成屋，各处番船上人亦来收买，贩往别国，卖与造船等用。其造番船皆不用钉，其锁孔皆以索缚，加以木楔，然后以番沥青涂之"。

椰子还可以用来酿酒，使得人们的生活和娱乐更加丰富多彩，宋人对此介绍颇多。12世纪的周去非在《岭外代答》一书中称："椰木，身叶悉类棕榈、桄榔之属。子生叶间，一穗数枚，枚大如五升器。果之大者，惟此与波罗蜜耳。初采，皮甚青嫩，已而变黄，久则枯干。皮中子壳可为器，子中穰白如玉，味美如牛乳，穰中酒新者极清芳，久则浑浊不堪饮。"关于椰子树，比周去非晚了几十年的南宋宗室赵汝适在《诸蕃志》中全文照抄了周去非，唯最后加了一句"南毗诸国取其树花汁用蜜糖和之为酒"，南毗即古里。

值得注意的是，虽然我国南方也产椰子，但至少在晚明时期，东南沿海还进口从东南亚来的椰子。万历十七年（1589），漳州月港的货物进口抽税条例规定，椰子每一百个税银二分。同时虎豹皮每十张税银四分，鹿角每百斤税银一分四钱，也就是每一百个椰子给明朝政府提供的税源与五张虎豹皮一样，而远超一百斤鹿角的税钱。这是现代人无法想象的事。到了万历四十三年（1615），明王朝开恩减税，椰子每一百个税银一分七厘，虎豹皮和鹿角也相应减税，仍然可见椰子之贵重。

总之，用一句大家都熟悉的话来说，椰子的全身都是宝。首先，椰子的果实内部主要是水分，是水手海上航行最适宜的饮水。它自带储水容器，体积不大，可以随处堆放。同时，天然的、坚硬的外壳既能防止水分的蒸发，也能防止内部水质的腐蚀，可以储藏很久。此外，椰子的果实除了宝贵的水分，还有其他维生素和营养成分，椰肉便可以作为食物。因此，它不仅提供了人类必需的淡水，也提供了生存和活动需要的食物来源。此外，椰子的外壳，或者作为燃料生火，或者在紧急状态下制作简单的浮游工具，海难时帮助船员逃生。由此可见椰子对于航海和水手的意义！所以马欢说："中国宝船一、二只亦往此处（指马尔代夫）收买龙涎香、椰子等物。"怪不得 1974 年发现的宋代沉船泉州一号的残骸里就有椰子壳。

航海的钟表？

泉州一号上发现的椰子壳共十四件，其中十三件是碎片，另外一件是完整的椰子壳，高 9.9 厘米，腹径 12.7 厘米。这个椰子壳值得格外注意，因为它很可能是古代亚洲航海的钟表（图 7.1）。这是椰子的另一个鲜为人知的用处，彰显了古代亚洲人民的智慧。

泉州一号上的这个椰子显然经过人工精心加工，其顶部挖有一孔，直径 4.7 厘米；顶部往下 2.8 厘米处的腰部也挖有一孔，直径约 0.8 厘米。我国著名海洋史学家韩振华分析说，这个椰子可能是一个计算时间的水时计，也就是古代的钟表。

东南亚一带，尤其是印度尼西亚的摩鹿加群岛、爪哇岛等地，都曾使用椰子作为水时计。17 世纪的荷兰人华伦丁（François Valentijn，

图 7.1　泉州一号出水的椰壳

1666—1727）记载，在摩鹿加群岛（即香料群岛），当地人虽然没有时钟，但却懂得如何把一天分为三个相等的部分。他们使用的方法很简单，就是让水滴通过一个小孔进入椰子，当椰子壳里充满了水，就可以估算一天的时间。到了特定的时间，人们就敲击五个大鼓，广而告之。华伦丁在这里所说的计时方式，和我国古代的滴漏计时原理是大致相同的。这个方法相对简单，也没有应用到航海上去。不过，马来人在航海中利用椰子壳计时的方法，就比前者复杂得多了。

和达尔文齐名、一同提出天演论的英国博物学家华莱士（Alfred Russel Wallace，1823—1913）在《马来群岛》一书中介绍了爪哇商船用椰子壳沉水计时的方式。人们将一个剖好的椰子壳置于盛水的木中，使得椰子壳刚好有半个浮出水面。而椰子壳的顶部挖有一个小孔，细丝一般的水线便匀速地注入椰子壳里面。水线的大小和流速，和椰子壳的容量，有着精巧的设计，使得椰子壳正好在一小时的那一刻骤然下沉。船上的人即从日出时开始计算，椰子壳沉水的时候，马上开始新一轮计时。华莱士发现，这种椰子壳沉水的计时方式非常精确，和他使用的手表相比，每小时相差在一分钟内。这样的计时方式，如果每天以二十四小时计算，会相差一二十分钟。这对电脑时代的我们而言固然完全无法接受，可是在前现代社会，这样的误差并不至于产生什么难以承受的恶果。更何况，这种航海计时是在日出时计算，整个白天相差不过十分钟上下。这种误差对于航海者而言，根本没有问题。

如上所述，泉州一号发现的完整椰壳，其顶部和腰部的两个小孔，令人不由得猜测它就是马来人发明使用的航海计时器。华莱士记载的椰壳沉水计时器是每小时一次，那么，如果泉州一号发现的完整椰壳是类似的计时器，它沉水一次大约是多长时间呢？

韩振华经过计算指出，泉州一号发现的椰子壳容积约为 1.5 升，比爪哇商船使用的容量 1 升的椰子壳水时多了一半。它每沉水一次，耗时一个半小时，连续下沉十六次，则为二十四小时。不过，如笔者所述，这种椰子壳沉水计时器主要用于白天计时，不需要昼夜连续使用，除非夜间也照样航行。即使白天黑夜持续使用，它的作用也不在于判定白天黑夜（这是太阳的职责），而是判定航行时间。加上对航速的估算，船上的人便可推测已经完成航海的里程，以及到达某地的距离。可见，只要掌握了科学原理，哪怕是用最普通的材料，人们都可以解决实际生活中的大问题。而椰子对于海洋人群、对于航海之意义，越发可见一斑！

第八章

仙人海上来，遗我珊瑚钩

"有树婆娑"

古代中国的文人雅士对南方来的海洋产物有着特别的好奇心，珊瑚就是其中之一。秦汉以来，南方同时也是海上来的珊瑚，往往和仙人仙境相联系，表明当时人们认为珊瑚是一种仙物，人间难得，凡人难得。汉代班固在《两都赋》中写道："珊瑚之树，上栖碧鸡。"想象了栖息碧鸡的珊瑚树。《述异记》中记载："郁林郡有珊瑚市，海客市珊瑚处也。珊瑚碧色，生海底，一树数十枝，枝间无叶。大者高五六尺，尤小者尺余。鲛人云：海上有珊瑚宫。"唐代韦应物在《咏珊瑚》中说："绛树无花叶，非石亦非琼。世人何处得，蓬莱顶上生。"则称珊瑚产自传说中的仙境蓬莱岛。元代赵孟頫《咏珊瑚》中写道："仙人海上来，遗我珊瑚钩。晶光夺凡目，奇采耀九州。自我得此宝，昼玩夜不休。"则珊瑚是仙人所赠，故他日夜把玩不休。从赵孟頫的经历大致可以管窥，到了唐宋时代，珊瑚已经是文人的雅趣和把玩件了。杜甫句"腰下宝玦青珊瑚"、白居易句"铁击珊瑚一两曲"、罗隐句"徐陵笔砚珊瑚架"，以及苏轼句"铿然敲折青珊瑚"，或佩戴珊瑚，或以珊瑚为笔架，或以打击珊瑚为乐曲，都体现了珊瑚的这种旨趣。

珊瑚既不是自仙境而生，更不是由仙人所赠，而是从海底采集而得，经过海洋贸易而来。1974年泉州湾发现的泉州一号宋代沉船中发现了几根珊瑚，可惜长度很短。我们大致判断，这些珊瑚可能就是船上的商人或水手平时的把玩件或者舱室的装饰物。这既可以从常情常理中推测出来，也可以从距泉州一号几十年后到达印度洋的汪大渊的记录和经历中加以类推。

"至顺庚午冬十月有二日"，也就是公元1330年11月22日，汪大渊的船只抵达了斯里兰卡的"大佛山"：

> 因卸帆于山下，是夜，月明如昼，海波不兴，水清彻底。起而徘徊，俯窥水国，有树婆娑，余指舟人而问：此非清琅玕、珊瑚珠者耶？曰：非也。此非月中娑罗树影者耶？曰：亦非也。命童子入水中采之，则柔滑，拔之出水，则坚如铁。把而玩之，高仅盈尺，则其树槎牙盘结奇怪，枝有一花一蕊，红色天然。既开者仿佛牡丹，半吐者类乎菡萏。舟人秉烛环堵而观之，众乃雀跃而笑曰：此琼树开花也。诚海中之稀有，亦中国之异闻。余历此四十余年，未尝有睹于此。君今得之，兹非千载而一遇者乎？余次日作古体诗一首，以记其实。袖之以归，豫章邵庵虞先生见而赋诗，迨今留于君子堂，以传玩焉。

汪大渊的这段文字，虽然远不能与苏东坡的《赤壁赋》一文相比，却也清雅可读，表明汪大渊是个读书人，不是一般的商人，于文字有相当的功底。此外，汪大渊还有读书人的雅趣，所以让童子下水采集了这根珊瑚，"舟人秉烛环堵而观之"。不仅如此，汪大渊对这株珊瑚颇为喜爱，所以将它从万里之外的锡兰辗转经过马尔代夫和南印度，最后带回了家乡南昌，送给了朋友邵庵虞，这也可以说是中国—印度洋之间的一段佳话了。当然，汪大渊的这段文字或有所本。汉代刘歆著、东晋葛洪辑抄的古代历史笔记小说集《西京杂记》曾记载："衍蒙尝见珊瑚一本，高尺许，两枝直上，分十余岐。将至其颠，则交合连理，仍红润有纵纹，亦一奇物。"这段对珊瑚的描述，与汪大渊的短文颇有相似之处。汪大渊是否借鉴了《西京杂记》姑且不论，其博览群书或可管窥。

　　值得注意的是，汪大渊把玩的珊瑚，虽然造型奇特，"槎牙盘结"，色彩天然如牡丹或菡萏，但"高仅盈尺"，所以可以"袖之以归"，则该珊瑚长度不过三十厘米左右。这和泉州一号发现的珊瑚大略相当。这样尺寸的珊瑚作为文房陈设或玩物的可能性最大，可见宋元文人之雅趣。

"出外国，生大海中"

　　古代中国人一般把珊瑚视为"海底宝树"，如汪大渊把海底的珊瑚称为琼树，这其实是一种误解。珊瑚主要生长在热带的海洋，其实属于动物。珊瑚之名来自古波斯语 sanga（石），是对珊瑚虫群体及其骨骼的通称。珊瑚虫为刺胞动物门珊瑚纲，身体呈圆筒状，有 6 个、8 个、12 个或 16 个触手，触手中央有口。多群居，结合成一个群体，形状像树枝，因此被误认为植物。珊瑚虽然无法移动，但它们能够伸出触手来捕食。之所以会有珊瑚枝，是因为珊瑚虫底部生长的骨骼，也可以叫作珊瑚石，或简称珊瑚。珊瑚虫本身是透明的，我们看到的珊瑚则呈红色、粉红色、橙红色、蓝色或黑色，这是它们体内的各种有机物，特别是与珊瑚虫共生的虫黄藻的作用（图 8.1）。

珊瑚对于整个海洋生态系统有着不可或缺的作用。由许多珊瑚长年累积造成的珊瑚礁是许多海洋生物安全的避风港，各式各样的大小生物在珊瑚礁里栖息、觅食、繁殖、避敌，形成了丰富的生态系统。这也是由珊瑚礁组成的万岛之国马尔代夫出产海贝的原因！

古代中国人认知珊瑚的过程，是和海洋与海洋贸易密不可分的。三国时期（220—280）吴国丹阳太守万震所著《南州异物志》是较早记载南海诸岛的中文文献，其中提到珊瑚时说："珊瑚生大秦国，有洲在涨海中，名'珊瑚树'。洲底有盘石，珊瑚生于石上，初生白，软弱似菌。国人乘大船载铁网，先没在水下，一年便生网目中，其色尚黄，枝柯交错，高三四尺，大者围尺余。三年色赤，便以铁钞发其根，系铁网于船，绞车举网，恣意裁凿，若过时便枯索虫蛊。"这段话提供了珊瑚的产地、生长、色彩以及采集的情况，大致成为后来关于珊瑚的中文文献的蓝本，以后的《通典》几乎全文照抄。宋代的《诸蕃志》亦如此："大秦国一名犁轩，西天诸国之都会，大食番商所萃之地也，土产琉璃、珊瑚。"而后详细介绍了海底宝树：

珊瑚树，出大食毗喏耶国。树生于海之至深处。初生色白，

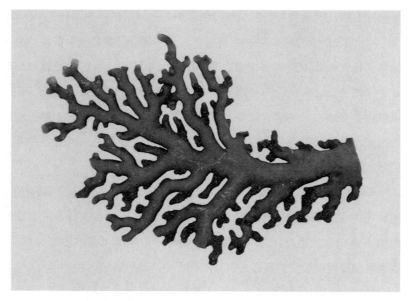

图 8.1　红珊瑚（美国自然历史博物馆）

渐渐长苗拆甲，历一岁许，色间变黄；支格交错，高极三四尺，大者围尺。土人以丝绳系五爪铁猫儿，用乌铅为坠，抛掷海中发其根，以索系于舟上绞车搭起；不能常有，蓦得一枝，肌理敷腻，见风则干硬，变为干红色。以最高者为贵。若失时不举，则致蠹败。

以上可知，汉晋时代的中国人已经得知珊瑚产于大秦国的海中。大秦的珊瑚之所以能够为中国人所知，大概是陆上丝绸之路的原因。《晋书·四夷传》记载："大秦国一名犁鞬，在西海之西，其地东西南北各数千里，有城邑，其城周回百余里，屋宇皆以珊瑚为棁，而瑠璃为墙壁，水精为柱础。"大秦国在中国文献中相当于古罗马帝国，尤其是其小亚细亚一带，也就是亚洲西端、地中海东岸一带。由此可知，大秦国的涨海指的是阿拉伯海或地中海。

当然，南海也产珊瑚。梁朝任昉在《述异志》中记载："郁林郡有珊瑚，市海先市珊瑚。树碧色，生海底，一株十枝，枝间无叶，大者高五六尺，至小者尺余。蛟人云：海上有珊瑚宫。汉元封二年，郁林郡献瑞珊瑚。"又说："光武时，南海献珊瑚妇人，帝命植于殿前，谓之女珊瑚，一旦柯叶甚茂。至灵帝时树死，咸以谓汉室将亡之征也。"郁林郡在今天的广西，以此可见珊瑚在汉晋时期已从南海入贡中原，甚至珊瑚已被视为祥瑞之兆。到了海上丝绸之路繁盛的唐代，相关记录就更为详细明晰了。唐代药学家苏恭（即苏敬，599—674）说："珊瑚生南海，又从波斯国及师子国来。"宋代苏颂（1020—1101）更加明确地说："今广州亦有，云生海底。作枝柯状，明润如红玉，中多有孔，亦有无孔者，枝柯多者更难得，采无时。"明代李时珍说："珊瑚生海底，五、七株成林，谓之珊瑚林。居水中，直而软，见风日则曲而硬，变红色者为上。汉赵佗谓之火树是也。亦有黑色者不佳，碧色者亦良。昔人谓碧者为青琅玕，俱可作珠。"

珊瑚传入中原的时代，与佛教东来逐渐生根的时代大致重合，因此，印度文化中以珊瑚为宝的传统，自然而然地也在中国文化中生根。在佛教中，珊瑚是七宝之一，珊瑚树是海底宝树。唐代慧琳在《一切经音义》中提到"赤色宝也"，则在佛教中之角色可知。慧琳进一步解释说："珊瑚，梵本正云钵攞娑褐罗，谓宝树之名，其树身干枝条叶皆红赤色。"则其梵文名为钵攞娑褐罗，意思是宝树。他又说："珊瑚，上桑安反，下音胡，宝名也。出外国，生大海中。赤色莹彻，形如鹿角。

有枝距大者，高尺余，小者高数寸名。曰珊瑚树，或裁以为珠也。"则珊瑚很早就被加工成各种饰物。南宋时代的《五灯会元》记载一段偈语："镇江金山了心禅师，上堂偈云：'倚遍阑干春色晚，海风吹断碧珊瑚。'"则珊瑚已成楼宇装饰之物。

不过，中国人最熟悉的珊瑚故事，莫过于晋代的石崇、王恺斗富了。

石崇斗富

石崇（249—300），字季伦，小名齐奴，勃海郡人（今河北沧州）。他是西晋司徒石苞的第六子，曾任南中郎将、荆州刺史，领南蛮校尉，加鹰扬将军。据《晋书》所称，石崇担任荆州刺史时，常常行劫路经荆州的商旅，获得了巨大的财富；但根据东晋王隐所述，石崇是通过"百道营生"，也就是从事各种商业活动，才达到"积财如山"。无论如何，荆州是南海与中原的必经之路，也是海洋贸易进入中原的锁钥，这恐怕是石崇致富的关键原因。《晋书》记载了石崇富可敌国的情景：

> （石）崇与贵戚王恺、羊琇之徒，以奢靡相尚。武帝每助恺，尝以珊瑚树赐之，高二尺许，枝柯扶疏，世所罕比。恺以示崇，崇便以铁如意击之，应手而碎。恺既惋惜，又以为嫉己之宝，声色方厉。崇曰：'不足多恨，今还卿。'乃命左右悉取珊瑚树，有高三四尺者六七株，条干绝俗，光彩耀日，如恺比者甚众。恺恍然自失矣。

《世说新语》的记载也基本一致。可见，有晋武帝相助的王恺，离石崇的富裕还差很远。晋武帝赏赐的珊瑚高不过两尺多，而石崇的珊瑚高达三四尺，且有六七株之多。两相比较，高下不言而喻。

海外来的珊瑚，从汉晋开始到明清一直就是珍贵乃至奢靡之物。《宋史》中记载了南宋濮王赵仲湜酷爱珊瑚被高宗批评的故事："仲湜袭封濮王，性酷嗜珊瑚，每把玩不去手，大者一株，至以数百千售之。高宗尝问：'坠地则何如？'仲湜对曰：'碎矣。'帝曰：'以民膏血易无用之物，朕所不忍。'仲湜惭不能对。"则可知珊瑚在南宋依然是皇室奢靡之物。当然，读者或可说宋室南渡不久，各种供给相对短缺而致。

郑和下西洋所见珊瑚

唐宋时代的珊瑚，当然主要是从印度洋辗转贸易而来，少数则是通过朝贡得来。宋代文献就记录了北宋初年三佛齐"贡象牙、乳香、蔷薇水、万岁枣、褊桃、白沙糖、水晶指环、琉璃瓶、珊瑚树"。三佛齐是位于今天苏门答腊岛的王国，似乎是宋代皇室珊瑚及其他海上奇珍的主要供应者，这大概是由于它位于南海和印度洋交通枢纽的地理位置决定的。绍兴七年（1137），"三佛齐国乞进章奏赴阙朝见，诏许之。令广东经略司斟量，只许四十人到阙，进贡南珠、象齿、龙涎、珊瑚"，等等。

到了明代永乐宣德年间郑和七下西洋（1405—1433）的时候，印度洋的大量珊瑚直接以朝贡的形式抵达中国。《明史》记载，位于马六甲海峡的满剌加"所贡物有玛瑙、珍珠、玳瑁、珊瑚树"等。马欢记载，在孟加拉湾，"海内有一大平顶峻山，半日可到，名帽山。山之西大海，正是西洋也，番名那没黎洋，西来过洋船只俱投此山为准。其山边二丈上下浅水内生海树，被人捞取为宝物货卖，即珊瑚树也。其树大者高二、三尺，根头有大拇指大，如墨之沉黑，似玉之温润，稍有桠枝，婆娑可爱。根头大处可碾为帽珠器物"。在印度洋的西岸柯枝国，"名称哲地者，皆是财主，专一收买下宝石珍珠香货之类，候中国宝船或别国番船客人来买，珍珠以分数论价而买。且如珠每颗重三分半者，卖彼处金钱一千八百个，直银一百两。珊瑚枝梗，其哲地论斤重买下，顾倩匠人，剪断车旋成珠，洗磨光净，亦秤分量而买"。在红海附近的阿丹国（亚丁），中国宝船"买得重二钱许大块猫睛石，各色雅姑等异宝，大颗珍珠，珊瑚树高二尺者数株，又买得珊瑚枝五柜"。在波斯湾的忽鲁谟斯，"此处各番宝货皆有，更有青红黄雅姑石，并红刺、祖把碧、祖母剌、猫睛、金钢钻，大颗珍珠如龙眼大，重一钱二三分，珊瑚树珠并枝梗"等宝物。这些记录表明，明廷中的珊瑚可能主要从印度洋而来。

读者或问，珊瑚似乎也是西域（中亚）诸国的贡物，而中亚诸国都不临海，它们的珊瑚从何而来？其实，中亚诸国的珊瑚大致也是从印度洋或地中海而来。正因为明初中国和印度洋的密切往来，所以明英宗时期的权宦王振（？—1449）藏有大量珊瑚树。《明史》记载："振擅权七年，籍其家，得金银六十余库，玉盘百，珊瑚高六七尺者二十余株，他珍玩无算。"单以珊瑚看，王振之富远超石崇。

珊瑚是海底宝物，因而成为海洋贸易的珍品，在明代著名戏曲家汤显祖（1550—1616）的不世之作《牡丹亭》中也有提及。《牡丹亭》

讲的是书生柳梦梅和南安太守杜宝之女杜丽娘的爱情故事。柳梦梅因为访友曾经到了当时葡萄牙人居住的香山澳，也就是澳门。因为澳门的多宝寺有明朝的收宝官，柳梦梅便前去一开眼界。一介书生的柳梦梅只知道明珠美玉，哪里能够想象寺庙里琳琅满目的“朝廷禁物”？只见：“这是星汉神砂，这是煮海金丹和铁树花。少什么猫眼精光射，母碌通明差。嗏，这是鞯鞨柳金芽，这是温凉玉斝，这是吸月的蟾蜍，和阳燧冰盘化。”柳梦梅说：“我广南有明月珠，珊瑚树。”以为明珠美玉颇为了得，哪知道旁边人说“径寸明珠等让他，便是几尺珊瑚碎了他”。这仿佛又是石崇斗富的情节。柳梦梅感叹道：“小生不游大方之门，何因睹此！”

读者须知，《牡丹亭》虽是戏曲创作，但多宝寺这个情节却有真实根据，因为汤显祖本人就亲自到过澳门。多宝寺便是以澳门的三巴寺为原型，虽然称为寺庙，三巴寺其实是个教堂。《牡丹亭》称多宝寺为“番鬼们建造，以便迎接收宝官员。兹有钦差苗爷任满，祭宝于多宝菩萨位前”，则葡萄牙人当时可能就向明朝进贡，或出售包括珊瑚在内的各种海洋奇珍，而明王朝也派驻官员在澳门接受或购买贡物。

1926年9月，徐志摩发表了《珊瑚》一诗，表达了爱情的迷茫与凄凉。

你再不用想我说话，
我的心早沉在海水底下；
你再不用向我叫唤，
因为我——我再不能回答！
除非你——除非你也来在

这珊瑚骨环绕的又一世界；

等海风定时的一刻清静，

你我来交互你我的幽叹。

　　这海底的珊瑚，在诗人眼中，已经不是海外奇珍，而是因其枝条交错仿佛恋人的缠绕。沉没在海底的珊瑚，就如沉没在心底的凄凉！

第三部分　事

第九章

从北溜到马儿地袜:海洋中国中的马尔代夫

"印度海盗从不袭击或者骚扰马尔代夫"

位于斯里兰卡西南海域中的马尔代夫群岛,在中国人的心目中,不过是旅行的天堂罢了。蔚蓝的海水、洁白的沙滩、浪漫的酒店,构成了当代人对马尔代夫的印象。去马尔代夫度蜜月,或许是很多年轻人心中的梦想。然而,绝大多数人都不知道的是,这个蕞尔岛国,一度是海洋亚洲的中心,来往印度洋的必经之地,与作为泱泱大国的中国也有着千丝万缕的联系。事实上,在元明时期,中国人对马尔代夫的了解相当全面;到了明末,特别是 16 世纪末,中国人对于马尔代夫逐渐遗忘,一些信息辗转传抄,不乏谬误,马尔代夫越来越遥远,越来越陌生;到了清代,马尔代夫在中国人的知识世界里基本消失了。

马尔代夫的历史当然不久远,最早的定居者来自印度大陆。其早期历史宛如云雾之中,模糊不清,主要依赖外来旅行者零星的记录。

我们大致可知，大约在公元前 3 世纪，佛教就可能从印度和斯里兰卡传到这个群岛。与此同时，马尔代夫得益于天然的海上交通位置，经济和文化臻于繁荣，而宗教的关键性转折发生在 12 世纪中期。

根据当地最著名的传说，约在 1153 年，一个穆斯林圣徒从摩洛哥或斯里兰卡来到这里，成功劝说马尔代夫国王皈依伊斯兰教。这样，马尔代夫就变成了伊斯兰王国，先后经历六个王朝八百多年，共有九十三个苏丹。这个苏丹王国对于海洋亚洲的重要性为许多旅行者所亲历亲见，如汪大渊、伊本·白图泰以及郑和宝船上的马欢。

马尔代夫历史中非常令人惊奇的是，考虑到马尔代夫的丰富资源以及突出的战略位置，这个小小的岛国在漫长的历史当中几乎没有受到外敌的入侵，遑论统治了。斯里兰卡对马尔代夫有着深刻的宗教和文化影响，但两者一直和平相处。印度海岸的马拉巴尔、孟加拉等地区和马尔代夫一直有贸易往来，除了偶尔的冲突之外，亦相安无事。16 世纪之后，以葡萄牙人为首的欧洲人到达印度洋，注意到这个资源丰富、战略位置重要的岛国，曾经想征服马尔代夫，可惜没有成功。

1507 年，葡萄牙人"发现"了马尔代夫，并强行要求苏丹每年为葡萄牙皇家舰队提供一定数量的由椰壳纤维制成的椰索。1558 年，葡萄牙人派兵入侵，夺去了马尔代夫的王位，在岛上留下了小型驻军，并试图从印度的果阿远程管理这个群岛。可是不到十五年时间，马尔代夫人民就起来反抗，驱逐了葡萄牙人。十五年如一刹那，可也留下了深刻的政治和文化印记。直到今天，起来斗争从而推翻外来统治的那个历史瞬间，依然是马尔代夫国家构建的基础。

到了 17 世纪中期，荷兰人取代葡萄牙人占领了斯里兰卡，但他们也没有直接控制马尔代夫。1796 年，英国人把荷兰人从斯里兰卡驱逐出去，成为印度洋的霸主。1887年，马尔代夫和英国签订协议，马尔代夫正式成为英国的一个保护地；英国人负责马尔代夫的外交，内政则由马尔代夫自理。这样的状态一直持续到1965年7月26日，这一天，马尔代夫宣布独立，在全民公投中废除苏丹制度，建立了马尔代夫共和国。总体而言，在欧洲殖民亚洲期间，除了被葡萄牙人短暂地统治十五年外，马尔代夫一直保持着独立地位。

为什么弱小的马尔代夫能够保持自己的独立呢？要回答这个问题，首先要注意到马尔代夫独特的地理位置。它远离印度次大陆，和斯里兰卡岛也有相当距离。在近代之前，受到后勤供应的限制，海军远征是一个极其艰难的挑战。宽阔无垠、喜怒无常的大海，对任何潜在的侵略者都是巨大的障碍，却成为马尔代夫天然的屏障。其次，马尔代夫群岛的结构和地貌仿佛海上迷宫，令外来者手足无措。马尔代夫的每个岛屿群只有一个入口。众多的岛屿和珊瑚礁组成了双圈状的环礁，一圈又一圈的珊瑚在海面生长，形成了长达四十英里的潟湖。海水下隐隐约约的珊瑚礁，对于不熟悉航道的外来者而言，如同一个又一个噩梦，无疑是致命的陷阱。入侵者的船队不熟悉地形，很容易触礁；即使接近了岛屿，也很难成功登陆。

马尔代夫这一地理环境早就为阿拉伯和中国的旅行者熟知。正如伊本·白图泰所称，马尔代夫的岛屿数量多达"二千个。每一百个或不到一百个便簇拥成了戒指形状；这个戒指只有一个入口，仿佛城门；船只只有通过这个城门才能进入岛屿，别无他路。当外来船只抵达马尔代夫海域时，必须有一个当地人领航才能进入"。天然形成的艰险航道自然而然地保护了马尔代夫，所以伊本·白图泰总结说："印度海盗从不袭击或者骚扰马尔代夫，因为他们从过去的经验得知，任何企图从马尔代夫掠夺财物的行为马上就会遭到厄运的回报。"

最后，马尔代夫群岛岛屿众多，任何一个外来统治者都会面临如何控制的难题。这也是为什么历史上虽然偶尔有来自孟加拉或者南印度的注辈王国（Chola）的侵扰，以及葡萄牙人的短暂统治，马尔代夫都能自安其身，其海上贸易兴旺发达持续上千年之久。话说回来，毕竟马尔代夫对周围的任何国家或地区，如孟加拉和斯里兰卡都不构成任何威胁；相反，马尔代夫在历史上一直和邻居们保持着友好和重要的商贸伙伴关系。

在谈及马尔代夫时，伊本·白图泰经常提到印度、也门和中国。这些地区的商人也络绎不绝地抵达马尔代夫，体现了马尔代夫处在海洋亚洲广阔的贸易网络之中。向北达印度，向西达也门，向东达中国，这是以马尔代夫为中心的视觉；而这三大区域分别代表了印度、阿拉伯和中国这三个世界，表明了以马尔代夫为中心的贸易跨越，同时也连接了这么广阔的天地。除了这三大区域，伊本·白图泰还提到很多商人来自稍小的某个具体的地方，如科罗曼德、锡兰、孟加拉、波斯等。毫不夸张地说，伊本·白图泰时代的马尔代夫与国际社会密切联系，这一点，其他来访者均可证明。

第一个登临马尔代夫的中国人

如前所述，伊本·白图泰在1340年代两次到达马尔代夫，待了一年半时间，娶了四个老婆，还留下一个儿子。应该说，在中世纪的亚洲，没有人比伊本·白图泰更懂得马尔代夫了。然而，伊本·白图泰虽然懂得多，却不是第一个亲自登临并记录马尔代夫的人。来自中国的江西商人汪大渊就比他早了十三年。

汪大渊，字焕章，南昌人，出生于元武宗至大四年（1311）。1330年和1337年，汪大渊两度由泉州出发，航海到东南亚和西洋各国，最远抵达埃及，也有可能到了摩洛哥。第二次出海回来后，应泉州地方官之请，开始整理手记，撰写了《岛夷志略》一书。《岛夷志略》分为一百条，其中九十九条为其亲身经历，涉及国家和地区达二百二十余个，对研究元代中西交通和海道诸国历史、地理有重要参考价值。因此，汪大渊凭一己之力，在比郑和早七十年的时代，深入印度洋世界，其开拓性确实非倾国之力的郑和宝船所能相比。实际上，郑和下西洋就直接参考了汪大渊的《岛夷志略》。随郑和下西洋的马欢在其著作《瀛涯胜览》自序中就承认读过《岛夷志略》，在航行途中一一对照了汪大渊的记载，发现真实可靠。马欢写道："余昔观岛夷志，载天时气候之别，地理人物之异，慨然叹：普天下何若是之不同耶！永乐十一年癸巳，太宗文皇帝敕命正使太监郑和等统领宝船，往西洋诸番开读赏赐。余以通译番书，忝备使末，随其所至，鲸波浩渺，不知其几千万里。历涉诸邦，其天时、气候、地理、人物，目击而身履之。然后知岛夷志所著不诬，而尤有大可奇诧者焉。"足见汪大渊的《岛夷志略》对郑和下西洋的参考作用。

比起世界历史上赫赫有名的西方旅行家，如马可·波罗和伊本·白图泰，或者中国古代的法显、玄奘、义净乃至比其晚了七十多年的郑和，汪大渊似乎默默无闻。其实，汪大渊在中国海洋史上的地位被远远低估了。简单说，他是第一个由海上到达并深入西洋（印度洋世界）的中国人。在汪大渊之前，虽然有几个中国人在唐宋间亲自穿越印度洋东部，抵达印度洋西部（阿拉伯海），甚至到达红海，但他们或者没有留下记录，或者记录简略，远远比不上汪大渊的《岛夷志略》。

汪大渊和伊本·白图泰倒可以一比。两人是同时代东西方的旅行家。伊本·白图泰出生于摩洛哥，而后一路向东游历非洲、欧洲、西亚、中亚、印度、东南亚，最后到达中国，游览了泉州，也就是汪大渊出发的港口；而汪大渊从泉州出发，一路向西，游历了东南亚、印度、中东、西亚和非洲。伊本·白图泰的行程异常复杂，时间从1325年到1354年；巧的是，他在路上的这三十年，几乎和汪大渊重合。汪大渊1330年第一次出发，大致两三年后就回到泉州；1337年再次出发，应该也是两三年后回来。东西方两位伟大的旅行者，他们是时空伴随者，在同一时空出发，交错而行，擦肩而过，可惜没有相遇。

北溜

1330年冬或1331年春，汪大渊从斯里兰卡乘船，或许因为风暴，偶然抵达马尔代夫，成为第一个登临这个印度洋群岛的中国人。他在这里停留了几个月，对这个岛国印象深刻，并留下了关于马尔代夫的第一手记录。汪大渊称马尔代夫为"北溜"，指出其"地势居下，千屿万岛"；他还知道航行的路线以及季风的作用："舶往西洋，过僧伽剌傍，潮流迅急，更值风逆，辄漂此国。候次年夏东南风，舶仍上溜之北。水中有石槎中牙，利如锋刃，盖已不完舟矣。"也就是说，船舶经过僧伽剌（斯里兰卡）附近，那里洋流迅急，如果碰上逆风的话，船很容易被风吹漂到马尔代夫附近，只能在马尔代夫停泊；等到第二年夏天西南季风起来，才能从马尔代夫向北行驶。汪大渊之所以称马尔代夫为北溜，可能是因为他只到过马尔代夫的北部岛屿群。所谓北溜，应该就是"溜"之"北"。

大约在汪大渊和伊本·白图泰到达马尔代夫将近一个世纪后，郑和宝船也到了印度洋，而且几次访问马尔代夫。马欢是郑和船队的翻译，曾经参加郑和的第四次（1413）、第六次（1421）和第七次（1430）共三次远洋，而且他很可能亲自登陆了马尔代夫。马欢称马尔代夫为"溜山国"，关于地理位置，马欢写道："自苏门答剌开船，过小帽山投西南，好风行十日到其国。"关于地名和地貌："其国番名牒幹，无城郭，倚山聚居，四围皆海，如洲渚一般，地方不广。国之西去程途不等，海中天生石门一座，如城阙样。"关于岛屿的组成："有八大处，各有其名：曰沙溜、人不知溜、起来溜、麻里奇溜、加半年溜、加加溜、安都里溜、官屿溜。此处皆有所至而通商船。再有小窄之溜，传云三千有余，所谓弱水三千，正此处也。"关于社会生活："其间人皆巢居穴处，不识米谷，但捕鱼虾而食。不解穿衣，以树叶盖其前后。"关于气候土产，马欢说马尔代夫"其气候常热如夏，土瘦少米，无麦。蔬菜不广，牛羊鸡鸭皆有，余无所出。王以银铸钱使用。中国宝船一二只亦到彼处，收买龙涎香、椰子等物，乃一小邦也"。马欢是穆斯林，所以他对宗教比较敏感："牒幹国王、头目、民庶皆是回回人，风俗纯美，所行悉遵教门规矩。人多以渔为业，种椰子为生。男女体貌微黑，男子布缠头，下围手巾。妇人上穿短衣，下亦以阔布手巾围之。又用阔大布手巾过头遮面。婚丧之礼，悉依教规行。"

汪大渊、马欢等人记录的关于马尔代夫的中文名称，值得细细斟酌一番。汪大渊称马尔代夫为北溜。一些学者称北溜是马尔代夫首都马累的音译。日本学者藤田丰八认为北溜乃 Mal（Bal）之对音，当时 Maldive（Beldive）群岛为官场所在，郑和《航海图》所谓官屿；苏继庼先生同意他的观点，认为："本书北溜一名，似以藤田主张视其为马尔代夫都会马累（Male）之对音为最合。缘方音 m 音与 p 音可互转，故 Ma 可读成北。"苏继庼又说，"溜"字可能"兼示当地海流土名有关者"。此说恐怕不确。柔克义指出，"北溜"望文生义，意思就是"北方／北部的岛"，笔者以为颇有道理。谢方先生则进一步解释说："m 与 p 固或可互转，但 ma 译作北，并无此例，无论广东音或闽南音都无此转法"；"至于'北'，也不是音译，而是南、北之北。北溜即北部之溜"；"'溜'应是个表意字，指急流或急流中之小岛。故明代总称其地为溜山国"；溜"不可能作为音译，而是因此地季风和洋流都很猛烈湍急，容易触礁沉船，故我国古代舟师名其地曰'溜'"。谢方还指出，既然北溜是北部之溜，所以对应的就有南部之溜，即南溜，而《岛夷志略》记载大八丹土人穿"南溜布"，就是指南溜一地所产之布。查《岛夷志略》"大八丹"记载，"男女短发，穿南溜布"，并有"贸易之货，用南丝、铁条、紫粉、木梳、白糖之属"，则除了南溜布，或者南丝也是南溜所产？

那么，南溜在哪里呢？清末大学者沈曾植在《岛夷志略广证》中曾说，"南溜与北溜对，但此书有北溜而无南溜，所出大手巾布省称溜布，则南字殆北字"之误？他猜测南溜是笔误，南溜并不存在。谢方以南溜布的存在反驳沈曾植的推测。谢方指出："南溜应是指马尔代夫群岛的南部，今一度半海峡以南之苏瓦代瓦环礁（Suvadiva Atoll）和阿杜环礁（Addu Atoll）。一度半海峡宽约 100 公里，为马尔代夫群岛最宽的海峡。海峡以北即北溜，明代之'九溜'即其地。"他解释说："由于汪大渊只到北溜，没有到过南溜，而且南溜也非航路之必经，离主岛（马累岛）太远，所以没有把它写入游记中，这是不足为怪的。"因此，确切地说，汪大渊记载的北溜大致是指现在马尔代夫北部的岛屿。

谢方的论述也符合马尔代夫岛屿的实际地貌，因为其南北环礁确实存在相当明显的差别。费那博士（Dr. R. Michael Feener）指出，在伊斯兰教时期，南部环礁的语言乃至和马累的政治关系都和北部有所不同；当然，南部环礁也同样参与各种跨地区交流。马尔代夫最南端的福阿穆拉库岛（the Fuamulah Atoll）上遗存了一个相当大的佛教建筑遗址，2018年初，费那博士的团队在那里"挖出了一个雕像的基座，在基座的下面有珊瑚石制成的匣子，里面装有祭奉的海贝"。可是，德国汉学家普塔克（Roderich Ptak）却认为中文的"溜"是 diu（岛的意思）的音译，"diu"则是从焚文的 dvipa（以及其他形式如 diva、dive、diba 等）而来，因此，他觉得"溜"和水流湍急之类毫无关联。

即使如此，"溜"指环礁或者岛屿也有其他中文文献支持。马欢称马尔代夫为溜山，也就是"礁山"或"岛山"的意思，这生动地描述了岛屿形成的环礁在海面上突兀成山的地貌。马欢还翔实地记下了溜山的八大溜，各有其名，"皆有所至而通商船"；此外，"再有小窄之溜，传云三千有余，此谓弱水三千，此处是也"。在他之后，明代的官方文献明确提到了马尔代夫的九溜。《武备志》的《郑和航海图》不但标明了九溜，比马欢的八溜多了第九溜"已龙溜"，而且具体绘出各溜所在地和航路等。

除了南北溜，马欢还第一次提到"小窄之溜"，称马尔代夫除了八溜之外，"再有小窄之溜，传云三千有余"。所谓小窄之溜，以后的文献称"小窄溜"或"小溜"。《西洋番国志》云"其余小溜尚有三千余处";《星槎胜览》云"传闻有三万八千余溜山,即弱水三千之言也";《西洋朝贡典录》云"又西有小窄溜,是有三千,是皆弱水,即所谓'弱水三千'者焉。一日三万八千余溜,舟风而倾舵也,则坠于溜,水渐无力以没。其小窄溜之民,巢穴而处,鱼而食,草木而衣"。如谢方指出,马尔代夫群岛为南北走向的两组平行狭长的珊瑚礁岛群,其中较大的岛屿都在东边一线上,所谓八溜或九溜都分布在东边;西边还有一系列环礁,面积更小,数量更多,这就是小窄溜。所以马尔代夫大的岛屿不过一两千个,人们大致确指其有岛屿两千或三千,可是,加上小溜,无法细数,只能泛称其为万岛之国,如《星槎胜览》和《西洋朝贡典录》相袭,均称"有三万八千余溜"。

溜山与牒幹

郑和之后,中国的海船几乎就不再进入印度洋了。这样,以马尔代夫为代表的印度洋知识在1600年以后不但没有更新,反而逐渐模糊和淡忘了。罗曰褧撰于万历十九年(1591)的《咸宾录》就体现了中国记忆的模糊和谬误。谈到马尔代夫时,罗曰褧称:"溜山,一名牒幹,小国也。洪武初国王遣人朝贡,其地无城郭,倚山聚居,风俗淳美,尚佛。"此处他大致辗转抄录了马欢等人的记录,但却画蛇添足,添了"尚佛"二字,以为马尔代夫是佛教之国。

罗曰褧在抄书之际未能理解前人记录,不知道溜山就是牒幹,牒幹就是溜山,因而另立"牒幹"一条。他写道:"牒幹,在西海中。永乐中，国王亦速福遣使朝贡，其地居皆回回人，俗淳厚，气候常热，市用银钱，产龙涎香、鲛鱼，织丝织金帨甚精。"这一条明显也是抄袭马欢等人的著作。罗曰聚指称牒幹居民是回回人，笃信伊斯兰教，可见其称溜山居民"尚佛"之谬误。当然，这可能是罗曰聚在最后编辑成书之际，未能仔细校对而导致的错误。

其次，罗曰聚"溜山"一条说"洪武初国王遣人朝贡"，其实并无其事。马尔代夫第一次进贡是在永乐年间，如"牒幹"一条所说。再次，他说溜山"其地无城郭，倚山聚"，表明罗曰聚不知道"溜山"一词的本意，不知道溜山实为大海中的一群岛。我们知道，溜山的"山"指的是露出海面的岛屿。无论如何，我们看到 17 世纪到来之际，中国人对马尔代夫的知识不但没有进步，反而产生了模糊和谬误，马尔代夫和中国越来越遥远了。到了 1620 年代，张燮在记录海外世界和海外贸易的《东西洋考》中干脆就抛弃了印度洋，而专注于东南亚一带。马尔代夫对他而言，如果不是遗忘的话，也已经不在视野中了。

耶稣会带来的马儿地袜

与此同时，以利玛窦为代表的耶稣会教士带来的西方地理知识也传到中国。耶稣会的教士一个个聪明睿智、博学多才，都是当时西方掌握最新知识的科学家。他们把地理大发现后的印度洋知识带到中国，包括他们知道的马尔代夫。这样，在明清交替的中国，就有了两个系统的印度洋知识：一个是唐宋以来逐渐积累，但在明中期以后逐渐淡忘的本土知识体系，以逐渐被遗忘的"溜山"为代表；另一个是耶稣会带来的欧洲的地理知识体系，以根据 Maldives 音译成中文的"马尔地袜"为代表。两者之间互有重合，互相渗透，但也有平行并列的部分。

1623年，明清交替之际的耶稣会教士艾儒略，在其所著《职方外纪》中介绍了马尔代夫，他指出印度（印弟亚）之南有岛锡兰（意兰，即斯里兰卡），"西有小岛总名马儿地袜，不下数千，悉为人所居"。"马儿地袜"便是艾儒略等耶稣会教士从 Maldives 音译而来，以后便传成了现在通用的"马尔代夫"。艾儒略来华三十六年，被认为是自利玛窦以来耶稣会传教士中最精通汉语的一位，被称为"西来孔子"，1649年病逝于福建延平。值得注意的是，《职方外纪》是欧洲人为中国读者撰写的世界地理著作，恐怕是鸦片战争前中文文献中唯一提到马尔代夫的著作。不过，利玛窦等人引入的世界地图中也介绍了印度洋中的马尔代夫，并且被清代中国人制作的世界地图所沿用。

1674年，在康熙朝服务的耶稣会教士南怀仁（Ferdinand Verbiest，1623—1688）制作了《坤舆全图》，也就是世界地图。这幅《坤舆全图》就在印度洋中标志了"玛儿的袜"岛（图9.1）。南怀仁的"玛儿的袜"，虽与艾儒略的"马儿地袜"采用的汉字不同，但明显是 Maldives 的音译；从地图上看，它位于锡兰西面的海中，指的就是马尔代夫。

《坤舆全图》的地理知识也为中国人吸收借鉴。嘉庆年间（1796—1820）浙江嘉兴人朱锡龄绘制了《大清万年一统天下全图》，此图在"锡兰山"的右下方（东南方）就标识了"马尔地袜"（图9.2）。可惜的是，马尔代夫和斯里兰卡的相对地理方位错了，马尔代夫实际位于斯里兰卡的西南方。不过，这个错误并不令人吃惊。令人大吃一惊的是，在"马尔地袜"的下方，朱锡龄还标识了"溜山"。因此，朱锡

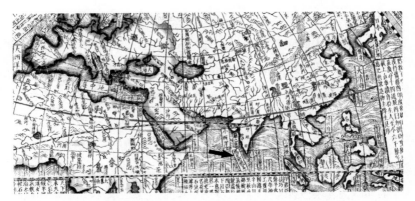

图 9.1 《坤舆全图》中的玛儿的袜（图中箭头所示；南怀仁制，法国国家图书馆）

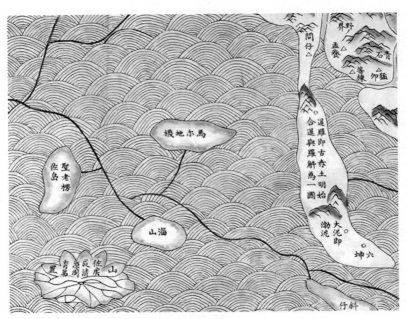

图 9.2 《大清万年一统天下全图》中的马尔地袜

龄绘制的《大清万年一统天下全图》就完美而错误地结合了中国和欧洲关于马尔代夫的两个知识体系。令人遗憾的是，朱锡龄并不知道马儿地袜就是溜山。需要指出的是，朱锡龄的地图也有其来源。它本于1767年余姚人黄千人修订刊刻其祖父黄宗羲（1610—1695）制作而成的天下全图。这样的话，这个关于马尔代夫的错误可能就来自明末大思想家黄宗羲，则黄宗羲受到传教士的影响也就昭然若揭了。

话说回来，这个错误既不能怪朱锡龄，也不能怪黄宗羲。对最博学的耶稣会教士而言，他们当时对于中国的了解，首要关注是中国的四书五经，尚不及接触中国关于印度洋的知识。等到19世纪下半期欧洲第一代汉学家兴起的时候，西人才开始关注南洋史地，并留下了许多真知灼见，其中的佼佼者如法国汉学家伯希和。

第十章

中国来的鱼鹰

"这是一只中国特有的鸟"

> 它们马上潜入水中，捕捉大量的鱼，一旦捉住鱼时，就自行把鱼投入篮内，因此不多会儿工夫，三只篮子都满了。——鄂多立克（约 1330 年）
>
> 听到了这只海鸟的新闻，国王十分好奇这只鸟究竟如何从中国飞越了 1200 里格（league）来到这里。——弗兰索瓦·皮埃尔（17 世纪初）

以上摘录的两句话，讲的都是鱼鹰（鸬鹚）捕鱼的事，唯两处记录时空相差颇远。意大利人鄂多立克描述的是其在笔者的家乡浙西南严州府建德县所见，时间约为 1330 年前后，也就是元朝末年；法国人皮埃尔描述的则是其在万里之外印度洋上的马尔代夫群岛所见，时间是 17 世纪初期，也就是明朝末年。皮埃尔认为马尔代夫距离中国1200 里格，也就是 7000 公里左右。笔者大致查询得知，从上海到马累（马尔代夫首都）的海上距离为 8671 公里，这 1200 里格的推算和中国（以欧洲人到中国的第一站广州为例）与马尔代夫的航海航程大致相同，则皮埃尔的海洋知识的确精准得令人不可思议。看来，中国和马尔代夫两地相隔虽然遥远，但即使在四百年前的明朝也并非遥不可及。

鄂多立克在钱塘江上游的建德江看到的鸬鹚，自然是中国所产。可是，皮埃尔是在印度洋上看到的，他怎么能确定那只海鸟是中国飞来的呢？不妨看一下他的记录。

皮埃尔说，有一天，一只巨大的鸟飞抵了马尔代夫：

这只鸟足有三英尺高，身体很厚，一个人都抱不过来；羽毛洁白，仿佛白天鹅；双爪扁平，与水鸟无异；颈部约半寻 (fanthom)，喙部长约半艾尔 (ell，1 艾尔等于 45 英寸)；喙部前端如同鱼钩，其下颚比上颚要宽得多，并附有一个口袋，相当宽大；通体呈金黄色，仿佛羊皮纸的颜色。国王十分诧异，不由得想知道这是一只什么鸟，从何而来。他询问了所有的外来者，结果无人知晓。最后几个陌生人告诉国王：这是一只中国特有的鸟，只产于中国，中国人用它来捕鱼；因此，这种鸟和其他的水鸟一样，擅长在水底游泳，而且一次可以游很长时间。它捕鱼勤奋，直到将喙下的口袋装满为止；这个口袋又宽又长，连两英尺的鱼都装得下。听了这个故事，国王非常好奇这种鸟怎么能从 1200 里格外的中国孤零零地飞到这里。

马尔代夫的国王于是下令绑住这只水鸟的颈部，只留下它呼吸的空间。这样，它捕到鱼后就不会把鱼吞到肚子里去了。皮埃尔最后解释说：

> 这是中国采用的神技。我亲眼看到它潜入海中游了很长距离，装满了鱼之后才游回来。它习惯于长时间待在海上，有时候长达一整天，这越发使我相信，它从中国飞来不是一件不可能的事。因为它热爱大海，长期逗留于海面，以捕鱼为食。此外，印度各地的居民也明确地告诉我，这种鸟只在中国才有。

看来，当时的人们都认为这种海鸟是中国特有的，是从中国而来的。

以上便是法国人皮埃尔记录的在马尔代夫发现的一只"中国来的鱼鹰"。其实，在皮埃尔之前，印度洋世界已经流传了许多关于中国的传说和故事。比如，在皮埃尔上述记录的二百六十年前，在印度游历的伊本·白图泰便对"中国鸡"印象极其深刻。他写道：

> 中国的母鸡和公鸡体型硕大，比我们国家的鹅还要大；鸡蛋也比我们的鹅蛋大。不过，他们的鹅倒不是那么大。我们买了一只母鸡，准备做饭，结果母鸡太大，一个锅根本放不下，只好分成两锅。那里的公鸡仿佛鸵鸟大小；公鸡脱毛严重，往往只剩下一个肥硕的红通通的身体。我第一次看到中国的公鸡是在奎隆城，我还以为它是鸵鸟，非常惊讶。公鸡的主人告诉我，在中国，那

里的公鸡比这还要大得多。等我到了中国，我亲眼看到他告诉我的都是真的。

伊本·白图泰口中的印度之"中国鸡"究竟是不是中国来的，体型是不是如他说的那么庞大，我们无法证实。不过，在奎隆的"中国"公鸡、母鸡以及在马尔代夫的"中国"鱼鹰都表明，在那个时代，印度洋世界已经有许多关于中国的"流言"（floating words），或者说中国风。马尔代夫国王看到的海鸟，当然并非从中国而来；伊本·白图泰在奎隆看到的公鸡、母鸡也很难说源于中国。不过，这些想象的与中国的联系，就像古代罗马认为丝绸是从中国的某种羊身上，或是从中国的某种树上长出来的那样，既揭示了中国因素（包括中国的产品和文化）对当地社会的渗透，也凸显了当地社会对中国的感知和想象。言者昭昭，信者旦旦，这就是古罗马和印度关于中国的故事。正是在这样的云山雾海里，即使距离中国千山万水的马尔代夫，当国王不知道这只海鸟从何而来之际，就有陌生人告诉他相当明确的答案：这是一只中国特有的鸟。

话说回来，虽然 15 世纪初郑和的宝船曾几次停泊马尔代夫，马欢等人也亲临岛国，可是一百七十年后，到了 17 世纪初，中国在马尔代夫的遗迹或影响却几乎无踪可寻了。今天的马尔代夫，无论从文化或者语言上，都看不到历史上和中国有什么联系。毋庸赘言，国王的海鸟并非来自中国；不过，训练鸬鹚捕鱼倒是中国的发明，西人在 14 世纪初见到此景后便以为神乎其神，在西方世界广为流传。

那么，法国人皮埃尔又是怎么到达马尔代夫的呢？

"乌鸦"之行

1601 年 5 月 18 日，两艘法国海船——"乌鸦号"（the Corbin，载重 200 吨）和"新月号"（the Croissan，载重 400 吨）离开法国西北部的港口圣马洛（St. Malo），向印度洋进发。"乌鸦"这一名称就预言了这一路行程的艰难与不幸。

乌鸦号一路上跌跌撞撞，出海不久便折断前桅，而后又遇到敌对的荷兰舰队的纠缠，从大西洋到印度洋双方断断续续交火数次。7 月 30 日，法国人在赤道几内亚安诺本（Annobón）登陆，不料在那里碰上了葡萄牙人和黑奴给他们准备的"鸿门宴"，船长托马斯·佩平（Thomas Pepin）被杀，好几名船员受伤。受不了伤病、风暴和远航的折磨，水手们士气低落，哀声遍地，其中有六人在马达加斯加西南海岸圣奥古斯坦湾（St. Augustine's Bay）不辞而别，抛弃了大家，选择留在当地生活。

1602 年 6 月 21 日，似乎无尽的航程终于看到希望。远处的岛屿隐约可见，乌鸦号上的水手辨认出那是马尔代夫群岛。就在大家满怀期待的时候，噩运再次降临。7 月 2 日凌晨，被疾病折磨的船长昏昏沉沉，大副和二副酩酊大醉，看守罗盘的船员擅离职守，瞭望的水手陷入梦乡，乌鸦号不由自主地撞上马尔代夫北部戈伊杜岛的暗礁。次日早晨，幸免于难的四十名水手在福拉杜岛登陆，而后迎来了新一轮的折磨。幸存的人群当中包括船长，但他依然陷于马达加斯加热病（Madagascar fever）带来的痛苦中；另一些人则在宿醉中开始了热带的焦灼。所有人都疲惫不堪，急需营养丰富的食物和良好的照顾。绝境之下，他们拿出从船上顺手抄来的白银换取当地居民的食物。淡水和食物奇货可居，马尔代夫的居民不断提高要价，水手们也渐渐囊空如洗。

触礁的消息不久便传到马尔代夫的首都马累。马尔代夫国王（苏丹）听到此事，马上派人前来接收。根据马尔代夫的法律，马尔代夫所有的外国沉船，从水手到船上的一针一线，都属于国王。处于困境的水手中有十二人偷了一艘小船，最终到达印度大陆的奎隆，那里有葡萄牙人建立的据点。这十二人是否返回了法国，我们无从得知。剩下的水手则听天由命，船长大约在海难六周后就闭上了双眼，永远地告别了乌鸦号；另一些水手或者病逝，或者逃亡不知所终，最终只有四人苟且偷生，其中就包括弗朗索瓦·皮埃尔。他在马尔代夫居住了近五年之久（1602—1607）。1607 年 2 月，根据皮埃尔自己的说法，吉大港（Chittagong）的孟加拉人垂涎于乌鸦号上幸存的优质大炮，袭击了马尔代夫。马尔代夫的国王逃亡到群岛的南部，不久被捕身亡。孟加拉人发现皮埃尔和他的三个同伴不是葡萄牙人，就把他们带到印度。四年之后的 1611 年，皮埃尔终于辗转完成了"乌鸦"之行，返回法国的家乡，并给我们留下了上述生动的记录。

和其他水手不同，皮埃尔从一开始就得到了马尔代夫居民的青睐，关键原因在于他非常主动地学习马尔代夫的语言，因而得到国王派去的官员的重视。到了马累之后，国王对这个欧洲人也很感兴趣，因而上上下下对皮埃尔都高看一眼。皮埃尔住在国王最信任的大臣家里，可以在马尔代夫的岛屿间自由行动。他后来的回忆录详尽记录了 17 世纪初这个印度洋贸易的枢纽，也是一个繁华岛国的生活。他与 14 世纪在马尔代夫生活了一年半、娶了四个老婆的摩洛哥旅行家伊本·白图泰前后呼应，为我们提供了马尔代夫以及印度洋的宝贵信息。

皮埃尔的时代，距离郑和下西洋已经一百七十年了。郑和之后，中国的海船就不再进入印度洋。中国的海洋贸易也与印度洋不再直接往来。因此，皮埃尔在马尔代夫并没有看到或听到中国人曾经来到这个岛屿的轶事或传说，除了中国来的鱼鹰。

第一个看到鸬鹚的欧洲人

最早见到和记录中国鸬鹚 / 鱼鹰捕鱼的欧洲人是意大利方济各会会士鄂多立克。在元代来华的欧洲旅行家中，鄂多立克是很知名的一位，他的影响仅次于马可·波罗，和马可·波罗、伊本·白图泰、尼哥罗康梯一起被誉为中世纪四大旅行家。

鄂多立克大约出生于 1286 年，很早就效忠于方济各教会，过着清苦的方济各会会士生活，依靠水和面包为生。他赤足步行，交替披着毛巾布和铁甲，甚至退隐荒野，拒绝教会的提拔。1318 年鄂多立克开始东游，1321 年抵达西印度，而后前往斯里兰卡。他从斯里兰卡乘船长途航行到苏门答腊，遍访南洋诸岛，经爪哇、加里曼丹、越南而抵达中国。鄂多立克约在 1322—1328 年间在中国旅行，而后返回意大利，1331 年 1 月病逝。

鄂多立克到达中国的第一站是广州，从那里东行至福建的泉州、福州，北上经三省交界之仙霞岭辗转至杭州和南京，接着从扬州沿大运河北上，最后到达元朝的都城汗八里（北京）。鄂多立克提到，从福州出发，"旅行十八天，我经过很多市镇，目睹了种种事物。我旅行时到达一座大山，在其一侧，所有居住在那里的动物都是黑的，男人和女人均有极奇特的生活方式。但在另一侧，所有的动物都是白的，男女的生活方式和前者截然不同。已婚妇女都在头上戴一个大角筒，表示已婚"。这座大山，大致就是闽浙交界处著名的仙霞岭。

离开此地，再旅行十八天，经过很多城镇，我来到一条大河前，同时我居住在一个[叫作白沙（Belsa）]的城中，它有一座横跨该河的桥。桥头是一家我寄宿的旅舍，它的主人想让我高兴，说道："如你要看美妙的捕鱼，随我来。"于是他领我上桥，我看见他在那里有几艘船，船的栖木上系些水鸟。他用绳子圈住这些水禽的喉咙，让它们不能吞食捕到的鱼。接着他把三只大篮子放到一艘船里，两头各一只，中间一只，再把水禽放出去。它们马上潜入水中，捕捉大量的鱼，一旦捉住鱼时，就自行把鱼投入篮内，因此不多会儿工夫，三只篮子都满了。主人这时松开它们脖子上的绳子，让它们再入水捕鱼供自己吞食。水禽吃饱后，返回栖所，依前样给系起来。其中几条鱼成了我的一顿饱餐。

从仙霞岭到杭州，必然走浙西南经金华、衢州一线到钱塘江上游的严州府，而后从严州府经水路这条南宋贡道到达杭州。鄂多立克大约是1322年来到中国，他走的还是南宋时期东南亚各国朝贡的路线，必然经过钱塘江。

考钱塘江上游在1320年代有一座跨江大桥的地方，恐怕就是严州府府城梅城南面的铁索浮桥了，此外并无他桥。不过，鄂多立克记录的地名不是严州或者梅城，却是Belsa，则给这座浮桥的确切地址增添了一层迷雾。鄂多立克游记的中译者何高济认为："从鄂多立克所述捕鱼方式看，这个 Belsa 城当在浙江省，所谓的大河或即指钱塘江。但 Belsa 一名无适当对音，无法确定为某城，这里仅译其音，以待续考。"此前汉学家玉尔（1820—1889）虽博学多识，校注过马可·波罗游记，但也不知此地为何处。

其实，在严州府的首县建德县境内，钱塘江上游的新安江从寿昌流入建德处有一个险要的渡口，叫作白沙。早于鄂多立克一百五十年的南宋《淳熙严州图经》记载"白沙渡在县西六十里"，则鄂多立克记录的 Belsa 即是梅城西南向六十里水路左右的白沙。或许鄂多立克先到了白沙，记住了"白沙"这个名字，乃至误把府城梅城记成了白沙？总之，白沙渡在严州境内非常有名，故 1959 年建造新安江水电站的时候，就在原白沙渡口不远处修建了大桥，取名为白沙大桥；而建德县城从梅城移到新安江水电站所在地时，也把县城叫作白沙镇，直到二三十年前才改名为新安江镇。

鄂多立克到过的地方为梅城亦有旁证。他栩栩如生地记载了钱塘江上鸬鹚捕鱼的情景。这大概是当年在梅城上下游数十里江面上常见的捕鱼方式，虽然不见于其他文献，现在也不再使用鸬鹚捕鱼。不过，在梅城下游，也就是鄂多立克见过的大桥的下游三十里，有一著名景点芦茨湾。芦茨湾地处桐庐县富春江支流大源溪入口处，是富春江上一处天然港湾，昔日为鸬鹚捕鱼停泊处，故亦名鸬鹚湾，则鄂多立克之记录鸬鹚捕鱼确实为当年的风俗。芦茨湾一带早在唐代就是严州的文化名胜，出有著名诗人方干等，与严子陵钓台水路相通，近在咫尺。

鄂多立克离开梅城水路北上杭州时，还看到了另一种捕鱼法，后世也无人记载。他写道："自离开该地，旅行若干天后，我目睹了另一种捕鱼法。捕鱼人这次是在一艘船里，船里备有一桶热水；渔人脱得赤条条的，每人肩上挂个袋子。随后，他们潜入水中（约半个时刻），用手捕鱼，装入背上的口袋。他们出水时，把口袋扔进船舱，自己却跳进热水桶，同时候，另一些人接他们的班，如前一样干；就这样捕捉了大量的鱼。"鄂多立克说的是钱塘江下游，那里流行的捕鱼法已经失传。

"这样捕鱼实在太奇特了"

鄂多立克的记录传到西方世界后，西人对这个东方帝国用鸟捕鱼的方法十分惊讶。到了明清时期，来华的西人更多了，他们留下了一连串鸬鹚捕鱼的文字或图像。此时最早来华的是 16 世纪初的葡萄牙人，他们立刻被中国的鸬鹚给迷住了。16 世纪中期葡萄牙士兵盖洛特·伯来拉（Galeote Pereira）追逐发财梦，在中国沿海走私，1549 年在福建被明王朝的军队逮捕，关进监狱，而后他在中国南方（福建和广西）辗转数年，详细记录了所见所闻，其中就有中国的鸬鹚：

> 国王的河流中有大量的河船（barges），船舱里都是养在笼子里的海鸥（sea-crows），每月为它们提供一定的稻谷，它们在此吃喝生活，一直到死。国王把这些船交给他最能干（geartest）的官员管理，如他所示，有的官员两艘，有的官员三艘，按照下述方法捕鱼。等到捕鱼之际，在河水较浅的水域，所有的船聚成一个圆圈，海鸥的翅膀被绳子捆紧，而后一头扎进水中。有的潜在水底，有的浮上水面，颇可一观。当海鸥在其喙部装满鱼后，便回到它所属的河船，吐出喙中大大小小的鱼，然后马上接着捕鱼。

等到有了足够的鱼之后，这些海鸥便暂时恢复自由，可以自由自在地捕鱼进食。在我停留的那个城市，至少有二十艘装满了海鸥的渔船。

伯来拉比鄂多立克晚了两百年，但他的记录大致和鄂多立克相符。虽然说的是海鸥，伯来拉所指的其实就是鱼鹰／鸬鹚。只是他的知识体系里没有鸬鹚或鱼鹰的概念，所以用海洋生活中常见的捕食鱼虾之海鸥来指代。

伯来拉的描述自然有其虚妄之处。位于北京紫禁城的大明皇帝当然不会为区区鱼鹰操心，遑论把这些鱼鹰直接交给他最能干的官员管理。这都是乞丐的想象而已。不过，伯来拉所说的情景的确有其历史渊源，因为地方政府也许向生活在大小河流之上的船民，也就是"疍家"收税。这些船民，传说因为是与明代开国皇帝朱元璋争雄的陈友谅的部下，被罚不能上岸，低人一等，成为水上的吉卜赛人。他们以船为家，捕鱼为业，而鸬鹚便是他们最好的生活伴侣。笔者的家乡建德县，在建德江上也有不能上岸的"九姓渔民"，以捕鱼为业。以此推算，鄂多立克在梅城附近看到的鸬鹚捕鱼应该是真实的故事。因此，伯来拉所说的皇帝和鱼鹰的联系，并非空穴来风，而是暗示了帝国权力对水上世界的管辖。这样的捕鱼方式实在令人着迷，于是伯来拉"几乎每天都去看它们，却百看不厌，因为这样捕鱼实在太奇特了"。

葡萄牙多米尼加教士加斯帕·达·克鲁士（Gaspar da Cruz，约1520—1570）约在 1556 年抵达中国。和几年前的伯来拉一样，克鲁士惊诧于中国的鱼鹰。虽然他应该亲眼看到了鱼鹰捕鱼，但克鲁士的描述几乎完全抄袭了伯来拉，除了将伯来拉的海鸥称为鸬鹚

(cormorant)，从而纠正了前者的错误。西班牙教士、士兵贝纳迪诺德·埃斯卡兰特（Bernardino de Escalante，约 1537—？）也随之而来，留下了捕鱼的类似记录。看起来，初到中国的欧洲人几乎全都迷恋于中国的鸬鹚，同时留下了类似的描述。三分亲眼所见，三分互相借鉴或抄袭，三分添油加醋，中国的鸬鹚很快在欧洲的葡萄牙人、西班牙人中流传开来。这或许是几十年后在马尔代夫的法国人皮埃尔记录中国鱼鹰的背景。此后的一两个世纪中，中国的鸬鹚继续占据欧洲人的眼球，而且欧洲还出现了关于鸬鹚的绘画，比此前文字的叙述更加生动逼真。

西画中的鸬鹚

1656 年 6 月 13 日，荷兰的第一个访华使团（1655—1657）抵达运河边上的城市济宁。他们关于水塘里鸬鹚捕鱼的记录，和三个世纪前钱塘江上或者五十年前马尔代夫的情景几乎一模一样。在欣赏和惊叹之余，这批荷兰人和鄂多立克一样，买了一些鸬鹚捕的鱼回去大快朵颐。约翰·牛霍夫（Johan Nieuhof，1618—1672）因其绘画才能而被挑选进入这个使团，于是留下了一张运河鸬鹚的素描（图 10.1），可以让我们想象当时的场景。

荷兰使团访华是在大清开国之初的顺治末年。到了 1816 年 10 月 9 日，也就是嘉庆二十一年，英国的威廉·阿美士德（William Amherst，1773—1857）使团也在运河亲见了鸬鹚捕鱼。使团成员亨利·艾利斯（Henry Ellis，1788—1855）写道："就在晚餐前，我们有

图 10.1　牛霍夫绘制的鸬鹚

机会看到捕鱼的水鸟，称为鱼鹰（yu-ying），也就是抓鱼的老鹰，或是渔鸭（yu-ye），抓鱼的鸭子。它们高高地站立在船上的竹竿上，而后从竹竿上一头扎进水里；它们为捕鱼而生，渔民训练它们把捕到的鱼送回渔船。我看到它们的脖子上套着一个坚硬的颈圈，以防止它们吞食捕到的鱼类；它们已经习惯于从竹竿上猛然扎入水中；它们的体型仿佛疣鼻栖鸭（Muscovy ducks），外表像鲣鸟（booby），尤其是喙部。"

　　第一次鸦片战争（1840—1842）后的第二年，法国传教士、汉学家古伯察（Evariste Régis Huc，1813—1860）从西藏抵达内地。在途经长江中游的时候，他看到了在湖泊中捕鱼的鸬鹚。那里的渔民捕鱼不带渔网，渔船两侧船舷上停满了鸬鹚。

这些捕鱼的生灵，潜入水中，总是能在喙部带回一条鱼，实在是一幅神奇的场景。中国人担心他们带羽毛的同伴旺盛的食欲，于是在它们的颈部套上了一个不大不小的铁圈，既能保持呼吸，又不致吞食鱼类；为了防止它们在水中嬉戏，浪费工作时间，鸬鹚的一只脚和一只翅膀上系着一根绳；如果待在水底时间太长，鸬鹚就会被拽出水面。如果疲惫不堪，鸬鹚可以休息几分钟；但是，一旦发现鸬鹚偷懒忘记了工作，几记竹竿的鞭策便会提醒它的职责，于是这个可怜的潜水者便耐心地恢复它那繁重的工作。从一个捕鱼点到另一个捕鱼点，鸬鹚站立于船舷的两侧，天然的本能告诉它们绳子的长度以及船舷每一侧每个伙伴间几乎平均的距离，因而轻便的小船从来不会失去平衡。我们亲眼看到小渔船舰队上并排分列的鸬鹚布满了整个萍侯湖（Lake Ping—hou）。

　　这些鸬鹚体型比家鸭大；短脖长喙，嘴部前端钩状。它们外表邋遢，特别是在劳作一天之后，面目可憎。它们全身湿漉漉的，羽毛塌陷，紧贴身体，孤立一团，看不出任何眉目，令人厌恶。

这是被迫辛勤劳作的可怜的鱼鹰，很明显，古伯察不喜欢它们。

　　和古伯察同时代的法国旅行家、作家 Émile Daurand Forgues（1813—1883），也曾在中国游历。他以老尼克（Old Nick）为名，于1845 年在巴黎出版了《开放的中华》（*La Chine ouverte*）一书，记录了他在中国的所见所闻，包括鸬鹚。

　　钓鱼则新奇多了，尤其如果有幸拥有一只训练有素的鸬鹚，那场面就更有趣了。我目睹了一支船队的出征，共七艘渔船，带着四十五只机智灵敏的鸬鹚。看着这些鸟儿猛地扎入水中，尔后衔着满口猎物钻出水面，真是一大享受。渔民给鸬鹚的脖子上套了大小适中的项圈，能够自由呼吸，但无法吞下捕到的鱼儿。除了项圈，一只爪子上系着细绳。如果鸬鹚在水中嬉戏，忘了回船，主人可以将它拉回来。要是它停在甲板上偷懒，主人会用一支小竹棍轻轻地打一下，这样无声的警告之后，"潜水员"就会立即投入工作。如果疲惫了，鸬鹚会回到船上休息几分钟。休息期间，鸬鹚停在船舷上，本能使它们均匀分布在船的两侧，以保持船的平衡。

以上是到过中国的欧洲人，他们亲眼见到中国的鱼鹰，因而留下了一手的记录。令人惊奇的是，没有到过中国的欧洲人，对于中国的鱼鹰也有描绘。

托马斯·艾龙姆（Thomas Allom，1804—1872）是 19 世纪英国的建筑师和艺术家。他虽然从来没有到过中国，却创作了一系列中国风景画，并于 1845 年出版，向欧洲大众介绍中华帝国的风光，其中就有一幅鸬鹚的素描（图 10.2）。托马斯本人或许没有见过鸬鹚，他的画作是根据到过中国的欧洲人的文字记录和绘画而完成的。他笔下的鸬鹚恬静安宁，象征着鸬鹚与其主人和谐共生的亲密关系，与古伯察的记录大相径庭。

西方人对于鸬鹚的兴趣一直持续到 20 世纪。此时照相代替绘画，流传更为广泛，兹不再论。

中国的故事，无论是正史记载，还是民间传说，乃至村老口述，

图 10.2　托马斯·艾龙姆笔下的鸬鹚

为什么会在鸦片战争前后迅速传到欧洲？古伯察的一段关于乘船游历赣江的记录，可以让我们体会到这种很少基于文字记录的文化传播。

　　这段平安宁静的水上旅行，还让我们得以对中国的文学有了进一步的了解。我们的贴身听差魏昌是个热心的读者，他每次上岸都会带回一大堆小册子，然后关上舱门，如饥似渴地阅读起来。这些由写作快手编印的昙花一现式的作品，通常有故事、小说、诗歌以及好坏人物的传记，还有各种各样的传奇。古希腊人在其作品中将东方说成妖魔鬼怪的发源地，中国人则针锋相对，把他们的妖魔鬼怪说成西洋来的产物。海上有"狗头民"，他们的耳朵长长的，走路的时候拖到地上。还有"女儿国""穿胸国"，他们的胸膛上有个窟窿，该国官员出行的时候，只需往窟窿里穿一根竹竿，叫两个仆人抬起来就了事。如果这些仆人强壮的话，一次可以挑几个官哩。

古伯察的中国仆人魏昌给这些欧洲贵宾提供了这类信息，而"狗头国""女儿国"之类的掌故，正是本书所关注的中国关于海洋亚洲的知识，这些知识又通过来华的欧洲人传到西方。

第十一章
"一心念观世音"：海洋世界的信仰之争

菩萨保佑

成书于明万历二十五年（1597）的《西洋记》，以郑和下西洋的故事为蓝本，讲述了燃灯佛下凡投胎为碧峰长老，以辅助郑和顺顺利利抵达西洋的故事。关于《西洋记》，鲁迅评价说："所述战事，杂窃《西游记》《封神传》，而文词不工，更增支蔓，特颇有里巷传说，如《五鬼闹判》《五鼠闹东京》的故事，皆于此可考见，则亦其所长矣。"季羡林则说："既有现实的成分，也有浪漫的成分。他以《瀛涯胜览》等为根据，写了很多历史事实。记录的碑文，甚至能够订正史实。这一点用不着多说了。至于浪漫的方面那更明显。人物的创造，情节的编制，无一不流露出作者的匠心。真人与神人杂陈，史实与幻想并列。有的有所师承，有的凭空臆造。"我们稍加分析便可得知，《西洋记》借鉴、采用乃至一字一句抄袭了《西游记》《三国演义》以及《瀛涯胜览》《星槎胜览》等的模式及具体内容；然而，《西洋记》其中还有一些素材，我们已经不知其来源了。

《西洋记》中的主要人物，除了神通广大的碧峰长老，还有道士张天师。他们曾经在大明皇帝面前斗法，张天师最后因为法力不如碧峰长老，成为后者的副手，一同辅佐郑和。这样，在下西洋的航海过程中，佛教和道教同心合力，共展神通。不过，碧峰长老完胜张天师，佛法比道法更加高强，也就意味着《西洋记》的作者罗懋登把佛教排在道教前面，在海洋世界中佛教略胜一筹。

其实，在古代海洋文化中，道教、佛教以及其他宗教各路护法神都有其位置。在海洋中国，最著名者莫过于佛教的南海观音和道教的妈祖，前者在唐代之前就已出现，后者要到宋代才大展身手。公元 5 世纪初，西去印度取经十四年（399—413）的求法僧人法显，在《佛国记》（完成于 416 年）中就记载了自己乘船从印度经斯里兰卡和东南亚回到中国。这一路风浪，法显幸亏观世音菩萨的保佑才避免了海难。

"一心念观世音"

公元 412 年秋冬之际，法显从斯里兰卡搭乘蕃船回国。这条大船载有商人水手二百余人，后面还系着一艘小船，以防止大船被毁。不料，出发后三天他们便遇到大风，船漏进水，商人纷纷逃到小船，而小船上的人又怕人太多，马上砍断缆绳自保。大船上的商人赶紧将船上的财货扔进大海，企图减轻分量。法显也"以君墀及澡罐并余物弃掷海中"。君墀大概就是军持，即取水用的带嘴陶罐或瓷罐，中古时期中国往往出口到东南亚各地。

在大风即将颠覆蕃船时，法显赶紧念经。他后来记载说："唯一心念观世音及归命汉地众僧：我远行求法，愿威神归流，得到所止。"果然观世音菩萨显灵，中国得道高僧加持，大风虽然吹了十三个昼夜，但海船并没有倾覆，而是漂到一个岛屿。大家在海岛上修好船只后继续前进，一路依然非常艰辛。法显说："大海弥漫无边，不识东西，唯望日月星宿而进。若阴雨时，为逐风去，亦无准。当夜暗时，但见大浪相搏，晃若火色。鼋鼍水性怪异之属。商人荒懅，不知那向。海深无底，又无下石住处。至天晴已，乃知东西，还复望正而进。若值伏石，则无活路。"这样航行了九十多天，终于到了一个叫作耶婆提的国家，此处笃信婆罗门教，"佛法不足言"。法显言语中充满了失望。

在耶婆提停留了五个月之后，到了公元413年春夏之交，法显又与二百多个商人乘坐大船，准备了五十多天的粮食，于"四月十六日"乘船东北向去往广州。或许老天爷为了考验这位中国求法僧人，一个多月后的某个夜晚，法显又"遇黑风暴雨。商人贾客皆悉惶怖"。别无他法，法显"尔时亦一心念观世音及汉地众僧"。天亮时分，法显听到船上信奉婆罗门教的商人商议：这次出行如此不利，肯定是因为搭载了和尚（沙门），触怒了婆罗门诸神，我们万万不可为了和尚将大家置于危险之中，于是计划将僧人扔到海岛上不顾。法显听到后大义凛然地说："你们如果想把僧人扔下海，就也把我扔下去，不然就把我杀了。汉地帝王（指中国）崇信佛教，礼敬僧人，我到那里上告汉王，他一定会惩罚你们。"听了法显的话，商人们犹豫了，不敢下手，僧人于是幸免于难。

海船又漂流了七十多天，"粮食、水浆欲尽"。大家商议说，往常五十多天便到广州，现在已经远远超过五十天，于是决定调转船头向西北航行。过了十二个昼夜，法显他们抵达青州（山东）崂山海岸，时间是阴历七月十四日。

法显的故事显示了宗教信仰在航海和海洋贸易，或者说在海洋世界中的竞争。当时的佛教虽然开始兴盛，但印度的婆罗门教相对更加发达，而在东南亚一带婆罗门更是占了主导地位。从斯里兰卡或东南亚出发的商人，多数信奉婆罗门教。所以在海难之中，这些商人认为船上搭载了异教徒（佛教信徒），触怒了婆罗门诸神，后者于是以不测之风加以警告，所以这些商人计划将佛教信徒扔下船。法显一方面不停念观世音菩萨以及中国得道高僧的名号，与婆罗门的信仰抗争；另一方面则动用佛教在世俗中国的影响力，来提醒乃至威胁婆罗门商人扔下佛教信徒的后果。商人权衡利弊，最终没敢行动。法显的记录生动地展现了海洋亚洲中两种信仰——婆罗门教和佛教的博弈，前者是旧的信仰，后者是新兴的力量。法显幸免于难，不仅仅是法显个人的幸运，更是法显信仰的胜利，亦即佛教的胜利。从这点而言，法显先从陆上丝路历经雪山、流沙、猛兽等抵达印度取经，而后从海上丝路历经风暴、饥渴和阴谋等安全携带佛经回到中国，完全是值得的，因为他历经苦难而凯旋，彰显了佛法无边的主旨。

为什么念观世音？

那么，法显在航海途中为什么不断念观音菩萨名号，而不是佛祖或者其他菩萨呢？这是有根据的。

《莲花经》中《观世音菩萨普门品第廿五》称赞观世音菩萨的法力，其中就提到了观音有救民于水火之中的神力："若为大水所漂，称其名号，即得浅处。"这里的大水或指洪水，或指河流湖泊的船难，当然也可以指海难。不过，关于海难，《莲花经》还有专门的段落，显示了航海以及海贸在那时人们心中的重要性："若有百千万亿众生，为求金、银、琉璃、砗磲、玛瑙、珊瑚、琥珀、真珠等宝，入于大海，假使黑风吹其船舫，漂堕罗刹鬼国，其中若有乃至一人，称观世音菩萨名者，是诸人等，皆得解脱罗刹之难，以是因缘，名观世音。"此段是针对航海的商人和水手而言，其中提到的珍贵商品如砗磲、珊瑚、珍珠都是海洋的产物，而金、银、玛瑙、琥珀等，既是海洋贸易的珍品，也是佛教诸宝。《莲花经》非常清晰地说"入于大海"，则"海洋贸易"这一主题非常明确，参与海洋贸易的商人、水手及其家人亲属便是这段话设定的听众。《莲花经》接着假设了海难的情景，如果海船遭遇"黑风"，"漂堕罗刹鬼国"，在这样危险的境地，应该怎么办？《莲花经》便告诫听众，船上这时候只要有人，哪怕是其中的一个人，念观音菩萨的名字，"称观世音菩萨名者"，则船上所有的人，都可以脱离危险，"皆得解脱罗刹之难"。这便是观音的神力，这便是佛教的神力。此处《莲花经》没有点名，但实际上暗暗地排斥了其他信仰，因为它强调"其中若有乃至一人"，其中含义便是，哪怕其他人不信奉佛教，不念观音，只要有一人信仰佛教，持念观音，众人皆可脱难。这个场景其实预见了法显在南海的经历。虽然法显和佛教徒在船上是少数，但他们持念观世音，所以拯救了全船人员，包括占多数的婆罗门教商人。

《莲花经》最后的偈语赞道："或漂流巨海，龙鱼诸鬼难，念彼观

图 11.1　南海观音（辽代，纳尔逊·阿特金斯艺术博物馆）

音力，波浪不能没。"总结了观音菩萨的一个突出功能，那便是佑护航海。《莲花经》最早在公元 3 世纪初已经翻译成中文，所以法显应该知道这部经文，更何况他在印度游学十年，其佛经知识更加渊博，所以在海难时知道念观音名号，因而得以幸免于难。此后，中国人便把观音安在了南海，因为中国人的航海和海洋贸易，主要是通过南海进行的（图 11.1）。

　　观音海上救人的故事此后便在中文文献中不断出现。比法显晚了五十年的印度僧人求那跋陀罗（394—468）就套用了法显的故事。求那跋陀罗的意思是"功德贤"，他是中天竺人，出身于婆罗门。他起初学习小乘佛教，"幼学五明诸论，天文书算，医方咒术，靡不该博。后遇见《阿毘昙杂心》，寻读惊悟，乃深崇佛法焉"。于是舍弃小乘，"进学大乘"，他的师傅称赞他说："汝于大乘有重缘矣。"大乘佛教和小乘佛教的一个重要区别便是菩萨的引进。小乘佛教没有菩萨，大乘佛教则以菩萨为其显著特征。所谓菩萨，就是发大心愿不拯救众生不成佛者。有了诸位菩萨，普通人不必自己修炼，而是只要信仰菩萨、口念菩萨名号便可解脱，因此受到大众的欢迎。

求那跋陀罗而后"到师子诸国，皆传送资供，既有缘东方，乃随舶泛海"，准备东渡中国。然而，他和法显一样，航海途中遇到了灾难。法显碰到的是风暴，而求那跋陀罗碰到的是相反的情形，那就是无风。古代的航海帆船主要靠风力航行，没有风，光靠人力摇橹是无法跨越海洋的。当时"中途风止，淡水复竭，举舶忧惶"，大家不知如何是好。求那跋陀罗说"可同心并力念十方佛，称观世音，何往不感。乃密诵咒经，恳到礼忏。俄而，信风暴至，密云降雨，一舶蒙济，其诚感如此"。以此可见，在航海途中，不但中国僧人"念十方佛，称观世音"，印度僧人也是如此。有了观世音的佑护，求那跋陀罗于元嘉十二年（435）抵达广州，成为当时的高僧。

观世音菩萨救求那跋陀罗不止一次。元嘉末年，求那跋陀罗被卷入一场叛乱，身陷江中，岌岌可危，观世音菩萨又救了他。当时他"去岸悬远，判无全济，唯一心称观世音，手捉邛竹杖，投身江中，水齐至膝。以杖刺水。水流深驶，见一童子寻后而至，以手牵之"。求那跋陀罗还不敢相信，问："汝小儿何能度我？""悦忽之间，觉行十余步，仍得上岸。"这才明白是观世音救了他。

宋代的《夷坚志》记载了一个类似的故事。泉州有七个海商：陈姓、刘姓、吴姓、张姓、李姓、蔡姓、余姓，其中余姓商人，"常时持诵救苦观音菩萨，饮食坐卧，声不绝口，人称为余观音"。绍熙元年（1190）六月，他们一同乘船出海贸易。然而出海才三天，余姓商人病倒，"海舶中最忌有病死者"，所以大家在一个岛屿的岸边给他搭了一间茅舍，留下了米、菜和药物，而后告别说："苟得平安，船回至此，不妨同载。"余姓"悲泣无奈，遥望普陀山，连声念菩萨不已。众尽闻菩萨于空中说法，渐觉在近。见一僧左手持锡杖，右手执净瓶，径到茅舍，以瓶内水付余饮之。病豁然脱体，遂复还舟"。普陀山的菩萨，当然就是观音了。这样，按照《莲花经》的教导，余姓海商在海上获救。

明代戏曲家汤显祖曾经担任雷州半岛徐闻县的典史，因而借机游览了当时中西交通的枢纽之地澳门，了解了一些第一手的海洋知识。他在《牡丹亭》中就引用了上述佛教偈语：大海宝藏多，船舫遇风波。商人持重宝，险路怕经过。刹那，念彼观音脱。可见那时观世音为海上救苦救难之菩萨已经深入人心。

四海龙王的礼物

除了观音菩萨，中国人最熟悉的海神莫过于龙王了。法显自己的记载也提到了海龙王，只是其功能还不明晰，明末的《西洋记》中四海龙王作为佛教护法神的身份就非常明确了。《西洋记》第二回"补陀

山龙王献宝 涌金门古佛投胎"讲述了在燃灯佛下凡之前四海龙王进奉礼物的故事。这些礼物后来在碧峰长老辅佐郑和下西洋的关键时刻降魔除妖,大显神通。

话说燃灯佛(老祖)投胎之前,被四海龙王叫住。那四个龙王一字儿跪着,高声叫道:"佛爷爷且住且住!"燃灯佛便问有什么事。四海龙王回答说:"愿贡上些土物,表此微忱。"第一个进贡的是东海龙王敖广,他手里捧着一挂明晃晃的珍珠。燃灯老祖问:"手儿里捧着甚么?"东海龙王回答说:"是一挂东井玉连环。"老祖又问:"何处得来的?"龙王答:"这就是小神海中骊龙项下的。大凡龙老则珠自褪,小神收取他的。日积月累,经今有了三十三颗,应了三十三祖之数。"老祖再问:"有何用处?"龙王道:"小神海水上咸下淡,淡水中吃,咸水不中吃。这个珠儿,它在骊龙王项下,年深日久,淡者相宜,咸者相反。拿来当阳处看时,里面波浪层层;背阴处看时,里面红光射目。舟船漂海,用它铺在海水之上,分开了上面咸水,却才见得下面的淡水,用之烹茶,用之造饭,各得其宜。"老祖点一点头,想是心里有用它处,轻轻地说道:"吩咐它在南赡部洲伺候。"龙王把个手儿朝上拱一拱,好个东井玉连环,只见一道霞光,烛天而去。

第二个进贡的是南海龙王敖钦,手里捧一个毛松松的椰子。老祖问:"手儿里捧着甚么?"龙王答:"是一个波罗许由迦。"老祖又问:"是何处得来的?"龙王答:"这椰子长在西方极乐国摩罗树上,其形团,如圆光之象。未剖已前,是谓太极;既剖已后,是谓两仪。昔年罗堕阇尊者降临海上,贻与水神。"老祖再问:"有何用处?"龙王答:"小神海中有八百里软洋滩,其水上软下硬。那上面的软水就是一匹鸟羽,一叶浮萍,也自胜载不起,故此东西南北船只不通。若把这椰子锯做一个瓢，你看它比五湖四海还宽大十分。舟船漂海到了软洋之上，用它取起半瓢，则软水尽去，硬水自然上升。却不是拨转机轮成廓落，东西南北任纵横？”老祖也点一点头，想是也有用它处，轻轻地说道："吩咐它到南赡部洲答应。"龙王把个手儿朝上拱一拱，好个波罗许由迦，只见一道青烟，抹空而去。

　　第三个进贡的是西海龙王敖顺，手儿里捧着一个碧澄澄的滑琉璃。老祖问："手儿里捧着甚么？"龙王答："是一个金翅吪琉璃。"老祖又问："是何处得来的？"龙王答："这琉璃是须弥山上的金翅鸟壳，其色碧澄澄，如西僧眼珠子的色。道性最坚硬，一切诸宝皆不能破，好食生铁。小神自始祖以来，就得了此物，传流到今，永作镇家之宝。"老祖再问："要它何用？"龙王答："小神海中有五百里吸铁岭，那五百里的海底，堆堆砌砌，密密层层，尽都是些吸铁石，一遇铁器，即沉到底。舟船浮海，用它垂在船头之下，把那些吸铁石子儿如金熔在型，了无滓渣，致令慈航直登彼岸。"老祖也点一点头，想是也有用它处，轻轻地说道："吩咐它南赡部洲发落。"龙王把个手儿朝上拱一拱，好个金翅吪琉璃，只见它一道清风，掠地而去。

　　第四个进贡的是北海龙王敖闰，手里捧着一只黑云云的禅履。老祖问："手儿里捧着甚么？"龙王答："是一只无等等禅履。"老祖又问："何处得来的？"龙王答："这禅履是达摩老爷的。达摩老爷在西天为二十八祖。到了东晋初年，东土有难，老爷由水路东来，经过耽摩国、羯茶国、佛逝国，到了小龙神海中，猛然间飓飙顿起，撼天关，摇地轴，舟航尽皆淹没，独有老爷兀然坐在水上，如履平地一般。小神近前一打探，只见坐的是只禅履。小神送他到了东土，求下他这只禅履，永镇海洋。老爷又题了四句诗在禅履上，说道：'吾本来兹土，传法觉迷津。一花开五叶，结果自然成。'"老祖再问："有何用处？"龙王道："小神自从得了这禅履之后，海不扬波，水族宁处。今后舟船漂海，倘遇飓飙，取它放在水上，便自风恬浪静，一真湛寂，万境泰然。"老祖也点一点头，想也是有用它处，轻轻地说道："吩咐它南赡部洲听旨。"龙王把个手儿朝上拱一拱，好个无等等禅履，只见一朵黑云，漫头扑面而去。于是四龙王满心欢喜，合掌跪着告退。

以上四个礼物，珍珠、椰子、滑琉璃和禅履，或直接是海洋、海岛产品（珍珠和椰子），或是海贸商品（滑琉璃）。哪怕是禅履，也就是禅宗达摩老祖的鞋，也和海洋相关。达摩的故事本来是一苇渡江，也就是达摩折断一枝芦苇，然后站在芦苇枝上平安渡过汹涌澎湃的大江。《西洋记》将这个故事加以演变，空间移到北海，芦苇变成了一只鞋。这只鞋仿佛一艘海船，可以伏波镇浪，漂洋过海，可谓航海神器。

珍珠一贯便是中国人渴求的海洋产品，椰子此前也已述及，此处不再赘论。此后这四件四海龙王送的礼物，便按照书中的预言，在下西洋的航程中发挥了关键作用。综上所述，无论是南海观音，还是四海龙王，抑或碧峰长老，一方面体现了佛教对海洋世界的影响，另一方面则揭示了海洋中国与海洋亚洲对佛教的接受和认可。

第十二章

海中的女儿国

西梁女国

　　说起女儿国，人们会不由得想起《西游记》中的故事。《西游记》第五十四回"法性西来逢女国　心猿定计脱烟花"讲的是唐僧师徒四人女儿国奇遇记。他们四人到了西梁女国，发现此地"都是长裙短袄，粉面油头，不分老少，尽是妇女，正在两街上做买做卖"。看到唐僧四个男子，这群女裙钗一齐鼓掌，整容欢笑道："人种来了，人种来了。"原来这是一个女儿国。女王听到奏报，也是满心欢喜，对众文武大臣道："寡人夜来梦见金屏生彩艳，玉镜展光明，乃是今日之喜兆也。"众女官问道怎见得是喜兆，女王说："东土男人，乃唐朝御弟。我国中自混沌开辟之时，累代帝王，更不曾见个男人至此。幸今唐王御弟下降，想是天赐来的。寡人以一国之富，愿招御弟为王，我愿为后，与他阴阳配合，生子生孙，永传帝业，却不是今日之喜兆也？"

为了获得西去的关牒，孙悟空劝唐僧假装同意与女王成亲。于是女儿国上下安排婚姻，一片旖旎。女王看到唐僧一表人才，心欢意美之处，展放樱桃小口，呼道："大唐御弟，还不来占凤乘鸾也？"三藏闻言，耳红面赤，羞答答不敢抬头。只见那女王走近前来，一把扯住三藏，俏语娇声，叫道："御弟哥哥，请上龙车，和我同上金銮宝殿，匹配夫妇去来。"这长老战战兢兢立站不住，似醉如痴。行者在侧教道："师父不必太谦，请共师娘上辇，快快倒换关文，等我们取经去罢。"

以后的情节大家不妨翻阅《西游记》，这里但介绍一下女儿国的方位。在古代中文文献当中，关于女儿国的记载颇有不少；而女儿国的地理方位，颇有可讨论之处。《西游记》里的女儿国，是西梁女国，我们大致可以知道，它位于唐僧西去印度取经的陆上，应当位于中国的西部，用现在的话说，就是在陆上丝绸之路的范畴。《西游记》的作者吴承恩把女儿国安在北方的内陆，这并不是无缘无故的。汉唐以来关于女儿国的记录，最早就是在中国以西的内陆地区。

唐太宗时期（626—649）就迎接了龟兹、吐蕃、高昌、女国、石国诸国的遣使朝贡。我们知道，龟兹、吐蕃、高昌都是西域古国，是丝绸之路的枢纽，因此我们可推论女国位于中国西北方向的内陆地区，在陆上丝绸之路之上。《旧唐书》在介绍大食时指出："又有女国，在其西北，相去三月行。"这两个女国，或指一国。以此来看，我们或可以猜测，中国文化中关于女国的最早想象，可能就是以西北为底本。

不过，唐代史籍中，除了西北的女国之外，西南也有女国。在唐德宗时期（779—805），剑南西山羌女国前来朝贡。"剑南"大致是现在的四川地区，"西山"则可见其位于剑南西部，很可能就是在目前的川藏边界，而"羌"则更加明晰地说明这是汉藏文化交界处的人群。

因此，剑南西山羌女国和此前的女国不同，其地理位置不在传统的西北，而在中原地区的西南方。

这一时期还有南方以南的女国。大致编纂于 8 世纪末的《蛮书》介绍了位于今天云南的南诏王国，在南诏之南，也就是现在的东南亚大陆上有女王国："女王国，去蛮界镇南节度三十余日程。其国去欢州一十日程，往往与欢州百姓交易。蛮贼曾将二万人伐其国，被女王药箭射之，十不存一，蛮贼乃回。"根据这一记录，这个女国是在东南亚大陆之中，去海滨不远。

明代的仇英（约 1494—1552）曾经绘制了一幅雄伟绚烂的《职贡图》长卷，引首为许初篆书"诸夷职贡"四字，而后依次描绘了十一支朝贡使团：九溪十八洞主、汉儿、渤海、契丹国、昆仑国、女王国、三佛齐、吐蕃、安南、西夏、朝鲜。此长卷卷后有文徵明、张大千、吴湖帆、张乃燕跋，现藏于北京故宫博物院。仇英《职贡图》中的女王国因为排在昆仑国和三佛齐之间，我们可以认为它就是明人心目中东南亚滨海的女王国。不过，女王国使团中的女子衣容华贵，身材窈窕，飘飘欲仙，完全是传统中国画中的美人了（图 12.1）。

"西海亦有女国"

以上的女国，都是古代中国在和外界接触时发现的，其根源可能在于这些王国中女性的地位相对较高，甚至处于母系社会。这和中原的父权社会大不一样，故以女国命名之。从地理方位来说，它们虽然分布广泛，但仍然居于陆上，基本还是陆地国家。当然，东南亚的女

图 12.1 《职贡图》中的女王国

王国滨海，海洋的性质比较浓厚。其实，海中的女王国早在汉晋时代便已出现在中国的文献当中。

《后汉书·东夷列传》最早提到"女国"，说："海中有女国，无男人，或传其国有神井，窥之辄生子云。"《梁书·东夷传》记载了以女人为王的"扶南国"，说："扶南国俗本裸体，文身被发，不制衣裳。以女人为王，号曰柳叶。"扶南是东南亚大陆上的第一个王国，濒临大海。《梁书》还记录了扶桑以东的另一个海上"女国"，说："扶桑东千里，有女国，容貌端正，色甚洁白，身体有毛，发长委地。至二三月，竞入水则妊娠，六七月产子。女人胸前无乳，项后生毛，根白，毛中有汁，以乳子，一百日能行，三四年则成人矣。见人惊避，偏畏丈夫。"关于扶桑的位置，争论很多，大致应该在我国东海附近或朝鲜、日本一带。扶桑以东千里之外的女国，应该是一个海岛社会。

到了唐代，海岛女儿国的形象逐渐丰满，其地理位置也逐步确定在今天的印度洋。《旧唐书》卷一百九十七记载："东女国，西羌之别种"，"俗以女为王"。这个东女国，就地理位置而言，"东与茂州、党项接，东南与雅州接，界隔罗女蛮及白狼夷"。以此推算，东女国或就是剑南西山羌女国。玄奘在《大唐西域记》也记载了此国：

> 大雪山中，有苏伐剌拏瞿呾罗国，唐言金氏。出上黄金，故以名焉。东西长，南北狭，即东女国也。世以女为王，因以女称国。夫亦为王，不知正事。丈夫唯征伐田种而已。土宜宿麦，多畜羊马，气候寒烈，人性暴躁。东接吐蕃国，北接于阗国，西接三波诃国。

从玄奘的描述可知，这个东女国应该位于青藏高原，气候寒冷，以牧业为主。这些姑且不论，关键是《旧唐书》解释了它为什么称为东女国，"以西海中复有女国，故称东女焉"。由此可知，《旧唐书》的编纂者知道以西的海中也有女国，可惜没有介绍。唐代僧人的记录则填补了这个缺陷。

曾参与玄奘译经活动的唐代和尚释道世在其《法苑珠林》卷二十九中写道："案《梁贡职图》云，（拂菻）去波斯北一万里，西南海岛有西女国，非印度摄，拂懔年别送男夫配焉。"唐代的拂菻或拂懔指的是由罗马帝国演化而来的拜占庭帝国（东罗马帝国）。《贡职图》亦作《职贡图》，乃南朝梁元帝萧绎所作。玄奘西域求法途中在北印度也听到类似的女人国传说："拂懔国西南海岛，有西女国，皆是女人，略无男子。多诸珍货，附拂懔国，故拂懔王岁遣丈夫配焉。其俗产男，皆不举也。"根据玄奘的相关记录，笔者以为释道世声称西女国是梁朝

《职贡图》所记的说法颇为可疑，或为其故意捏造。

其实西女国在正史中也有记录。《新唐书》卷二二一载："拂菻西，有西女国，种皆女子，附拂菻。拂菻君长岁遣男子配焉，俗差男不举。"张绪山教授指出，玄奘记载的女人国传说属于希腊传说系统，为古希腊女人国传说的翻版。因此，唐代记录中拂菻与女人国之联系，其实揭示了拜占庭帝国在古希腊女人国传说流播过程中的桥梁作用。他还指出，在阿拉伯伊斯兰势力兴起以后，女人国传说则演化为伊斯兰教文化中的内容。这些都是很高明的见解。

到了宋代，海中不但有女国，而且不止一处。南宋的周去非（1134—1189）在其《岭外代答》中就记录了东南海上的女人国：

> 又东南有女人国，水常东流，数年水一泛涨，或流出莲肉长尺余，桃核长二尺，人得之则以献于女王。昔尝有舶舟飘落其国，群女携以归，数日无不死。有一智者，夜盗船亡命得去，遂传其事。其国女人，遇南风盛发，裸而感风，咸生女也。

稍晚的赵汝适在《诸蕃志》中也记录了海洋中的几个女国。其一在阇婆国以东，说："东至海，水势渐低，女人国在焉。"以方位推测，这个女人国大致位于现在印度尼西亚的东部某岛屿。《诸蕃志》又介绍了"海上杂国"，其中有两个女国，一个在中国东南，一个在西海。东南这个女国的相关记录，赵汝适不过是抄录周去非的记载，似乎和阇婆国以东的女国方位一致。而西海中的女国，则似乎在陆地之中。《诸蕃志》记载："西海亦有女国。其地五男三女，以女为国王。妇人为吏职，男子为军士。女子贵则多有侍男，男子不得有侍女。生子从母姓。

气候多寒，以射猎为业。出与大秦、天竺博易，其利数倍。"记录中的"气候多寒，以射猎为业"，实在不可靠。既然处于海中，哪怕岛屿异常广大，也不可能以射猎为业；而气候多寒，又怎么能与大秦、天竺交易？不过，这可能是古希腊女儿国传过来的另一个版本。另外，南宋末年陈元靓撰《事林广记》中记载了"东北海角"中的女人国，说："女人国，居东北海角，与奚部小如者部抵界。其国无男，每视井即生也。"这个女儿国可能是《梁书》扶桑以东女国故事的延续，"视井即生"这个情节也在《西游记》和《西洋记》这两部明代小说中得以发扬。需要指出的是，女国的传说，在古希腊、古印度和阿拉伯地区都有其版本。中国的女儿国传说和其他地区的类似传说，相互交织，错综复杂。

以上宋代记录的海上女儿国，其中头绪纷杂，很难辨析。无论如何，到了宋代海中的女儿国与陆上的女儿国已经并驾齐驱，成为中国文化中女儿国叙事的模式了。因此，我们既可以看到，明代的《西游记》记录了陆上的女儿国，而同一时代但略晚于《西游记》的《西洋记》则记载了海中的女儿国。

《西洋记》第四十六回"元帅亲进女儿国 南军误饮子母水"记录了南海女儿国的故事。一日，郑和接到探子夜不收来报，说是大军到了个异样地方。"这去处的人，一个个生得眉儿清，目儿秀，汪汪秋水，淡淡春山"；"一个个生得鬓儿黑，脸儿白，轻匀腻粉，细挽油云"；"一个个光着嘴没有须，朱唇劈破，皓齿森疏"。郑和终于明白，这是到了女儿国。

《西洋记》仿照《西游记》的情节，郑和主动前去拜见女王，自我介绍说："我是南赡部洲大明国朱皇帝驾下钦差绰兵招讨大元帅，姓郑名和，领了宝船千号，战将千员，雄兵百万，来下西洋，抚夷取宝。今日经过你的大国，我不忍提兵遣将，残害你的国中。故此亲自面见你的番王，取一封降书降表，倒换通关牒文，前往他国，庶几两便。"女王一见，眉开眼笑，心里想："我职掌一国之山河，受用不尽。只是孤枕无眠，这些不足。今日何幸，天假良缘，得见南朝这等一个元帅。我若与他做一日夫妻，就死在九泉之下，此心无怨！"于是安排酒宴，准备设计留下郑和。席间郑和问道："国王在上，大国都是女身，原是个甚么出处？"女王回答说："这如今也不得知当初是个甚么出处。只是我们西洋各国的男人，再沾不得身。若有一毫苟且，男女两个实时都生毒疮，三日内肉烂身死。故此我女人国一清如水。"宴会中女王一心一意将郑和灌醉了，扶到床上，准备做场夫妻，却不知郑和虽然仪表堂堂，却是个宦官，事终不济。

这便是《西洋记》中女儿国的故事。需要指出的是，《西洋记》虽然模仿了《西游记》，但这个女儿国的故事构思不是简单抄袭《西游记》，而是体现了海洋中国与海洋亚洲的痕迹。笔者几次提及的马尔代夫苏丹国就曾是一个女王国。10 世纪中期的旅行家马苏第曾指出，马尔代夫有两千个岛，或者更确切地说，有一千九百个，"每个岛上均有人居住，是一位女王的治地，因为自古以来，这里的居民均没有受男人统治的习惯"。因此，仇英《职贡图》中的女王国，也可能指的是明代的溜山国，即马尔代夫，因为使团中男女随从捧着一盘盘的海螺。

13 世纪的卡兹维尼（Kazwini，1203—1283）则记录了所谓的瓦克瓦克群岛（Wakwak）。此岛与阇婆格岛相毗邻，只要沿着星辰运行的方向前进就可以到达。据传说，这一群岛实际上是由一千七百多个小岛屿所组成，执政君主本为女子。锡拉夫的穆萨·本·穆巴拉克自称曾步履此地，并目睹了这位皇后高登御座之情景。就连这位女王也是赤身裸体，一丝不挂，头戴一顶金冠，周围有四千名作为宫娥的妙龄少女簇拥，后者也完全赤条条一丝不挂。对这个岛屿的描述，其实很像是马尔代夫的情景。历史上马尔代夫曾出现了多个女王，伊本·白图泰正逢其一，有过相当多的描述。

"中国海中的女儿国"

除了马尔代夫，印度洋中的女儿国在亚洲古代非汉文文献中也不乏记录，而且非常自然地把女儿国安在了印度人、阿拉伯人向往的"中国海"中。

公元 10 世纪前后的阿拉伯人伊布拉西姆·本·瓦西夫在《〈印度珍异记〉述要》中讲述了水手如何绑架女儿国的女人。他写道：

神奇的种族是海女种族，被称为水中之女。她们具有女性之外表，发长而飘动，有着发达的生殖器，乳房突起，讲一种无法听懂的语言，伴有笑声。一些海员说，他们被大风抛到一个岛上，岛上有森林和淡水河川。在岛上，他们听到叫喊声和笑声，便偷偷靠近她们，没有被发现，他们当场捉住两个，并把她们捆绑起来，和她们生活在一起。海员们去看望她们，并从她们身上享受到快感。其中一人相信了自己的女伴，为其解开捆绳，她便立即逃到海中，从此再也没有看见她。

如果这个故事是真的，那么，这两个水手到达的岛屿可能是母系社会。不过，故事到这里并没有结束：

> 被捆的另一个则一直待在其主人身旁，她怀了孕，并为其主人生下一男孩。海员把她和孩子一起带到海上，看到她和孩子在船上无法逃跑，便有点怜悯之情，于是给她松了绑，但她却立刻离开孩子，逃进大海。第二天，她出现在海员面前，扔给他一个贝壳，贝壳里有一颗贵重的珍珠。

由此可见这个"水中之女"的情分。她们虽然被描绘为奇特的"她者"，但仍然属于人类，仍然是母亲。伊布拉西姆还明确记录了中国海中的"女人岛"：

> 该岛位于中国海最边缘。据说全部岛民皆女人，由风受精繁殖，而且只生女孩；又传说，女人们因吃一种果实而受精。还传说，在该岛上，金子像竹子样生长，呈杆状，岛民以金子为食。有一次，一个男人落入她们之手，女人们要杀死他，但其中的一个可怜他，把他拴在一根梁上，投入大海，海浪和海风一直把他带到了中国。他去见中国国王，向国王谈起该岛的情况。国王随即派船前去寻找，但是航行了三年，却没有找到，连一点踪迹也没有。

到了 13 世纪，"中国海中的女儿国"这个故事的情节就更加完整了。卡兹维尼记载说："人们发现那里都是女子，绝无任何男子的踪影。姑娘们靠风受孕，生下来的也是和她们一样的女子。还有传说认为，她们是靠吃一种树的果子而受孕的，而这种树就生长在本岛之内。她们吃果受孕之后也生育女儿。"一位水手称自己有一次曾被大风吹向此岛。他说：

> 我发现到处都是女子，没有一个男子和她们生活在一起。我还看到此岛的黄金如泥土一样丰富，金芦苇长得如同竹子一般。她们想把我杀死，但其中之一把我藏了起来，然后又置我于一块木板上，放在海中任其漂荡。大风将我吹向了中国海岸，我向中国皇帝报告了有关此岛的情况，并对岛中遍地是黄金的景象作了禀奏。中国皇帝便派人前往探险，走了三年也未能找到该岛，只好一无所得地空手败兴而归。

可见，海洋亚洲的女儿国，中国人把它大致安在了西南海，大约就是印度洋；而阿拉伯人把它安在了中国海的边缘，信誓旦旦地称中国皇帝曾经派人寻找。这都是似真又幻的传说。

中国海商与海岛女子

女儿国没有男人，这给女儿国的繁衍提出了严重的挑战。这也是为什么在《西游记》和《西洋记》里面，女王一听到有大唐男子（唐僧或郑和）到访就非常高兴。《西洋记》中的女儿国女王对郑和说："正是难得你的人多才好哩。你做元帅的配了我国王。你船上的将官，配我国中的百官。你船上的兵卒，配我国中的百姓庶民。"逐级婚配，人人欢喜，男女相宜，阴阳相济，岂不是古今中外所有社会都渴望的美事？女儿国利用外来的男子（水手或商人）繁衍后代的情节，在古代中国文献中也不乏见，其模式便是中国海商与海岛女子的"孽缘"。宋人洪迈（1123—1202）在其《夷坚志》中就有记录。

泉州海商王某，出海贸易时遭遇风暴船只淹没，幸亏抱得一块船板而免于灾难，最后漂到了一个岛屿上。他上岸后发现，"山洞异花幽木珍禽怪兽，多中土所未识；而风气和柔，不类蛮峤"。忽然来了个女子，"容状颇秀美，发长委地不梳"。语言也大致可通，但"举体无丝缕朴檄蔽形"。女子问："汝是甚处人？如何到此？"王某就把沉船的事告诉了这个女子，女子让王某跟着她走。两人来到一个山洞，于是住了下来，女子采集果实作为食物，吩咐王某不要外出。过了一年多，生了一个小孩。有一天，王某走出山洞，来到海边，发现有船因避风停泊在岸，于是呼救。正好船上也有人认识王某，于是王某马上跑进山洞抱着孩子上船离开了。这时，那个女子发现了，拼命赶来，可是哪里赶得上，"呼王姓名而骂之，极口悲啼，扑地气几绝。王从篷底举手谢之，亦为掩泪"。这是一个落难海商与海岛夷女的邂逅，比《西洋记》中的女儿国要早将近四百年，可以说是后者演绎的蓝本。

类似的故事在洪迈的《夷坚志》中一再出现，言之凿凿，令人不能不信。泉州僧本偁说，他有个表兄是海商，在去三佛齐做生意时遭遇海难，一舟尽溺。这个泉州海商"独得一木，浮水三日，漂至一岛畔。度其必死，舍木登岸"，碰到了一个女子。和前面的故事一样，这个女子"举体无片缕"；和前面的故事不一样的是，这个女子"言语啁啾，不可晓"。她"见外人甚喜，携手归石室中，至夜与共寝"。两人在岛上生活了七八年，生三子。有一天，泉州海商"纵步至海际，适有舟抵岸，亦泉人，以风误至者，乃旧相识，急登之"。这又是一个凄惨的故事。到了明代，黄衷在《海语》中记录了同样的故事，不过男主角换成了漳州人，因为在隆庆之后漳州成为明朝对外开放的唯一港口。

洪迈的《夷坚志》还记载了另一个出海华男与海外夷女的故事，讲的是迷航的福州男子带回了海外的妻子。这个故事是洪迈亲眼所见，结局则皆大欢喜。绍兴二十年（1150）七月，福州甘棠港发现从东南方向漂来一条巨大的独木舟，"载三男子、一妇人，沉檀香数千斤"。其中的一个男子是福州南台人，一次出海航行中船只沉没，他抱着一根木头漂到一个大岛之上。因为他擅长吹笛子，而岛上的岛主"夙好音乐，见笛大喜，留而饮食之，与屋以居，后又妻以女。在彼十三年，言语不相通，莫知何国"。岛上的人似乎知道他是"中国人"，有一天忽然约他一起出海，经过两个月才到达福州海岸。甘棠寨巡检以为这是一条失事的海船，于是派人护送到闽县。闽县的县官丘铎文昭便邀请洪迈前去一观。

洪迈看到的这艘海船其实是巨型的独木舟，"刳巨木所为，更无缝罅，独开一窍出入。内有小仓，阔三尺许，云女所居也"。其他两个男子是女子的哥哥，"以布蔽形，一带束发，跣足。与之酒，则跪坐，以手据地如拜者，一饮而尽。女子齿白如雪，眉目亦疏秀，但色差黑耳"。洪迈大感兴趣，非常想详细询问情况，可惜他当时"以郡博士被檄考试临漳，欲俟归日细问之"；之后，这一行四人被县里送到泉州提舶司，洪迈最终没有机会盘问，"至今为恨"。否则，他留下的记录会更精彩。

子母河与照胎水

　　毕竟外来的男子很少，女儿国的繁衍也不能完全依赖外来男子，因此女儿国的传说中就出现了自我繁衍的情节。以"中国海中的女儿国"为例，那里的女性或者因风而孕，或者吃了某种果实而孕。这样的情节到了吴承恩笔下，则被演绎成唐僧师徒喝水怀孕。《西游记》第五十三回"禅主吞餐怀鬼孕 黄婆运水解邪胎"讲的就是这个故事。

　　话说唐僧师徒四人来到一条河边，澄澄清水，湛湛寒波。八戒便放下行李，厉声高叫道："摆渡的，撑船过来。"谁知摆渡的不是梢公，而是梢婆。她"头裹锦绒帕，足踏皂丝鞋。身穿百纳绵裆袄，腰束千针裙布衫。手腕皮粗筋力硬，眼花眉皱面容衰。声音娇细如莺啭，近观乃是老裙钗"。过了河，那梢婆将缆拴在傍水的桩上，笑嘻嘻径入屋里去了。唐僧见那水清，一时口渴，便让八戒取了钵盂，舀水喝了小半钵，八戒便把剩下的多半一气饮干，不到半个时辰，唐僧连叫"腹痛"，八戒不久也叫痛，随后两人"疼痛难禁，渐渐肚子大了。用手摸时，似有血团肉块，不住的骨冗骨冗乱动"。而后悟空打探，一个老婆婆告诉说："我这里乃是西梁女国。我们这一国尽是女人，更无男子，故此见了你们欢喜。你师父吃的那水不好了，那条河唤做子母河，我那国王城外，还有一座迎阳馆驿，驿门外有一个照胎泉。我这里人，但得年登二十岁以上，方敢去吃那河里水。吃水之后，便觉腹痛有胎。至三日之后，到那迎阳馆照胎水边照去。若照得有了双影，便就降生孩儿。你师父吃了子母河水，以此成了胎气，也不日要生孩子。"这便是唐僧喝水怀孕的故事。需要提醒的是，此处关键场景是西梁女国，关键人物是梢婆，也就是女性。西梁女国没有男性，所以繁衍后代全靠女性去喝子母河的水怀孕；怀孕之后的分娩，则需要去迎阳馆照胎水，看水中的倒影；如果有双影，就会分娩。照胎水的情节，便被罗懋登写进了《西洋记》。

《西洋记》第四十六回的下半部分讲的就是明代士兵误饮子母水怀孕的故事。当时郑和被女儿国国王留住，明军右先锋刘荫便带领五十名士兵前去打探。他们来到一座大桥边，只见："隐隐长虹驾碧天，不云不雨弄晴烟。两边细列相如柱，把笔含情又几年。"上了桥，发现"两边栏杆上，都是细磨的耍孩儿。刘先锋勒住了马，看了一会。众军士也看了一会"。桥底下又有一泓清水，"刘先锋望桥下看一看，众军士也望桥下看一看"。刚刚看得一看，大家一起吆喝起来，都说肚子痛，以为是"西番瘴气"作祟，于是大家走到桥下喝了清水，而后坐在地上休息，"哪晓得坐一会，肚子大一会；坐一刻，肚子大一刻。初然间还是个砂锅儿，渐渐的就有巴斗来大，纵要走也走不动了"。当地一个女百姓告诉他们，这桥叫影身桥，桥下的河叫子母河，说："我这国中都是女身，不能生长。每年到八月十五日，上自天子，下至庶人，都到这个桥上来照。依尊卑大小，站在桥上，照着桥下的影儿，就都有娠。故此叫做影身桥。"又说："我这国中凡有娠孕的，子不得离母，就到这桥下来，吃一瓢水，不出旬日之间，子母两分。故此叫做子母河。"

由此可见，《西洋记》中关于喝水怀孕的故事几乎完全照搬《西游记》，只是把它从西梁女国移到了西海女国，从陆上丝绸之路搬到了海上丝绸之路。这些流动的海上女儿国的故事，揭示了唐宋以来中国海外贸易发达而带来的文化上的变迁。中外文献中关于海中女儿国的记录，可以相互参照，则可管窥海洋亚洲在中古时代之文化互动与交流，读者不可不察。

第十三章

美人鱼与人参果：海洋亚洲的虚幻与真实

致命的诱惑

安徒生童话中的美人鱼，是老少皆宜的童话人物，大家没有不喜欢的。可是，倘若追溯美人鱼的前身，就不那么可爱了。

美人鱼的前身可以追溯到荷马史诗《奥德赛》当中的故事。荷马是大约公元前 8 世纪或者公元前 9 世纪希腊的游吟诗人，因为是盲人，靠着四处游荡，给人吟唱谋生。据《奥德赛》所言，海妖赛莲（或塞壬，Siren）是人首鸟身（或鸟首人身，或人身鱼尾）的女怪物，经常降落在海中礁石或者经过的船舶上面，因而被称为海妖或美人鸟。她们是河神埃克罗厄斯（Achelous）和斯忒洛珀（Sterope）的女儿，别名为埃克罗伊得斯（Acheloides），意思就是"埃克罗厄斯的女儿们"。

《奥德赛》中说，赛莲居住在西西里岛附近海域的一座遍地白骨的岛屿上，她们用自己天籁般的歌喉迷住过往的水手，导致航船触礁沉没。只有两位希腊英雄抵挡了赛莲的诱惑。一位是阿尔戈英雄中的俄耳甫斯，他采用了姑苏慕容的"以彼之道还施彼身"的方法，弹奏竖琴，反而倾倒了赛莲。另一位便是特洛伊战争中的英雄奥德修斯，为了保护水手，他采取了孔夫子"非礼勿听"的方法，让水手们以白蜡封住双耳。但奥德修斯自己却想成为第一个吃螃蟹的人，既想听到赛莲美妙的歌声，又不想被其迷惑，所以就让水手把他绑在桅杆上。赛莲姐妹中的老大帕耳忒诺珀深深地爱上了奥德修斯，所以当他的船只走过后，帕耳忒诺珀与其他姐妹一同投海自尽，化为悬崖岩壁。这仿佛又是在中国以及其他海洋世界流传的望夫石的另一版本。

奥德修斯和赛莲的相互对抗与渴慕，以后便成为海妖油画的一个永恒的主题。需要指出的是，一般的海妖往往容貌丑陋，而赛莲却美丽妖娆、姿态优雅，无人不被其吸引。迷人而害人的美人鱼，便是当时画家乃至社会上流行的思维和心理：女人即恶魔，越美越致命！正如金庸小说《倚天屠龙记》中殷素素临终前告诫她的儿子张无忌：不要相信漂亮的女人，因为越漂亮越会骗人。这当然是古今中外男权社会的偏见与谬论！

人面鱼身是美人鱼的特征，这在中文文献中也有记录。元人周致中在《异域志》中记录了"氐人国"，其国在"建木西。其状人面鱼身，有手无足，胸以上似人，以下似鱼。能人言，有群类，巢居穴处为生，有酋长"。周致中还记录了"阿陵国"的毒女，说其国在真腊之南，"竖木为城，造大屋重阁，以棕皮盖之，象牙为床，柳花为酒，以手撮食；有毒女，常人同宿即生疮，与女人交合则必死，旋液着草木即枯"。致命的海上美女，这就完全符合美人鱼的特点了（图13.1），因此，阿陵国的毒女可以看作赛莲在中文文献中的变体。

图 13.1　美人鱼（约翰·威廉姆·沃特豪斯画于 1900 年）

　　海上美女的致命诱惑，实际上反映了长途航海中男性对于异族女性的渴望和恐惧。这就像明清笔记小说中流传的西南苗女，她们相比于汉人女性不但异常娇媚可爱，而且热情似火，让流寓云贵的汉人官员、学者和商人流连忘返。可是，这些异族女性美貌的背后又有着耸人听闻的下蛊之说，因而这些"她者"女性是危险的，甚至是致命的。这都是男性对"她者"女性的想象与构建。

"海中有思慕之物"

地中海沿岸乃至阿拉伯、印度世界出现了赛莲或者美人鱼的记载、故事、传说，并不是什么稀奇的事。其实，早在汉代中国史书中就可能记载了赛莲的事迹。假如这是真的，那么，古代世界的文化交流已经远远超出了我们现代人的想象。

东汉和帝永元九年（97），投笔从戎的班超经略西域大获成功后，派遣甘英出使大秦。《后汉书·西域传》记载说："和帝永元九年，都护班超遣甘英使大秦。抵条支。临大海欲度，而安息西界船人谓英曰：'海水广大，往来者逢善风，三月乃得度。若遇迟风，亦有二岁者，故入海者皆赍三岁粮。海中善使人思土恋慕，数有死亡者。'英闻之乃止。"

过去的学者对于"思土恋慕"往往解释为"思念故土"，这当然也说得通。不过，联想到荷马史诗中赛莲和奥德修斯的故事，我们或许还可以有一个新的思路，那就是海中有某种东西使外人思慕着迷，以致死在那方土地上。如果这个理解没错的话，那么，海中善使人思土恋慕之物就是赛莲了。《晋书·四夷传》的相关记录更加接近我们的猜想："汉时都护班超遣甘英使其（大秦）国。入海，（安息）船人曰：'海中有思慕之物，往者莫不悲怀。若汉使不恋父母妻子者可入。'英不能渡。"如此，思慕之物分明就是让人爱慕而致死的"美人鱼"赛莲啊！这样说来，美人鱼也阻止了甘英西渡前往罗马帝国的计划。

《〈印度珍异记〉述要》也记录了传说中声音诱人的海中女妖。这些女妖长得像女人，长发，乳部凸起，之中没有男性，因风受孕，所生后代与她类同，其声音优雅动听，吸引着许多其他种族的人。"女人""长发""乳部凸起"以及"声音优雅动听"而"吸引着许多其他种族的人"，完全是荷马史诗之赛莲的翻版。而所谓"许多其他种族的人"，当然就是乘船经过的外来男子了。

瓦克瓦克与人参果

和海中美人鱼相关的是另一个海洋流言"瓦克瓦克"。瓦克瓦克是树上的果实，长得像人头，也有说长得像女性，听起来颇为虚妄。

公元966年，阿拉伯人穆塔哈尔·本·塔希尔·马克迪西（Mutabar Bin Tahir Al-Makadisi）编写了一部历史书籍《创始与历史》。此书介绍说："在印度，也有一种叫瓦克瓦克的树，据称果实似人头。"此处的瓦克瓦克不过是像人头的果实，地点在印度，没有说明是在海边还是海岛上。其实，差不多在同一时期，有的传说就把瓦克瓦克安在了印度洋的海岛上；更为惊奇的是，瓦克瓦克不再是像人头的果实，而是像女性。

《〈印度珍异记〉述要》的述说大致如此，其中写道："与人最相似的种族是瓦克瓦克种族。他们长长的头发上别以粗棍棒，乳房隆起，有和女人一样的生殖器官，面色红润，不停地喊叫：瓦克，瓦克。而当某一雌性被捕捉时，她沉默不语，很快死去。"又说这些瓦克瓦克人是大树的产儿，她们以头发悬挂于树上。如果其中一个女子被从树上解下来，她便会一言不发地呜呼哀哉。很明显，这里瓦克瓦克是悬挂（生长？）在树上的女性，但任何一个女子从树上被解救下来的话，她就会死去。实际上，瓦克瓦克的另一个版本指的就是长在树上的小人，这个特征和《西游记》中的人参果十分相像。《西游记》第二十四回就

图 13.2　偷吃人参果（《李卓吾先生批评西游记》第 15 回，[明] 李贽评，明刊本，甲本，日本内阁文库藏本）

讲述了猪八戒吃人参果的故事（图 13.2）。

　　这一天，唐僧师徒四人来到镇元大仙所在的万寿山五庄观。那观里出一般异宝，乃是混沌初分，鸿蒙始判，天地未开之际，产成这颗灵根。盖天下四大部洲，惟西牛贺洲五庄观出此，唤名草还丹，又名人参果。三千年一开花，三千年一结果，再三千年才得熟，短头一万年方得吃。似这万年，只结得三十个果子。果子的模样，就如三朝未满的小孩相似，四肢俱全，五官咸备。人若有缘，得那果子闻了一闻，就活三百六十岁；吃一个，就活四万七千年。镇元大仙因元始天尊邀请他到上清天上弥罗宫中听讲"混元道果"，就吩咐手下的两个道童清风和明月，等唐僧师徒来到之际以人参果款待之。

　　唐僧他们到来之后，清风、明月便上了香茶，而后别了三藏，到人参园中敲下三枚果子，送给唐僧，说："唐师父，我五庄观土僻山荒，无物可奉，土仪素果二枚，权为解渴。"唐僧一见，战战兢兢，远离三尺道："善哉！善哉！今岁倒也年丰时稔，怎么这观里作荒吃人？这个是三朝未满的孩童，如何与我解渴？"清风、明月解释说："老师，此物叫作人参果，吃一个儿不妨。"唐僧却以为这是个婴儿，说："胡说！胡说！他那父母怀胎，不知受了多少苦楚，方生下未及三日，怎么就把他拿来当果子？"清风、明月安抚说这是树上结的果实，唐僧当然不信，说："乱谈！乱谈！树上又会结出人来？拿过去，不当人子！"见唐僧死活不吃，清风、明月便自己享用了。不料他们吃人参果却被猪八戒听到了，八戒也想尝尝鲜，于是怂恿孙悟空到院里偷。

孙悟空就拿着金击子去敲人参果，结果"那果子扑的落将下来。他也随跳下来跟寻，寂然不见，四下里草中找寻，更无踪影"。疑惑之下悟空就叫来土地问话，土地介绍了人参果的来由，说这个果子"与五行相畏"。悟空不明白这是什么意思，土地就解释道："这果子遇金而落，遇木而枯，遇水而化，遇火而焦，遇土而入。敲时必用金器，方得下来。打下来，却将盘儿用丝帕衬垫方可；若受些木器，就枯了，就吃也不得延寿。吃他须用磁器，清水化开食用，遇火即焦而无用。遇土而入者，大圣方才打落地上，他即钻下土去了。这个土有四万七千年，就是钢钻钻他也钻不动些须，比生铁也还硬三四分。人若吃了，所以长生。大圣不信时，可把这地下打打儿看。"孙悟空马上用金箍棒打了一下，果然"土上更无痕迹"。而后他就按照土地的交代，小心翼翼地打下了三个果子，和八戒、沙僧一人一个享用了。八戒"食肠大，口又大"，"见了果子，拿过来，张开口，毂辘的囫囵吞咽下肚"，却不知道是什么滋味。这便是歇后语"猪八戒吃人参果——

全不知滋味"的由来。

《西游记》中的人参果，和海洋亚洲中的瓦克瓦克传说颇为相似。两者都长在树上，两者都似小人（或者人头），两者都落地即死（消逝）。这三个要素表明，人参果和瓦克瓦克或有共同的版本来源，不过，人参果能够使人长生不老的特点，在瓦克瓦克中没有体现出来。这个缺憾，在法尔斯果的传说中得以弥补。

树上的小儿

海洋亚洲有一种法尔斯树，与人参果的情节更为类似。

《〈印度珍异记〉述要》就提到了印度洋中的法尔斯岛（Fars），此岛便以法尔斯树得名。法尔斯树的果实似杏，但比杏大，可连同果皮一起吃，具有万药之良效。凡是吃了这个果实的人，既不得病，也不衰老。如果头发已白，吃了之后就白发变黑。岛上的国王以此为宝，禁止他人进入该岛。这个法尔斯树的情节，真可谓五庄观人参果树的底本。法尔斯树的果实和杏子差不多大小，正是人参果的尺寸；所谓"万药之良效"，便是我们所说的长生不老药；国王禁止他人上岛，和镇元大仙防备外人的做法也大体一致。《西游记》记载，镇元大仙因元始天尊邀请到上清天上弥罗宫中听讲"混元道果"，临行前细细叮嘱两个道童说："我那果子有数，只许与他两个，不得多费。"又说："唐三藏虽是故人，须要防备他手下人罗唣，不可惊动他知。"则可知镇元大仙的五庄观和人参果园也是禁止外人进入的。《〈印度珍异记〉述要》特别提到吃法尔斯果时，"连同果皮一起吃"，可不就是《西游记》中二师兄囫囵吞枣的吃法吗？

其实早在《西游记》的时代之前，小儿状的长生不老药便已在中国传开。洪迈在《夷坚志》中介绍"老人村"长者招待关寿卿一事就有这样的情节。青城县外八十里有老人村，也就是长寿村。有一次，"关寿卿与同志七八人，以春暮作意往游"，因为贪恋美景，"策杖徐进，久之山月稍出，花香扑鼻，谛视之，满山皆牡丹也"。结果快到二更时分，到了一家民户，家里的"老人犹未睡，见客至，欣然延入，布苇席而坐"。关寿卿一行惭愧自己"中夜为不速之客"，请老人随便准备一点吃的，"愿从翁赊一餐，明当偿直矣"。老人赶紧推辞说："幸不以粝食见鄙，敢论直乎？"不一会，"设麦饭一钵，菜羹一盆，当席间环以碗"，关寿卿等人坐下来吃饭，而老人"独据榻正中坐"。正在吃麦饭菜羹之际，突然又端上来一道蒸菜，盘子上"一物如小儿状，置于前"。大家都大吃一惊，"莫敢下箸"，关寿卿胆子比较大，"擘食少许"。老人见大家不敢吃，便解释道："吾储此味六十年，规以待老，今遇重客不敢爱，而皆不顾，何也？"然后自己"取而尽食之"，说道："此松根下人参也。"第二天，老人又带着大家游览了村庄，村里的人纷纷热情招待，说本地不交租税，"县吏不到门，或经年无人迹，诸贤何为临肯之"。于是挽留关寿卿一行住了三天，才送他们出山。"凡在彼所见数百人，其少者亦龙眉白发，略无小儿女曹。"也就是说，这是一个长寿村。

以上这个故事是关寿卿亲口告诉洪迈的，大致也是桃花源的翻版。但其中不同于桃花源者，在于突出了服食小儿状物可以长寿的情节。在这个场景下，小儿状物是"松根下人参"。读者可能会联想到其他能够长生不老的小儿状物，如千年的茯苓、人参果等。这些传言或信仰，其核心就在于"小儿状"传递的不老观念，和法尔斯果、人参果的故事本质是一样的。因此，无论是阿拉伯的法尔斯果还是中国的人参果，其核心是类似小儿的果实。这个要素在汉晋以来关于大食（阿拉伯帝国）的文献中也有记载，那就是树上的小儿。

南朝任昉所作《述异记》记载："大食王国，在西海中。有一方石，石上多树，干赤叶青，枝上总生小儿，长六七寸，见人皆笑，动其手足，头着树枝。使摘一枝，小儿便死。"《旧唐书》在介绍大食时也抄录说，大食国邻于大海，"海中见一方石，石上有树，干赤叶青，树上总生小儿，长六七寸，见人皆笑，动其手脚，头着树枝，其使摘取一枝，小儿便死，收在大食王宫"。元代周致中《异域志》重复了这个故事，说大食国"在海西南山谷间有树，枝上生花如人首，不解语，人借问，惟笑而已，频笑辄落"。如此，我们大致可以认为，中国故事中的小儿状果实，其来源是阿拉伯世界，而海路可能是最主要的流传途径。

以上中西文献参校可见，无论是美人鱼，还是人参果；无论是在西方，还是在中东，抑或在中国，都是虚幻与真实的结合。这些流言既有事实的支撑，也有文化的想象，有真有假，半真半假，可真可假，或真或假，非常具有文化的张力和活力。仿佛海上的迷雾，既不知从何而来，亦不知从何而去；既不知何时而来，亦不知何时而去，而且会随着移民以及其他类型的文化交流而忽焉在东，忽焉在西，令人感慨万千。

酷爱生铁的"野人"

与美人鱼和人参果的传说相反，海洋亚洲有一些流言，中西文献从古至今的记录高度一致，其真实性无须质疑。在印度洋东部的安达曼群岛，特别是其中的尼科巴群岛，不同的中西文献就记录了岛屿上的"野人"。他们赤身裸体，擅长游泳，酷爱生铁或铁器，只要有商人登岸，便带着椰子、芭蕉或者龙涎香来交换铁器；有时甚至游泳追着商船要求交换。这些"野人"为什么如此渴望铁器呢？这是因为冶铁是古代社会的一项高科技，一般的海岛地域狭窄，人口稀少，无法发展出自己的冶铁技术。假如他们不和海外世界接触，这些海岛将永远处于石器和木器时代。这也是他们千方百计用自己的特产来交换铁器的原因。对他们而言，坚硬持久的铁器，实在比任何东西都要宝贵。

安达曼群岛位于孟加拉湾，距南印度的金奈 1200 公里，离缅甸的德林达依省 500 公里，一共由 204 个独立小岛组成。唐代义净的《大唐西域求法高僧传》就记载了尼科巴岛（倮人国或裸人国）：

> 从羯荼北行十日余，至裸人国。向东望岸，可一二里许，但见椰子树、槟榔林森然可爱。彼见舶至，争乘小艇，有盈百数，皆将椰子、芭蕉及藤竹器来求市易。其所爱者，但唯铁焉，大如两指，得椰子或五或十。丈夫悉皆露体，妇女以片叶遮形。商人戏授其衣，即便摇手不用。传闻斯国当蜀川西南界矣。此国既不出铁，亦寡金银，但食椰子蕽根，无多稻谷。是以卢呵最为珍贵。其人容色不黑，量等中形，巧织团藤箱，余处莫能及。若不共交易，便放毒箭，一中之者，无复再生。

所谓"卢呵"就是"铁"的意思。波斯人伊本·库达特拔的《道里郡国制》也较早记录了渴望生铁的岛人。他说，在海上的某岛上有一白人部落，即使在寒风刺骨的冬天，也可游泳追赶船只；他们口衔琥珀（实际上应该是龙涎香），到船上换取生铁。学者一般认为这里指的其实就是尼科巴群岛。伊本·库达特拔还专门提到了尼科巴群岛中的郎婆露斯岛："郎婆露斯岛上的居民，赤身裸体，不穿衣服，以香蕉、鲜鱼、可可为食。在那里，贵重金属是生铁。他们经常与外国商人打交道。"同时代的苏莱曼的记录也非常明确。他说，郎婆露斯岛上"男女均裸体，女人仅用树叶遮其羞部。当船只从附近经过，男人们便乘坐大小不等的木舟靠近船只，用其琥珀和椰子果换取生铁"。可见，波斯人和阿拉伯人关于尼科巴群岛"野人"的记录与将近两百年前义净的说法完全吻合。

　　比苏莱曼晚了将近一百年的马苏第也大致抄袭上文，说郎婆露斯岛上的居民，长相奇特，赤身裸体，一丝不挂；他们乘小舟到过往的商船前，用琥珀、椰子和其他物品交换生铁和布匹。而集大成者莫过于12世纪中期的埃德里奇。他声称岛上的一个部落，游泳可以追赶顺风而行的船只；外国的船只到此，用生铁交换琥珀和椰子；岛上最贵重的物品是铁云云。稍后的卡兹维尼除了介绍琥珀、生铁的交易外，特地解释了为什么岛民可以追上顺风的商船。他说，这些人其实是在风浪骤起和船只借风全力航行之际尾随船只泅泳，从而充分利用了风力和船只产生的水流。

　　南宋《诸蕃志》也记载了晏陀蛮国（即安达曼群岛）的情形："自蓝无里去细蓝国，如风不顺，飘至一所，地名晏陀蛮，海中有一大屿，内有两山，一大一小。其小山全无人烟，其大山周围七十里，山中之人，身如黑漆，能生食人，船人不敢艤岸。山内无寸铁，皆以砗磲、蚌壳磨铦为刃。"这个记录反而不如亲历印度洋的义净那么详细。元代的汪大渊虽然没有记录尼科巴群岛，但他一路记载了从东南亚到印度洋的海岛社会，总是欢迎外来商船用铁、铁器、铁鼎、铁锅、铁条等交换当地的产品。"南海Ⅰ号"这一宋代沉船就发现了大量的铁器，可见当时中国的铁制品在海洋世界颇受欢迎。

以上可见，中外文献对于这一带的"野人"有着惊人一致的记录，这也体现了海洋亚洲知识和信息传播的可靠性。岛屿、岛民、季风、洋流、淡水、礁石、物产等信息，都在不同肤色、不同信仰、不同族群的海洋人群中口耳相传，世代延续。遗憾的是，这些海洋亚洲的传统知识绝大多数不见于文字，随着传统帆船和航海技术被蒸汽轮船及万吨巨轮代替，这些知识已经湮没消逝；极少数见于图籍者，也因为简略模糊，加上时代的隔膜，现代人也已经很难理解其中的含义了。

第十四章

港口的爱情

"在这些岛上结婚方便至极"

没有人比伊本·白图泰更喜欢马尔代夫了,尤其是马尔代夫的婚姻习俗,使得这个远道而来的摩洛哥人兴致勃勃。他称赞说:"在这些岛上结婚方便至极,嫁妆微不足道,妇女温柔可爱,多数女性对于聘礼也毫无所求。"为什么伊本·白图泰说微不足道的嫁妆是个优点呢?对于男方而言,嫁妆不是越多越好吗?以现代的印度而言,高额的嫁妆让女方家庭苦不堪言,成为女子出嫁的一大负担乃至障碍;可是如果嫁妆微薄,新娘则会受到男方家庭的歧视乃至虐待,这样的事例并非少见。因此,马尔代夫社会对女方嫁妆没有过高的要求,反而有利于女方的出嫁。所以伊本·白图泰对此非常满意,他本人也在不到一年半内毫不犹豫地娶了四个老婆。

关于马尔代夫的女性,伊本·白图泰记录中更为重要的情节是,许多当地女性以与外来男子（水手和商人）短暂的婚姻（temporary marriage）谋生，这就是笔者所说的"港口的爱情"。伊本·白图泰本人的四次婚姻似乎也有这个模式的影子。伊本·白图泰说，当一艘商船驶进港口，人们纷纷驾着小船前去迎接，送上槟榔和椰子，然后带着这些外国人回家，如同自己的亲人一般。那么，马尔代夫当地人带着外来的商人和水手回家是什么意思呢？他解释说：

> 新来者完全有结婚的自由。等到他要离开的时候，只须声明与他的妻子断绝关系即可，因为马尔代夫人绝不离开他们自己的国家。如果某个外来男子不想结婚，他暂居的房子的女主人会给他提供食物及各种服务；等他离开时，还给他准备旅行的各种必需品。作为回报，他只须送给女主人微薄的礼物，后者并不挑剔。

就这样，伊本·白图泰在马尔代夫娶了四个老婆，在离开时与她们先后离婚，并在岛国留下他的一个儿子。结婚容易，离婚方便，这不但吸引了伊本·白图泰这个远足者，也让外地来的水手和商人十分高兴。"海船抛锚时，船员们纷纷结婚；海船起航时，他们一个个离婚。这就是一种短暂的婚姻。这些女性从不离开她们的国家。"伊本·白图泰强调说。他非常开心地分享了自己的体会："我从没见过世界上还有其他女子比这里的更加令人愉悦。"

这是伊本·白图泰一个摩洛哥人在马尔代夫的经历和体验。他的叙述是否有所夸张，有所隐瞒，甚至完全撒谎呢？我们不妨查看一下几乎同一时代抵达马尔代夫的中国商人汪大渊的说法。汪大渊比伊本·白图泰早十几年到达了马尔代夫这个苏丹岛国，因此当地社会风俗与伊本·白图泰所见所言应该没有什么不同。不料，汪大渊对马尔代夫的介绍中没有一个字与女性或婚姻有关。这或许是因为他的介绍太简短了，不过百余字而已。不过，反过来想，如果伊本·白图泰所说的是真的（以下我们可以知道，他说的基本是真的），那么，为什么汪大渊根本不提伊本·白图泰亲眼看到、亲身经历的港口的爱情呢？这种风俗，任何一个外来者实在应该感到惊讶或惊喜，无法遗忘。笔者猜测，这是因为这种婚姻形式和中国的传统完全背道而驰，引起了读书人汪大渊的反感，因而故意不提。

港口的婚姻是女子邀请外来的陌生男子入住家里，亲自照料其饮食起居；如果两人情投意合，便可以结成夫妻。这种结婚方式并没有父母之命和媒妁之言，完全不符合中国的礼仪。港口的婚姻是短暂的，一旦男子继续他的行程，双方的婚姻关系便终止了。这在宋代以来的理学家看来，简直是禽兽不如。港口的婚姻又是物质的，外来男子离开时，需要向女方提供礼物或金钱作为回报。这不是用金钱或物质来购买服务吗？这和传统中国夫妇是社会基本准则——五伦之一大相径庭。夫妇和婚姻怎么能够以金钱（物质）来开始、维系以及结束呢？在理学家（以及后来的欧洲殖民者）看来，港口的爱情是短暂的，是物质的，是野蛮无礼的，是一种买卖。甚至可以说，港口的女子是出卖自己的服务和身体，简直就是"人尽可夫"。可想而知，受过良好儒家教育的汪大渊，作为第一个到达马尔代夫的中国人，在道德上是无法接受这种男女关系的，这可能是他只字不提的关键。

约一百年后的马欢虽然可能也看到了这种婚姻模式，但他也沉默不语。作为一个穆斯林，马欢对马尔代夫这个苏丹王国赞不绝口："国王、头目、民庶皆是回回人。风俗淳美，所行悉遵教门规矩。"关于马尔代夫的婚姻，马欢称："婚丧之礼，悉依回回教门亲矩而后行。"谈到马尔代夫妇女的穿着，马欢称："妇人上穿短衣，下亦以阔布手巾围之，又以手巾过头盖覆，止露其面。"从马欢的描述来看，马尔代夫是一个严格遵守伊斯兰教教义的苏丹国，其女子和婚丧嫁娶完全依照伊斯兰教的教义和礼节进行。这和伊本·白图泰这个深受马尔代夫国王和贵族尊敬的伊斯兰学者的观察和经历颇相违和。

"白天是他的女佣，晚上是他的妻子"

那么，伊本·白图泰究竟有没有夸大其词呢？伊本·白图泰描述的短暂的婚姻，看起来展现了父权社会中女性地位的低下，因为她们依赖与外来男子的婚姻为生。其实，换一个角度看，这反而体现了海洋文化中女性爱情与婚姻的自主权，这种自主权在其他社会如当时的中国已被剥夺。学者们广为承认，"强健的女性"（strong women）是古代东南亚社会区别于古代中国社会的一个关键特征。在古代东南亚，女性享有较高的政治、经济和文化地位，她们有时成为支配男性、支配社会的关键。东南亚的这种文化特性是与其为海洋社会密切相关的。进一步说，这种强健的女性也是海洋亚洲的传统，是海洋文化的关键特征之一。在伊斯兰教传入马尔代夫之前，"港口的爱情"这样的婚姻关系和性别模式已经在海洋亚洲的各个港口广泛流行。

以东南亚为例，短暂的婚姻在各个港口（岛屿）时常可见，这样独特的性别模式也早已被此前的中国人所注意和记录。虽然汪大渊（和马欢）也许有意回避了马尔代夫的例子，但汪大渊却注意到在马尔代夫万里之外的古里地闷（帝汶岛）有着同样的婚姻模式。汪大渊对此十分反感，大加批判。的确，这种婚姻，以及与之相联系的婚前性关系与便宜的离婚，很容易被明清时代习惯于小脚女人的中国士人误解为卖淫，但实际上彰显了这些社会中女性的独立自主。这是当时的中国人无法理解的。东南亚历史研究权威瑞德在谈到殖民时代之前的东南亚女性时指出："婚前性行为与便宜的离婚，加上回报女方所牵涉的物质因素，使得这种关系是短暂的婚姻或者纳妾，而不是卖淫，并成为主要港口接纳涌入的大量外国商人之主流方式。"

伊本·白图泰之后的欧洲人对这种港口的爱情也有记录。17世纪初荷兰海军军官雅各·范·纳克（Jacob van Neck，1564—1638），在马来半岛北部的北大年看到了同样的风俗。他说：

> 从其他国家来本地做生意的外国人到达之际，本地的男子便上前询问他们是否需要一个女性陪伴；本地的青年女子和姑娘们也会亲自上前推销自己。外来男子便从中挑选吸引自己的女子，只要男女双方都同意男方生活的几个月中支付给女方的报酬数目。一旦他们同意了多少钱（数目往往不大，从而容易达成协议）之后，女方就移居到男方的住处，白天是他的女佣，晚上是他的妻子。此后男方不得与其他女子往来，否则的话，他和妻子之间会有大麻烦，同样，女方也严禁与其他男子往来。男方愿意待在当地多久，这种婚姻就持续多久，夫妇和谐，家庭安宁。如果男方决定离开，他只须支付给女方当场谈好的金钱，双方便一别两安，友好分手。女方此后可以寻找她喜欢的新的男子，合乎礼仪，并非什么了不起的事。

雅各给我们提供的细节进一步明晰了港口的爱情与卖淫嫖娼的区别。这种男女关系，虽然短暂，但是要持续几周乃至几个月以上。最重要的是，双方要情投意合，以契约为基础，以互相忠诚为支撑。在这短暂的婚姻存续期间，双方都彼此忠诚，不得寻求此外的男女关系。这样一种本地女性和外来男性的性别模式，其实是海洋社会对于外来者的欢迎与照顾。它不仅存在于北大年，存在于马尔代夫，也广泛存在于其他港口（岛屿）社会，如班达（香料群岛之一）、暹罗（古代泰国）、真腊（古代柬埔寨）以及帝汶岛等地。虽然海洋亚洲的这种婚姻模式彰显的是海洋社会中女性的自主，但在父权社会熏陶成长起来的外来者眼中，无异于卖淫。

"如果一个外来者想结婚，那就结婚"

　　读者或问，那么，古代中国的港口如何？伊本·白图泰也详细介绍了外国海商在中国的经历，给我们作了上述问题的解答。伊本·白图泰说，当一个外国海商进入中国的城镇，他可以住在当地穆斯林的社区，或者选择住在一家旅店。这里的中国城镇，指的当然是东南沿海特别是福建的港口城市，甚至我们可以说，伊本·白图泰说的就是泉州。伊本·白图泰继续介绍说，无论这个海商住在哪里，他都要把自己的钱财交付给东道主（旅店老板）保管，东道主也就成为他的会计（book keeper）。海商的所有花费，旅店老板都会从其账簿中扣除，诚实无欺。海商支出的一项重要消费便是他和中国女子的短暂婚姻。伊本·白图泰认真地解释说：

如果海商希望娶一个侍妾（concubine），会计便会给他买一个女奴（slave-girl），在旅店之外给他们找一处住所安置下来，并为这对夫妇提供各种物品。虽然女奴的价格便宜，但当时的中国人都卖儿鬻女，并不以此为耻。不过，海商既不能强迫也不能阻止这些女子和他们一起旅行，如果她们愿意的话。同理，如果一个外来男子想结婚，那就结婚；但如果他骄纵放恣，胡乱花钱，那么，对不起，不可以。他们说："我们决不允许这样的传言，中国是一个生活放荡、女性绝美的土地，因而导致他们的同袍在中国胡乱花钱。"

　　最后一句"他们说"中的"他们"，指的是中国人，尤其是旅店的老板。伊本·白图泰的这段话，在我们看来似乎颇为离奇。不过，仔细阅读他的记录，我们可以发现，他描述的模式和他对马尔代夫那种港口的婚姻几乎是一致的。外来的男子，也就是海外商人到了中国，是可以与中国的女子"结婚"的。这里的结婚，指的是中国传统礼仪下的娶妾。这也是一种合法的婚姻，与上述海洋亚洲的契约婚姻并没有什么本质上的区别：它们属于海洋亚洲的同一种文化。当然，伊本·白图泰究竟有没有到过中国，学界仍有争论。不过，即使没有到过中国，伊本·白图泰所记应当有本，很大的可能性是听人而言，也就是"我闻如是"，因此不能轻易否认。

　　此外，伊本·白图泰在自己的亚洲跨海旅途当中，买了女仆随身伺候；而根据他的记录，中国商人从中国到印度洋的行程当中，也携带了"女奴和妻子"。他所说的中国商人的妻子，可以想见，绝不是中国

189

商人的原配。因此，根据伊本·白图泰所记，港口的爱情不仅发生在中国女子和外国男子之间，也发生在中国男子和外国女子之间；不仅发生在异域的港口，也发生在古代中国的港口；不论他们是信仰佛教、印度教、伊斯兰教还是儒学。而中国男子与海外女子的"邂逅"，在唐宋以来的文献当中也有相当的记录。

"唐人到彼，必先纳一妇人"

元人周达观曾经出使真腊（柬埔寨），他对当地妇女的"强健"，也就是相对高的社会地位十分惊奇，"国人交易皆妇人能之"，其他同时代的中文文献也都强调过东南亚社会中"买卖皆妇人"这种习俗。正因为妇女在经济生活中的关键地位，周达观总结说："所以唐人到彼，必先纳一妇人者，兼亦利其能买卖故也。"周达观又说，中国的水手经常逃到真腊生活，"唐人之为水手者，利其国中不着衣裳，且米粮易求，妇女易得，屋室易办，器用易足，买卖易为，往往皆逃逸于彼"。"妇女易得"一句，和伊本·白图泰对马尔代夫的论断完全一致。由此可见，中国海商与真腊女子的结合，与四十年后伊本·白图泰在马尔代夫以及三百年后雅各在北大年看到的情形一模一样。

我们已经知道，汪大渊虽然到过马尔代夫，但他根本没有提到马尔代夫的婚姻习俗，从而使得我们怀疑伊本·白图泰记载的马尔代夫妇女划小船迎接外来的水手和商人这一情节。可是，读者很难猜想，汪大渊在记录占城（今越南南部）时说："城之下水多洄旋，舶往复数日，止舟载妇人登舶，与舶人为偶。及去，则垂涕而别。明年，舶人至，则偶合如故。或有遭难流落于其地者，则妇人推旧情以饮食衣服供其身，归则又重赆以送之，盖有情义如此。"在这里，汪大渊记录的风俗和马尔代夫无异。占城的女子乘船登上外来的海船，与船上的水手和商人"为偶"。汪大渊笔下的"为偶"，我们可以理解为"夫妻"；否则，他完全可以舍弃中性的"为偶"，而采用贬义的词语如"奸宿"。实际上，汪大渊对占城的女子大加赞赏，认为她们有情有义。因为这些女子在分手时"垂涕而别"；等待明年海船归来时，这些女子又"偶合如故"；特别是当水手有难时，这些女子"推旧情以饮食衣服供其身，归则又重赆以送之"，这让汪大渊十分感佩。汪大渊笔下的占城女子，似乎完全没有物质的需求，而是情义的化身，这当然是不符合实情的。

除了占城，汪大渊还记录了周达观到过的真腊。真腊的富裕让汪大渊印象深刻。他说：

> 州南之门，实为都会，有城周围七十余里，石河广二十丈，战象几四十余万。殿宇凡三十余所，极其壮丽。饰以金璧，铺银为砖，置七宝椅，以待其主。贵人贵戚所坐，坐皆金机。岁一会，则以玉猿、金孔雀、六牙白象、三角银蹄牛罗献于前。列金狮子十只于铜台上，列十二银塔，镇以铜象。人凡饮食，必以金茶盘、笾豆、金碗贮物用之。外名百塔洲，作为金浮屠百座。一座为狗所触，则造塔顶不成。次曰马司录池，复建五浮屠，黄金为尖。次曰桑香佛舍，造裹金石桥四十余丈。谚云"富贵真腊"者也。

之所以称"富贵真腊"，是因为真腊位于中南半岛南部滨海，是西亚、印度、东南亚到中国航海的必经之处，故而积累了泼天的财富。

但最让汪大渊惊诧的是真腊的女性及其风俗。他说，女子"满十岁即嫁。若其妻与客淫，其夫甚喜，夸于人：'我妻巧慧，得人爱之也'"。也就是说，真腊男子允许妻子与外来的客商交往，甚至以此为荣。

一百年后，马欢把这个故事安在了真腊附近的暹罗（古泰国）。他发现暹罗国中女子地位很高："其俗凡事皆是妇人主掌，其国王及下民若有谋议、刑罚、轻重、买卖一应巨细之事，皆决于妻，其妇人志量果胜于男子。"而后马欢介绍说："若有妻与我中国人通好者，则置酒饭同饮坐寝，其夫恬不为怪，乃曰：'我妻美，为中国人喜爱。'"费信也有类似的记录："大小之事，悉决于妇，其男一听，可与牝鸡之鸣。苟合无序，遇我中国男子爱之，必置酒致待而敬之，欢歌留宿。"不论汪大渊、马欢抑或费信言辞是否夸大，他们其实都强调了周达观的记载，中国人到了东南亚社会，都愿意娶本地女子，这不但是情感和生理的需求，而且"兼亦利其能买卖故也"。周达观的话，实在是切中肯綮。

数百年后，到了晚清和民国时期，我们发现，南洋华侨之大亨，往往在东南亚的各个港口有其家室，在新加坡有娘惹妻子，在马六甲有马来妻子，在雅加达有印尼妻子，在西贡有越南妻子。当然，在广东或福建老家还有原配。这些东南亚的妻子，为华侨富商进入当地的经济和社会网络提供了捷径；这些能干的东南亚女子，同时也帮助华侨富商经营本地的生意，实在是妻子越多财富越多的真实写照。

"妇不知耻"

不过，汪大渊虽然对与外来水手为偶的占城女子赞誉有加，却对有类似风俗的古里地闷（帝汶岛）的女子大加鞭挞。帝汶岛位于印度尼西亚群岛东部的小巽他群岛，处在东南亚岛屿群的最东端，东南临澳大利亚，和处在印度洋的马尔代夫，一个在东，一个在西，相隔万里。

汪大渊或许到过帝汶岛。他提及的古里地闷：

> 气候不齐，朝热而夜冷。风俗淫滥。男女断发，穿木绵短衫，系占城布。市所酒肉价廉，妇不知耻。部领目纵食而贪酒色之余，卧不覆被，至染疾者多死。倘在番苟免，回舟之际，栉风沐雨，其疾发而为狂热，谓之阴阳交，交则必死。昔泉之吴宅，发舶梢众百有余人，到彼贸易，既毕，死者十八九，间存一二，而多羸弱乏力，驾舟随风回舶。或时风恬浪息，黄昏之际，则狂魂荡飏，歌舞不已。夜则添炬辉耀，使人魂逝而胆寒。吁！良可畏哉！然则其地虽使有万倍之利何益！昔柳子厚谓海贾以生易利，观此有甚者乎！

马欢没有古里地闷的记录，但费信在《星槎胜览》中则简短地概括了汪大渊的记录，"气候朝热暮寒。凡其商舶染病，十死八九，盖其地甚瘴气"。

汪大渊和费信的话都提到了古里地闷的女性以及她们和外来男子的交往，可是，具体情节如何，两人都语焉不详。即使如此，我们也可以从字里行间判断，他们谈的是古里地闷女子和外来水手商人之间的性关系。汪大渊讲的"阴阳交"，暗示了这样的性关系。而费信则把这样的"疾病"归纳为中国历史文化中的"瘴气"。我们或可推测，古里地闷实际上和占城、北大年、马尔代夫一样，外国商船到来之际，当地女子便前去迎接，与外来男子达成协议，结为临时夫妻，直到他们离去为止。费信《星槎胜览》的另一个版本便相对清晰地记载了这样的风俗："商船到彼，皆妇女到船交易。人多染疾病，十死八九，盖其地瘴气及淫污之故也。"在这样的描述下，古里地闷的女性不但道德沦丧，而且还是病毒的载体。所以汪大渊记载，泉州吴宅的商船一百多人，到了古里地闷，因为被这里的妇女诱惑，"死者十八九，间存一二，而多羸弱乏力"，实在恐怖。元代《异域志》也记录了阿陵国妇女传播疾病甚至置人于死地的传言，说阿陵国在"真腊之南，其国竖木为城，造大屋重阁，以棕皮盖之。象牙为床，柳花为酒，以手撮食。有毒女，常人同宿即生疮，与女人交合则必死，旋液着草木即枯"。毒女的情节和帝汶岛一样，都是对他者女性的污名化。

古里地闷"妇女到船交易"的风俗，在此后的几个世纪内依然可以发现。1620 年代荷兰东印度公司的军官艾利·利邦（Élie Ripon）登临帝汶岛。荷兰船只到达的第二天，古里地闷的国王带着仆人和妇女登临拜访，并提供各种服务；第三天，国王又带着一百名士兵和二百名妇女，包括未婚女子，再次登上荷兰人的船只。由此可见，荷兰人笔下帝汶岛本地女子与外来男子的交往，与中国人费信的记录一致，与占城、暹罗、北大年以及马尔代夫诸多海洋亚洲的港口风俗没有区别。

"三宝老爷用夏变夷"

罗懋登《西洋记》第四十五回记载了古里地闷的故事，对我们理解以上中文记录不无益处。这天，郑和宝船"经过一个小国，名字叫吉里地闷国"，吉里地闷即古里地闷之误写。探子夜不收来报："此国田肥谷盛，气候朝热暮寒。男女断发，穿短衫，夜卧不盖其体。凡遇番船往来停泊于此，多系妇人上船交易，被其淫污者十死八九。"夜不收（也就是罗懋登）的这段话，大致与汪大渊和费信无异；值得注意的是，夜不收直接将汪大渊和费信的暗示明明白白地说了出来，指明古里地闷的女子商船勾引奸污外来的男子，导致后者十死八九。郑和一听，马上祭起道德的法宝："如此恶俗，叫过酋长来，杖五条。"打了酋长五记杀威棒之后，郑和又恩威并施，谆谆教导说："男女有别，人之大伦。你做个酋长，怎么纵容妇女上船交易，淫污人？我这里杖你五条，你今后要晓得人之大伦有五，不可纵他为非。"酋长大受感动，磕了几个头，说道："小的今番晓得了。"罗懋登最后总结说，"这都是三宝老爷用夏变夷"的办法。

　　就这样，明代的罗懋登不但继续了元代汪大渊对于"港口的婚姻"这种不符合中国礼法之恶俗的贬斥，而且用自己的笔做了汪大渊不能做的事，也就是用夏变夷，移风易俗，纠正了这种淫俗。罗懋登笔下的用夏变夷，究其根本，不过是中国中心主义在海洋世界的投射和意淫罢了。17世纪以后，随着欧洲殖民者大量涌入东南亚，"港口的爱情"这种性别模式逐渐被卖淫嫖娼所取代，各大港口逐渐出现了红灯区。这是水手的另一个故事了。

第十五章

郑和最后一次下西洋

"纵得珍宝，于国家何益！"

对历史学家而言，郑和下西洋一个最大的遗憾，便是留下的直接文献太少了。这样一个空前绝后的壮举，官修的正史当中居然几乎没有什么像样的材料，以致学者对郑和宝船的大小都达不成共识，令人扼腕！

明末南京人顾起元（1565—1628）给我们留下了一条记录。顾起元万历二十五年（1597）应天乡试中举，次年会试第一名（会元），而后殿试一甲第三名进士（探花），初时授翰林院编修，历官南京国子监祭酒、吏部左侍郎兼翰林院侍读学士。他撰写的《客座赘语》记录了南京的历史、地理、风俗和掌故，并亲眼看到了郑和留下的宝船厂。顾起元说：

今城之西北有宝船厂。永乐三年三月，命太监郑和等行赏赐古里、满剌诸国，通计官校、旗军、勇士、士民、买办、书手共二万七千八百七十余员名。宝船共六十三号，大船长四十四丈四尺，阔一十八丈；中船长三十七丈，阔一十五丈。所经国曰占城，曰爪哇，曰旧港，曰暹罗，曰满剌伽，曰阿枝，曰古俚，曰黎伐，曰南渤里，曰锡兰，曰裸形，曰溜山，曰忽鲁谟斯，曰哑鲁，曰苏门答剌，曰那孤儿，曰小葛兰，曰祖法儿，曰吸葛剌，曰天方，曰阿丹。和等归建二寺，一曰静海，一曰宁海。案此一役，视汉之张骞、常惠等凿空西域尤为险远。后此员外陈诚出使西域，亦足以方驾博望，然未有如和等之泛沧溟数万里，而遍历二十余国者也。

在回顾了郑和下西洋的前朝盛事之后，顾起元慨叹道："当时不知所至夷俗与土产诸物何似"，"所征方物，亦必不止于蒟酱、邛杖、蒲桃、涂林、大鸟卵之奇，而星槎胜览纪篡寂寥，莫可考验"。他还指出，郑和下西洋的资料，"旧传册在兵部职方。成化中，中旨咨访下西洋故事，刘忠宣公大夏为郎中，取而焚之，意所载必多恢诡谲怪，辽绝耳目之表者"。也就是说，刘大夏把兵部所藏下西洋的第一手文献全部烧毁，化为灰烬。

那么，刘大夏为什么要销毁下西洋的档案呢？嘉靖年间成书的《灼艾集》记录了刘大夏的理由。他说：

成化间，朝廷好宝玩，中贵有迎合上意者，言宣德间尝遣王三保出使西洋等番，所获奇珍异货无算。上然之，命一中贵至兵部查三保至西洋时水程。时项公忠为兵部尚书，刘公大夏为车驾司郎中。项尚书使一都吏于库中检旧案，刘郎中先入检得之，藏匿他处。都吏检之不得。项尚书笞责都吏，令复入检。如是者三日，水程终莫能得。刘郎中亦秘不言。

项忠责问掌管案卷者："库中案卷，焉得失去？"刘大夏马上在一旁笑着解释说："三保太监下西洋时，所费钱粮数十万，军民死者亦以万计，纵得珍宝，于国家何益！此一时弊事，大臣所当切谏者。旧案虽在，亦以毁之，以拔其根，尚足追究其有无邪？"项忠"竦然降位"以表示对刘大夏的尊重，并"再揖而谢之，指其位曰"："君阴德不细，位不久当属公矣。"这个故事说明，当时朝廷中一些有识之士明确指出郑和下西洋是弊政，批评这件事"所费钱粮数十万，军民死者亦以万计，纵得珍宝，于国家何益"！特别是考虑到有明一代面临北方蒙古的骚扰和入侵，以宣威四海为目的的下西洋的确只算政治账，不算经济账，得不偿失！因此，许多文臣武将都赞成刘大夏的立论。在严从简记录的故事里，刘大夏的真知灼见不但折服了上司兵部尚书，而且也预见了他日后的升迁。故事的结尾说："后刘公果至兵部尚书。"

那么，刘大夏藏匿乃至销毁案卷，是否真有其事？答案是肯定的。《明实录·武宗实录》记录说："方太监汪直怙宠贪功，谋取交阯，有旨，检永乐间征调故事。大夏匿之，事遂寝。"这里的太监汪直就对应了《灼艾集》中的"中贵"，因此，刘大夏的故事大致可信。

郑和七下西洋，姑且不计宝船本身的花费，单论送给海外诸国的礼物，就令人咋舌！宝船去程一路赏赐，一路撒钱；回程则邀请诸国使节朝贡，一路包吃包喝包住，南京登陆后又护送到北京。这些使团到了中国，少则数月，多则一两年，其花费都由明政府大包大揽。等他们回国时，皇帝或礼部还要举办告别酒会，赏赐各种礼物，然后再派宝船送回。这期间的花费，实在无法估计！因此，刘大夏等人的批评的确切中肯綮。然而，刘大夏销毁下西洋案卷的举措，却是矫枉过正。如此一来，不但我们对下西洋的情况知之甚少，甚至连当年建造宝船的技术也没有流传下来！直至六百多年后的今天，拥有现代科技的我们依然无法复制"长四十四丈四尺，阔一十八丈"的宝船！

虽然如此，马欢、费信、巩珍三人都直接参加了下西洋的活动，因而他们撰写的著作，对于我们了解古代中国的远航有了相对明晰的概念。此外，古代文献当中也零星保存了一些下西洋的第一手文献。比如说，明代著名书法家祝枝山就机缘巧合地抄录了郑和最后一次下西洋的材料。

祝枝山记载的第七次下西洋

祝允明（1460—1526），长洲（今苏州）人，字希哲，号枝山，民间称之为祝枝山；又因生而右手有六指，因此自号为"枝指生"。祝枝山是明代著名书法家，与徐祯卿、唐寅、文徵明号称"吴中四才子"。王世贞评价道："天下书法归吾吴，祝京兆允明为最，文待诏徵明、王贡士宠次之。"

祝枝山出身书香门第。其祖父祝颢，字维清，正统四年（1439）进士，工书法。其父祝瓛，早卒。其母徐氏，为武功伯徐有贞之女。妻李氏，中书舍人李应祯（后升太仆少卿）长女。祝允明自幼天资聪颖，被称为神童，十七岁即中秀才，三十二岁中举人，但此后科运不佳，屡试不第。《明史》记载："允明生而枝指，故自号枝山，又号枝指生。五岁作径尺字，九岁能诗，稍长，博览群集，文章有奇气，当筵疾书，思若涌泉。尤工书法，名动海内。"祝枝山曾任广东兴宁县知县，不久迁任应天府（南京）通判，而后谢病归里。

《前闻记》是祝枝山编撰的笔记，"杂载前明事实，散无统纪"。这样一本小书，却有一条"下西洋"的材料，说："永乐中，遣官军下西洋者屡矣，当时使人有著《瀛涯胜览》及《星槎胜览》二书以记异闻矣。今得宣德中一事，漫记其概。"这大概是祝枝山任应天府通判时看到的宣德年间留下的官方案卷，因而抄录保留了郑和第七次下西洋的航程，实在是意外之喜！可惜的是，这个案卷可能太长，所以祝枝山拣其感兴趣者摘录，其中的"题本"，因"文多不录"，舍弃了许多宝贵的细节，实在遗憾。虽然如此，祝枝山的《前闻记》提供了第七次下西洋的"人数""里程""船号""船名""天象"，使我们可以管窥当时的情景。

关于人数，《前闻记》记载："官校、旗军、火长、舵工、班碇手、通事、辨事、书算手、医士、铁锚、木艌、搭材等匠、水手、民梢人等共二万七千五百五十员名。"这和马欢的记载大致是一样的。"二万七千五百五十员名"这个数字非常关键，因为它真实地揭示了郑和宝船的规模。试想，即使在今天，人数达到这个规模的远洋舰队，恐怕也屈指可数。关于船号，《前闻记》记载："如清和、惠康、长宁、安济、清远之类，又有数序一二等号。"关于船名，《前闻记》记载："大八橹、二八橹之类。"关于天象，《前闻记》记载："下洋兵邓老谓予言：'向历诸国，唯地上之物有异耳，其天象大小、远近、显晦之类，虽极远国，视之一切与中国无异。'予因此益知旧以二十八舍分隶中国之九州者，为谬也。"下过西洋的老兵邓某，毕竟见多识广，他说的海外诸国"虽极远国，视之一切与中国无异"，虽然指的是天象，但其中的道理，可谓真知灼见。祝枝山因而也认为"以二十八舍分隶中国之九州"的传统知识之大谬。

里程

《前闻记》关于第七次下西洋最重要的材料莫过于"里程"这一条，因为它详细记载了郑和宝船从南京出发前往印度洋，然后从印度洋返回南京的航程。

宣德五年闰十二月（1431年1月）初六，郑和率领二万七千余官兵，驾驶宝船六十一艘，从龙江关（今南京下关）启航，于当月"二十一日"到刘家港。郑和在那里驻留了约一个月，其中的一个重要使命就是庆祝天妃宫的修茸。宣德六年初，天妃宫修建完毕，郑和立《通番事迹记》碑，记载说："和等自永乐初，奉使诸番，今经七次，每统官兵数万人，海船数百艘，自太仓开洋，由占城国，暹罗国，爪哇国，柯枝国，古里国，抵西域忽鲁谟斯等三十余国，涉苍溟十万余里。"

宣德六年二月二十六日，郑和抵达福建长乐港，在那里停留将近九个月（图15.1）。在此期间，郑和重修了湄州天妃宫，又在长乐县南山三峰塔寺之旁修建了长乐天妃宫，立《天妃灵验之记》碑，并铸造铜钟一口，铭文曰："永远长生供养，祈保西洋往回平安，吉祥如意者，

图15.1 《福建省海岸全图》中的长乐与五虎门（绢本设色，清绘本，日本国立国会图书馆藏）

大明宣德六年岁次辛亥仲夏吉日，太监郑和，王景弘同官军人等，发心铸造铜钟一口。"诸事完毕，只欠冬风。此年十二月九日，郑和宝船离开长乐，前往西洋。《前闻记》于此记载颇详，抄录于下：

> 宣德五年闰十二月六日龙湾开船，十日到徐山打围。二十日出附子门，二十一日到刘家门。六年二月十六日到长乐港。十一月十二日到福斗山。十二月九日出五虎门，行十六日，二十四日到占城。七年正月十一日开船，行二十五日，二月六日到爪哇（斯鲁马益）。六月十六日开船，行十一日，二十七日到旧港。七月一日开船，行七日，八日到满剌加。八月八日开船，行十日，十八日到苏门答剌。十月十日开船，行三十六日，十一月六日到锡兰山（别罗里）。十日开船，行九日，十八日到古里国。二十二日开船，行三十五日，十二月二十六日到鲁乙忽谟

斯。八年二月十八日开船回洋，行二十三日，三月十一日到古里。
二十日大𦩞船回洋，行十七日，四月六日到苏门答剌。十二日开
船，行九日，二十日到满剌加。五月十日回到昆仑洋。二十三日
到赤坎。二十六日到占城。六月一日开船，行二日，三日到外罗
山。九日见南澳山。十日晚望见望郎回山。六月十四日到蹄头洋。
十五日到碗碟屿。二十日过大小赤。二十一日进太仓。后程不录。
七月七日到京。二十一日关锡浆衣宝钞。

表 15.1 将阴历换算成公历，此次航程便可一目了然。

表 15.1 郑和第七次下西洋航程

港口或国家	抵达日期 （日 / 月 / 年）	出发日期 （日 / 月 / 年）	航行时间（天）
福斗山		16/12/1431	
五虎门		12/01/1432	
占城	27/01/1432	12/02/1432	16
爪哇	07/03/1432	13/07/1432	25
旧港	24/07/1432	27/07/1432	11
满剌加	03/08/1432	02/09/1432	7
苏门答剌	12/09/1432	02/11/1432	10
锡兰山	28/11/1432	02/12/1432	36
古里	10/12/1432	14/12/1432	9
忽鲁谟斯	17/01/1433	09/03/1433	35

港口或国家	抵达日期 （日/月/年）	出发日期 （日/月/年）	航行时间（天）
古里	31/03/1433	09/04/1433	23
苏门答刺	25/04/1433	01/05/1433	17
满刺加	09/05/1433		9
昆仑洋	28/05/1433		
赤坎	10/06/1433		
占城	13/06/1433	17/06/1433	
外罗山	19/06/1433		2
南澳	25/06/1433		
望郎回山	26/06/1433		
踦头洋	30/06/1433		
碗碟屿	01/07/1433		
大小赤	06/07/1433		
太仓	07/07/1433		
北京	27/07/1433		

大约祝枝山只抄录了节略，因此《前闻记》提供的航程中只记载八个港口，与此次下西洋的实情不符。亲历第七次下西洋的费信就记载了其他细节，如1432年11月15日，郑和宝船由于风暴的原因不得不在翠蓝屿停留三日三夜。他说："宣德七年壬子十月二十三日，风雨水不顺，偶至此山，泊系三日夜，山中之人驾独木舟来货椰实，舟中

男妇果如前言，始知不谬矣。"《明实录》则提到此次下西洋经过了溜山、祖法儿、刺撒、木骨都束国、卜刺哇国等国。当然，也有可能《前闻记》记载的是主舰队停靠的口岸，而费信等则是在分舰队（所谓分综）上。伯希和曾指出，此次航行中洪保就率领一支分综，从苏门答腊直接穿过孟加拉湾抵达孟加拉。

另外一个需要注意的是，郑和宝船分别在爪哇、满剌加（马六甲）和苏门答剌停留了几周时间。宝船在爪哇停留最长，时间达四个多月。这一方面是为了等待季风，从而顺风顺水穿过马六甲海峡；另一方面则是派出分综前往附近各个港口和国家。宝船在马六甲停留了一个月，这是因为郑和在这里（以及苏门答剌）设有官厂。官厂也就是舰队的基地，可以为宝船提供各种物资，进行人员的修整和海船的修缮等，为前往印度洋做好各种准备。

总而言之，第七次下西洋的回程异常紧凑，原因之一是郑和病逝于古里，宝船由王景弘带队，一路上几乎马不停蹄地返回了南京。

"到此而止"

郑和最后一次下西洋，不仅是明代中国最后一次下西洋，也是古代中国最后一次抵达印度洋。郑和之后，明代就没有中国的海船往返中国和印度洋了。到了清代，这样的态势愈加明显，即所谓清船不过马六甲。简单地说，郑和之后，就没有中国人去印度洋了。印度洋也逐渐在中国被淡忘了。当然，清代也有个别中国人经过印度洋，但他们的目的地是欧洲。他们或者是天主教徒，陪伴在中国的传教士一起返回欧洲；或者是因缘际会，搭乘了欧洲的船只；或者是华侨，居住在当时荷兰的殖民地巴达维亚（雅加达）而访问欧洲；或者是十三行的商人，因贸易需要而访问欧洲。这些中国人并不是乘坐中国的船只，也不是经营印度洋的海上贸易，目标当然也不是印度洋。因此，非常遗憾，郑和之后的印度洋，渐渐地和中国越行越远，越来越模糊，乃至隐而不见。康雍年间清朝的水师将领陈伦炯，少从其父，曾经到过日本，熟谙海道形势，历任澎湖副将、台澎镇总兵官，直至浙江提督。他在《海国闻见录》里提到了马六甲海峡的柔佛和马六甲，并写道："往西海洋，中国洋艘，从未经历，到此而止。"

回想起来，永乐年间的郑和下西洋，举全国之力，整合官方和民间的所有资源，七下印度洋，创造了万国来朝的气象。可是，从经济而言，下西洋得不偿失，失远大于得，不得不骤然终止。这是一场政治绑架经济、政府操纵市场的游戏，最后用力过猛而后继乏力。这已经是很糟糕的结果了。更糟糕的是，郑和之后的海禁政策又刹车过猛，使得民间本来和印度洋的商贸往来突然停摆。这又是一场政府拒绝市场的逆行。从那时起，唐宋元以来海洋亚洲的贸易网络出现骤变，即印度洋和中国的直接往来中断，两个经济实体和海洋世界各奔东西。

第十六章

郑和下西洋：张爱玲未曾完成的小说

"我想去东南亚"

郑和下西洋的故事，几百年来引起了人们无数的遐想。在中国，甚至在东南亚，相关的小说、演义、故事和传说层出不穷。1940 年代在上海成名的张爱玲，以擅长写新时代中旧家族青年男女的都市爱情与婚姻而著名。谁能想到，这样一位刻画摩登爱情的作家，居然曾经想写一部以郑和下西洋为主题的小说。

实际上，所谓南洋，也就是现在的东南亚，这个郑和下西洋的必经之地和目的地之一，几乎从张爱玲开始创作小说之际，便如山顶的白雾，时时萦绕在她的心头。1961 年，张爱玲对在香港的好友宋淇、邝文美伉俪说，"我想去东南亚"。但张爱玲终究没有去东南亚。事实上，她从来没有去过东南亚，或者是"东南亚"这个名称出现之前的南洋。终其一生，张爱玲从没有到过南洋；可是，在她的笔下，南洋随时随处可见，有时南洋人物（华侨）还是其中的主角。身在上海的张爱玲，究竟是为什么向往南洋，又是如何想象南洋、叙说南洋的呢？

"希望能有机会去看看"

1961 年，身居美国的张爱玲对在香港的好友邝文美说，她想去东南亚看看。这封写于 1961 年 9 月 12 日的信上写道："想在下月初一个人到香港来，一来是因为长途编剧不方便，和 Stephen 当面讲比较省力，二来有两支想写的故事背景在东南亚，没见过没法写，在香港住个一年光景，希望能有机会去看看。"Stephen 就是邝文美的先生宋淇。宋淇夫妇是张爱玲下半生最亲密的好友，这从她的遗嘱中便可得知。1992 年 2 月 14 日，张爱玲在遗嘱中说："我去世后，我将我拥有的所有一切都留给宋淇夫妇。"

那么，张爱玲准备写的故事是什么呢？以笔者的理解，应该是郑和下西洋的故事。宋淇的儿子宋以朗在整理父母和张爱玲的通信时，便谈到张爱玲想写而出于种种原因未能完成的作品。他说："上世纪六十年代，张爱玲曾在信中说，想写一本关于三保太监郑和下西洋的书。我父母便给她找了一本有关郑和的小册子。到一九六三年，她突然说：'郑和故事经考虑后决定放弃，所以那本书你们以后不要寄给我。'但这本小册子终归是寄出去了。"宋以朗补充说："张爱玲构思这种题材，打破了我们一般对她的想象。如果她写出来，应该会很有意思。但她最后还是放弃了这部书，至少不会用英文写，她在信中说：

'郑和小说因为没有英美人（至少欧洲人）做主角之一，我认为美国读者不会有兴趣的，短的历史小说没处登，长的又工程浩大，不值一试。'"

从宋以朗介绍的其他张爱玲未完成的作品看，除了郑和下西洋，几乎没有以东南亚为背景的。可张爱玲说的是两篇东南亚背景的小说。那么，另一篇是什么呢？笔者觉得除了郑和之外的另一篇，可能是以苏青和她小叔为背景的故事。1957 年，张爱玲给宋淇夫妇的信中说："我想把苏青与她小叔的故事搬到目前的香港，写一个长篇 Aroma Port，不过暂时不打算写。"Aroma Port 直译过来就是"香港"，可是张爱玲最终也没有写。

这是 1961 年，这一年张爱玲提到了东南亚。十年之后的 1971 年，张爱玲和水晶见面时又谈起了"南洋的事"，并向水晶询问各种有趣的当地风俗，这说明她对南洋和东南亚一直保持着兴趣。水晶回忆道："此外她又开了一罐糖腌蕃石榴，因为知道我在南洋待过，可能喜欢热带风味的水果"；"谈话的锋头一转，她问起我南洋的事来，问起猎头族（Dayak）的生活情形。她对于这一种原始民族的风俗，非常有兴趣。她听我谈起住在'长屋'（long house）的达雅人，竹编的地板，从裂缝里望得见下面凹坑里，堆积的垃圾、人矢及动物遗粪；以及甘榜 Kampong 里逐水而居的马来人……神情专注，像是稚拙的小孩。她说喜欢阅读一些记录性的书籍，用英文说，便是 documentaries，像是史前时代的人类史"。

其实，早在 1950 年代张爱玲就注意到了东南亚。1955 年，张爱玲在写给胡适的信中说："最初我也就是因为《秧歌》故事太平淡，不合我国读者的口味——尤其是东南亚的读者——所以发奋要用英文写它"；"还有一本《赤地之恋》，是在《秧歌》以后写的。因为要顾到东南亚一般读者的兴味，自己很不满意"。所谓东南亚的读者，指的当然是可以阅读中文的华人华侨；可见，张爱玲在创作时，对于南洋华侨这群读者的兴趣非常关注。

想写郑和下西洋的小说，所以张爱玲想到东南亚去看看，可是最终她放弃了这篇小说。到过香港和台湾的张爱玲终究没有机会前去东南亚看看，但南洋却不时闪现于她的笔下。最著名者，莫过于《红玫瑰与白玫瑰》以及《倾城之恋》。

"一个'蕊'字零零落落，索性成了三个字"

这是张爱玲小说《红玫瑰与白玫瑰》中的一个场景：振保看到出身南洋的女主人王娇蕊写下自己名字的时候，不由得噗哧笑了。

在这部小说中，华侨女生王娇蕊是红玫瑰，她皮肤黝黑，身材起伏，敢爱敢恨，不久便和前来租房的振保陷入热恋。最终，振保退却了。振保最终选择的妻子是"身家清白"的孟烟鹂，也就是白玫瑰，她"细高身量，一直线下去"，给人的"第一印象是笼统的白"，结婚后渐渐"变成一个很乏味的妇人"。吊诡的是，振保万万没有想到，乏味的妻子却与裁缝有私。

虽然是小说，可是，当水晶夜访张爱玲谈到《红玫瑰与白玫瑰》时，"《传奇》里的人物和故事，差不多都'各有其本'的，也就是她所谓的 documentaries"；"她很抱歉地说，写完了这篇故事，觉得很对不起佟振保和白玫瑰，这二人她都见过，而红玫瑰只是听说过"。张爱玲又说："《红玫瑰与白玫瑰》中男主角是我母亲的朋友，事情是他自己讲给母亲和姑姑听的，那时我还小，他以为我不懂，哪知道我听过就全记住了。写出来后他也看见的，大概很气——只能怪他自己讲。"

红玫瑰和白玫瑰都有着强烈的象征和隐喻。与中国传统女性相比，来自南洋的华侨女性受到了东南亚传统的影响，即东南亚的女性社会地位相对较高，在政治、经济和家庭中承担着重要乃至突出的责任，同时也享受着相应的权利。而传统中国的女性却深深地笼罩在父权的桐油大伞下面，既看不到面容，甚至也看不到阳光下的投影。

张爱玲自幼生长在破碎的父权大家庭，一生没有安全感。她曾经反抗过一事无成沉醉于鸦片的父亲，投奔到同样反抗父权制度的母亲那里；可是她又因为得不到期望的母爱而焦虑和抱怨。当她自己在传统的父权制度下挣扎、反抗的时候，却无意识地把父权的阴影投射到华侨女生的身上。家学深厚的张爱玲在上海的圣玛丽娅女子中学学习，英文很好。作为中西教育培养出来的文化精英，她常带着讽刺和嘲弄的口吻来评说南洋（马来亚）和侨生。

振保诧异于红玫瑰把"蕊"写成了三个字，这恐怕不是空穴来风，而是张爱玲对于华侨同学中文的印象。当年香港跑马地墓园柴扉式的大门口就挂着一副绿泥黄木的对联，上面写着"此日吾躯归故土，他朝君体亦相同"。这股对联就是张爱玲所谓的华侨口吻。《红玫瑰与白玫瑰》中，王士洪评论红玫瑰的名字时说："你们那些华侨，取出名字来，实在欠大方。"张爱玲则讽刺马来亚文明说："马来亚是在蒸闷得野蛮的底子上盖一层小家气的文明，像一床太小的花洋布棉被，盖住了头，盖不住脚。"她又嘲弄华侨女同学的口音，说："她们的话不好懂，马来亚口音又重，而且开口闭口'Man'，倒像西印度群岛的土著，等于称对方'老兄'。"她还调侃其中的一个女同学月女，说："她的空虚是像一间空关着的，出了霉虫的白粉小房间，而且是阴天的小旅馆——华侨在思想上是无家可归的，头脑简单的人活在一个并不简单的世界里，没有北京，没有传统，所以也没有跳舞。月女她倒是会跳交际舞的，可是她只肯同父亲同哥哥跳。"

没有北京，也就是脱离了帝国权力的管辖；没有传统，也就是不曾受到礼教的浸润；没有跳舞，也就是没有经历西方（现代）的诱惑，保持着原始的自然。非中非西，非传统非现代，这似乎就是夹在中西之间作为第三者存在的南洋。因此，对于红玫瑰的刻画，张爱玲的笔端明显采用了从高处鸟瞰的视觉，带着从北京审视边缘的口吻。

"他们华侨，中国人的坏处也有，外国人的坏处也有"

张爱玲笔下的"那些华侨"，背井离乡，抛家弃子，离开了父母之邦，乘船历经海上的风浪，辗转抵达被海洋包围的东南亚。这些华侨是作为大中华边缘的他者出现，是作为"我们"的对照而展现。正如《倾城之恋》的主角、来自马来亚的华侨范柳原自称："我的确不能算一个真正的中国人，直到最近几年才渐渐地中国化起来。"这样，华侨和"真正的中国人"是分割并立的，是他者。所以，一点也不奇怪，"他们华侨"这个称谓反复在《红玫瑰与白玫瑰》中出现，如以下的一段对话：

> 士洪笑道："你不知道他们华侨——"才说了一半，被娇蕊打了一下道："又是'他们华侨'！不许你叫我'他们'！"士洪继

续说下去道:"他们华侨,中国人的坏处也有,外国人的坏处也有。"

"他们华侨,中国人的坏处也有,外国人的坏处也有。"虽是戏言,何尝不是大众的印象呢?从外形上看,华侨又瘦又黑,如张爱玲所言,比中国人黑,比印度人瘦;而华侨女性则身材玲珑,嘴唇饱满,充满了和传统中国审美大不一样的性感和肉欲;从物质上看,华侨很有钱,正如俗语所说:南洋伯,没有一千也有八百;所以无论是范柳原还是其他侨商,都是"星洲富豪";从文化和教育上看,华侨没有文化,言辞带有"华侨口吻";从男女关系上看,华侨比较随意,所以才有红玫瑰的两次与租客有私情;而"马来亚男孩子最坏了,都会嫖"。

无独有偶,张爱玲的南洋,和当时许多作家的作品也是吻合的。丁玲成名之作《莎菲女士的日记》里的男主人公凌吉士,就是"一个十足的南洋人",有个做橡胶生意的父亲。钱锺书的《围城》开头就花了许多笔墨来描述欧洲学医回来的混血儿鲍小姐。鲍小姐皮肤"暗而不黑","只穿绯霞色抹胸,海蓝色贴肉短裤,漏空白皮鞋里露出涂红的指甲";她"纤腰一束,正合《天方夜谭》里阿拉伯诗人所歌颂的美人条件:'身围瘦,后部重,站立的时候沉得腰肢酸痛。'长睫毛上一双欲眠似醉、含笑、带梦的大眼睛,圆满的上嘴唇好像鼓着在跟爱人使性子"。这分明是一个活脱脱的红玫瑰。同样留学归国的苏小姐却似白玫瑰,她的"皮肤在东方人里,要算得白,可惜这白色不顶新鲜,带些干滞。她去掉了黑眼镜,眉清目秀,只是嘴唇嫌薄,擦了口红还不够丰厚。假使她从帆布躺椅上站起来,会见得身段瘦削,也许轮廓的线条太硬,像方头钢笔划成的"。白皙,单薄,瘦削,硬线条,这难道不是活生生的振保的妻子孟烟鹂吗?

钱锺书和张爱玲的笔，刀锋锐利，入肉不知，而后却让人感觉到一丝丝的刺痛，痛彻心扉，却叫不出声来。钱锺书写鲍小姐的混血出身，其实就是张爱玲的"他们华侨"的隐喻：混血的结果便是"中国人的坏处也有，外国人的坏处也有"。他俩还不约而同地突出了华侨女生学医的背景，更加令人推测，这究竟是当时的实情，还是两位不露痕迹的嘲讽？

另一方面，艳羡与嘲讽同在。华侨是新兴产业的象征，是南洋的橡胶园、锡矿和跨地区商业在上海的展现。提到南洋和华侨，人们不由地带着一两丝若有若无的妒忌和艳羡。

"都是我那班同学太阔的缘故"

范柳原自称"我的确不能算一个真正的中国人"，这是对文化他者——"他们华侨"——作的注解；不过，此处的范柳原还象征了华侨的另一个呈现，那就是新兴的海外商机及其带来的财富。

范柳原"今年三十二岁，父母双亡，"他的"父亲是一个著名的华侨，有不少的产业分布在锡兰马来西亚等处"。不仅在南洋的产业和生意代表着财富，连和南洋的商业联系，也是上海（也就是近代中国）财富的来源，所以红玫瑰的丈夫王士洪就跟前来租房的老同学振保说："前些时没来得及同你说，明儿我就要出门了，有点事要到新加坡去一趟。"这在张爱玲的电影剧本《情场如战场》中也是如此。

正因为如此，张爱玲曾经感叹，生活并不拮据的她，却时常有想象中的窘迫。她对姑姑说："其实我在香港的时候也不至于窘到那样，都是我那班同学太阔的缘故。"她的侨生同学，包括茹璧，她"是汪精卫的侄女"；当然还有橡胶大王们的子女。张爱玲回忆道："这橡胶大王子女进的学校里，只有她没有自来水笔，总是一瓶墨水带来带去，非常触目。"她又回忆道："在香港，我们初得到开战的消息的时候，宿舍里的一个女同学发起急来，道：'怎么办呢？没有适当的衣服穿！'""她是有钱的华侨，对于社交上的不同的场合需要不同的行头，从水上跳舞会到隆重的晚餐，都有充分的准备，但是她没想到打仗。"华侨同学的富裕，使得端着墨水瓶去上课的张爱玲感到自己的相对贫困，带着一丝妒忌的尴尬从那时起就在她过于敏感的内心深处播种发芽，多少年后都没有消逝。

张爱玲塑造的南洋和华侨可以概括为上述方式，但也并非完全如此。看似风流成性的娇蕊，带着孩子去看牙医，在公交车上和振保偶遇，面对振保冷笑和讽刺"你碰到的无非是男人"，她并不生气，反而说了一句颇有哲理的话："是的，年纪轻，长得好看的时候，大约无论到社会上做什么事，碰到的总是男人。可是到后来，除了男人之外总还有别的……总还有别的……"

别的是什么呢？自然是爱。红玫瑰这段话揭示了她成长后对于男女关系本质的把握，令人心酸和感动。而华侨女生如苏雷珈在香港战火中的表现和成长，也令张爱玲感佩。"苏雷珈是马来半岛一个偏僻小镇的西施，瘦小，棕黑皮肤，睡沉沉的眼睛与微微外露的白牙。像一般受过修道院教育的女孩子，她是天真得可耻。她选了医科，医科要解剖人体，被解剖的尸体穿衣服不穿？苏雷珈曾经顾虑到这一层，向人打听过。这笑话在学校里早出了名。"可是，在日军的炸弹下，"苏雷珈加入防御工作，在红十字会分所充当临时看护"，她和男护士"一起吃苦，担风险，开玩笑，她渐渐惯了，话也多了，人也干练了。战争对于她是很难得的教育"。

同样，马来亚的自然，一方面象征着野蛮与落后；另一方面，也是现代人渴望的自然与纯朴。在《倾城之恋》中，范柳原对流苏说："我陪你到马来亚去。"流苏问："做什么？"范柳原道："回到自然；我又想把你带到马来亚，到原始人的森林里去。"马来亚，马来亚的森林，无疑代表着南洋那种原始自然的状态，没有像范柳原装的假，也没有流苏和她周围家人的耍心眼。

"二婶坐着难民船到印度去了"

张爱玲关于南洋的书写，既有她本人的观念，也不完全等同于她本人的观念；而张爱玲书写的南洋和南洋人物的巨大生命力，更加反映了张记南洋印象广泛的社会基础，令人不得不琢磨其知识产生的社会和心理背景。张爱玲前半生最亲密的好友炎樱就是斯里兰卡和天津的混血儿，是其两次婚姻的见证人，她或许带给了张爱玲一些间接的热带知识。香港大学侨生则是张爱玲南洋构建的一个直接来源，而直接能向张爱玲分享南洋印象的无疑是她的母亲黄素琼，张爱玲则称她为"二婶"，因为张爱玲从小过继给大伯家，所以反而叫父母为二叔、二婶。

黄素琼后来改名叫逸梵（Yvonne）。她裹着小脚，抛夫别子，陪着小姑子留学欧洲。在欧洲，她画油画，因而认识徐悲鸿、蒋碧薇夫妇；一双小脚既在阿尔卑斯山滑过雪，也在地中海游过泳；她几次路过新加坡，也曾到过爪哇，因为"她有个爪哇女朋友一定要她去玩，所以弯到东南亚去了一趟"；太平洋战争爆发前，她去了新马（新加坡和马来亚），曾经打算加工新马的皮毛做生意；她有个男友，"英国商人，比她年青，高个子"，"仿佛听说在星加坡"；日本入侵时，"劳以德打死了，死在星加坡海滩上"；随后她坐着难民船去了印度，在印度担任过尼赫鲁两个姐姐的秘书；"二战"后，她回到了马来亚，"1948年她在马来亚的一所侨校教了半年书"。实际上她是在吉隆坡坤成女中教书，和青年女同事邢广生结交，不久就去了伦敦。1955年至1956年，马来亚华校视学官王宓文和妻子丁俨来到伦敦，经邢广生介绍，他们认识了黄素琼，并有交往。王宓文夫妇的公子王赓武当时在剑桥念博士，曾随父母一起拜访过黄素琼。

母亲的南洋经历，给张爱玲带来了丰富多彩的南洋细节。榴莲糕、咖喱、沙袋、巴里岛的舞蹈、沙笼、柬埔寨的神殿和佛像以及马来亚的森林，这些南洋景物时常在张爱玲的笔端涌现。她在《倾城之恋》中写道：

> 吃完了饭，柳原举起玻璃杯来将里面剩下的茶一饮而尽，高高的擎着那玻璃杯，只管向里看着。流苏道："有什么可看的，也让我看看。"柳原道："你迎着亮瞧瞧，里头的景致使我想起马来的森林。"杯里的残茶向一边倾过来，绿色的茶叶黏在玻璃上，横斜有致，迎光，看上去像一棵生生的芭蕉。底下堆积着的茶叶，蟠结错杂，就像没膝的蔓草和蓬蒿。

这种栩栩如生的马来森林的景色，非亲见者不能形容。笔者很怀疑这是黄素琼对张爱玲的描述，很可能出自黄素琼之口。

因此，张爱玲的南洋印象和想象既有着宏观的社会背景，也有着个人的联系。总而言之，那就是近代以来中国对于海外世界，特别是对隔海相望的南洋的开发。因为有了下南洋，所以才有了张爱玲笔下的红玫瑰与范柳原。遗憾的是，张爱玲最终没有完成郑和下西洋的小说，给张粉留下了无限的遐想。笔者倒以为，这并不是件坏事。毕竟，对于未曾下过南洋的张爱玲，这部小说的历史感太浓了，她未必能够把握住！

第四部分　人

第十七章

最早到达印度洋的中国人

黄门译长

黄素琼，也就是张爱玲的母亲，是新旧交替时代的一名新女性。她裹着小脚，曾经在阿尔卑斯山滑雪，也曾在巴黎与徐悲鸿等人学油画；而其"二战"时乘船逃难到印度的经历（如同郁达夫的儿子郁飞一样），不过是偶然罢了。这段经历，哪怕是传说给尼赫鲁的姐姐当秘书，在黄素琼多姿多彩的传奇人生当中，也实在是太不起眼了。话说回来，郑和下西洋结束之后，就没有什么中国人到过印度，所以清末康有为的女儿康同璧颇以到过印度为荣。

其实早在1405年，也就是郑和第一次下西洋时，已经有很多中国人抵达、驻留印度洋，其中主要是求法僧人、官方使者、商人以及水手，人数堪以万计。可惜，到过印度洋的古代中国人绝大多数无名无姓，有名有姓者凤毛麟角。最早到达印度洋的是汉代的黄门使者，但也不过是昙花一现。两晋之后继之以求法僧人，唐代到达顶峰。随着海上丝绸之路的兴盛，中国的外交使节也逐渐依托海船，中国和印度洋诸国开始互派使节。这个官方主导的外交活动始于唐代，元代为盛，明初永乐年间达到顶峰，而后骤然弦断，再无续音。前去印度洋的中国商人大致始于北宋后期，以南宋为盛，元代因袭之；但到了明初，民间海贸被官方裹挟吞噬，难见记录。必须指出，到过西洋的中国人，以人数多少排序，主要是水手和商人，而后是官方使节，再次是求法僧人。当然，其间还夹杂着一些偶然的过客，如被阿拉伯人俘虏的唐朝军官杜环等。

最早到达印度洋的中国人是西汉末年无名无姓的"黄门"。班固在其成书于公元 1 世纪下半期的《汉书》卷二十八《地理志下》中写道：

> 自日南障塞、徐闻、合浦船行可五月，有都元国；又船行可四月，有邑卢没国；又船行可二十余日，有谌离国；步行可十余日，有夫甘都卢国；自夫甘都卢国，船行可二月余，有黄支国，民俗与朱崖相类，其州广大，户口多，多异物。自武帝以来皆献见。有译长，属黄门，与应募者俱入海，市明珠、璧琉璃、奇石、异物，黄金、什缯而往，所至国皆禀食为耦，蛮夷贾船，转送致之，亦利交易，剽杀人，又苦逢风波溺死，不者数年来还。大珠之围二寸以下。平帝元始中，王莽辅政，愈耀德威，厚遣黄支王，令遣使献生犀牛，自黄支船行八月到皮宗，船行可二月，到日南象林界云。黄支之南，有已程不国，汉之译使，自此还矣。

中外学者基本认为，以上这段记录是中国和印度直接交往的最早文献。其路线大致从北部湾的徐闻、合浦港出发，沿着海岸线前行经中南半岛和马来半岛，进入印度洋，最终抵达南印度。首先我们要讨论的是此行的最后一站，也就是黄支。

黄支在何处？

其实，所谓"黄支国"就是一般认为在今印度马德拉斯西南的甘吉布勒姆(Kanchipuram)，被称为"千寺之城"(City of Thousand Temples)。它位于印度东南部的科罗曼德海岸，是泰米尔纳德邦的首府。这座城市在横跨孟加拉湾的贸易路线中发挥了关键作用，被称为"南印度之门"。它不仅是商人从香料群岛到西部的旅程的休息点，也是经济和文化活动的中心。7世纪时玄奘法师（图17.1）周游印度学佛时曾到过此地，记载此地为建志补罗（Kāñcīpura）。

玄奘到了南印度后曾提及："达罗毗荼国周六千余里。国大都城号建志补罗，周三十余里。

图 17.1　玄奘西行图（日本国立文化遗产研究院综合收藏数据库）

土地沃壤，稼穑丰盛。多花果，出宝物。气序温暑，风俗勇烈。深笃信义，高尚博识，而语言文字，少异中印度。"根据玄奘所记，达罗毗荼国地广物丰，而建志补罗为其都城，有佛寺百余所，僧徒万余人，流行的是南传上座部佛教。不过，南印度也有其他各种宗教，所以玄奘说："天祠八十余所，多露形外道也。"玄奘还记录了如来佛祖来建志补罗说法度人的故事："如来在世，数游此国，说法度人，故无忧王于诸圣迹，皆建窣堵波。"又说："城南不远，有大伽蓝，国中聪睿，同类萃止。有窣堵波，高百余尺，无忧王所建也。如来在昔于此说法，摧伏外道，广度人天。"无论如何，建志补罗在玄奘的时代是南印度的航海中心，不但经济繁荣，而且佛教发达。玄奘想从建志补罗城（也就是黄支）航海前去僧伽罗国（斯里兰卡），却因意外而未成行。

玄奘提到的达罗毗荼国，当时其实是南印度的帕拉瓦王朝（The Pallava Dynasty，275—897），《旧唐书》译作拔罗婆，首都是建志补罗。这个王朝在宗主国百乘王朝衰退之后逐渐崛起，统治泰卢固地区和北部泰米尔地区长达约六百年，相当于我国的两晋到唐朝末年这段时期。帕拉瓦王朝长期与北部巴达米地区的遮娄其人和南部的泰米尔人王国注辇（Chola，也称朱罗）王朝、潘地亚王朝（The Pandyan Dynasty）作战，9 世纪被注辇征服。以上便是汉代使者到达的黄支国六百年后的情况。

当然，我们也不能排除黄支不过是在如今的东南亚大陆、马来半岛、苏门答腊或者婆罗洲附近。如此，则汉代中国并未抵达印度洋世界。

航行路线

对于黄支国，学者们的意见相对一致；可是对于班固记录的其他诸国，学者们意见纷纭，讨论很多，因此对于汉使的航行路线并没有一个统一的意见。

我们阅读班固的这段记录，发现其中最重要的环节是从谌离国到夫甘都卢国这段路程，因为这段路程是通过步行而不是乘船完成的。因此，确定谌离国和夫甘都卢国这两个地点是勾勒此次航程的核心。当然，学者们也见智见仁，没有定论。以下笔者根据自己的理解，大略描述笔者以为的路线，虽然不一定确切。

笔者以为，从谌离国到夫甘都卢国这段路程，因为是步行完成的，故可以参照地形加以推测。考南中国至印度的地理，这段徒步行程最有可能是横跨马来半岛，比如马来半岛北部的克拉地峡（Kra Isthmus）一带。克拉地峡位于泰国春蓬府和拉廊府境内的一段狭长地带，最窄处不到 60 公里，是马来半岛的最窄之处，因而理论上最适合徒步穿越。或有人问，既然如此之窄，为什么黄门花了十几天时间才穿过？这是因为黄门在当地也需要停留，一方面休息，一方面与当地社会交流，准备下一段航程。

当然也有学者认为，谌离国或在泰国的西岸，比如佛统（Nakhon Pathom），从那里步行到下缅甸的夫甘都卢国，"船行可二月余"到达黄支。如果是这样的话，则从中南半岛历经马来半岛抵达苏门答腊岛，然后经马六甲海峡到达泰国西岸的行程，在班固笔下实在太简略了。这段航程如此之长，如此复杂，《汉书》却几乎一句带过，实在不合情理。因此，笔者倾向于徒步的这段行程应该是横穿马来半岛。正因为黄门并没有走马六甲海峡，所以行程相对简单。

假如笔者的推测可以接受的话，那么我们便可以进一步推测《汉书》提到的各国（或港口）的方位。都元国和邑卢没国都位于今天的中南半岛沿海，它们离徐闻、合浦或者汉代的日南郡并不远。《汉书》记载到都元国"船行可五月"，看起来好像很远，实际上这五个月并非仅仅是航海的距离，而主要是上岸停留等待的过程。黄门需要拜访当地的社会，咨询下一步的航程，特别是考虑到他们搭乘的船只并非汉朝自备的船只，而是"蛮夷贾船"，所以需要很长的时间等待。"又船行可四月，有邑卢没国"，描述的大致也是如此场景。

从邑卢没国到谌离国船行不过二十余日，我们或可推测邑卢没国在古代中南半岛的南端，距离马来半岛不远。需要注意的是，当时的中南半岛还没有形成今天的泰国湾，今天泰国首都曼谷所在之处当时还在海水的浸泡之下。

从谌离国到夫甘都卢国这段路程是徒步完成的，无论谌离国是在马来半岛的北部、中部还是南部，它都处于半岛的东边。同理，夫甘都卢国应位于马来半岛的西边。

从夫甘都卢国乘船，"船行可二月余"，也就是穿过孟加拉湾，便到了印度南部的黄支国。班固记载黄支国"民俗与朱崖相类，其州广大，户口多，多异物"，也就是认为南印度和我国的海南岛（朱崖）类似。读者或以为奇怪，南印度和海南岛相隔万里，怎么会"相类"？其实仔细思索就可发现，两者都处于炎热的海洋气候，汉代的海南岛还是未开化地带，岛上居民皮肤黝黑，或不知衣裳，不通文字，这与南印度的居民十分相像，所以班固有此感慨。

需要指出的是，《汉书》的这段记载不见于司马迁的《史记》，其中的地名如都元、邑卢没、谌离、夫甘都卢等亦不见于后来的文献，这给中西方的学者增添了许多苦恼。过去的学者主要根据对音法来确定这些地名。前辈学者张星烺在考证皮宗时说："皮宗即印度斯河（Indus），希腊人称之曰肥孙河（Phison）。皮宗音与肥孙最近。"考证已程不国时说："已程不国为希腊人依梯俄皮亚（Ethiopia）之译音，今之非洲也。依已音相近，梯俄二字，速读之，音即近程字，今闽南人读如唐，皮亚二字速读之，即不字也。"他并引证说："希腊人之地名，传入中国不足为异。例如拔克脱利亚（Bactria），《魏书·西域传》讹传作拔底延，《新唐书·西域传》作缚底野，慧超作缚底耶，固有其例也。"综合各家优劣、学界广为接受和引为权威的《古代南海地名汇释》（陈佳荣、谢方、陆峻岭著，中华书局，1986）也非常注意对音法。此书在考证已程不国时说："故地多谓在今斯里兰卡，应作'已程不'，古读'已秩不'，即斯里兰卡古巴利文名 Sihadipa（师子洲）译名。"总而言之，对音法是研究古代西域南海地名的一个基本方法，贡献很大；不过在考证《汉书》的这几个地名如都元、邑卢没、谌离、夫甘都卢时，笔者以为这个方法几乎无能为力，因为缺少后来的文献对照，相关的推测不过姑为一说而已。

　　以上介绍的是汉使黄门去印度的路线，那么回来的路线又如何呢？班固说："自黄支船行八月到皮宗，船行可二月，到日南象林界云。"相比去程的记录，回程的记录实在太简单了，不过就是从黄支经皮宗到汉代的日南郡。那么，皮宗何在呢？《古代南海地名汇释》指出："其故地有如下数说：指马来半岛西南岸外的皮散（Pisang，马来语意为香蕉）岛，或泛指马来西亚的柔佛（Johore）及新加坡一带；或指今泰国北大年一带。"无论如何，从黄支到皮宗航海用不了八个月，之所以如此，还是因为蛮夷贾船沿岸登陆停留而已。

　　班固又说："黄支之南，有已程不国，汉之译使，自此还矣。"已程不国，如前所引，大致应该就是指斯里兰卡。当然也有其他说法，认为已程不国或在今印度东南部钦格耳普特（Chingleput），或在印度西部，张星烺甚至认为在非洲。

使者、时代、奇珍与风险

　　那么，究竟是谁去了印度呢？

　　首先，需要对"黄门"这个词作一粗浅的解释。汉朝有小黄门、中黄门和黄门，设黄门官，而黄门是秦代对禁门的称呼。杜佑在《通典·职官三》中说："凡禁门黄闼，故号黄门。"引而申之，黄门以及黄门使者就是指代宫禁之中的宦官。不过，班固所记载的是"有译长，属黄门"，则是在黄门之下的译长，大概就是汉朝设立的为外来朝贡使者翻译的官员，可能不是宦官。

　　黄门也不是一个人出海，而是招募一些自愿出海者，也就是想去立功发财的冒险家。这和张骞出使西域的场景是一致的。汉武帝因为受到北方匈奴的骚扰，想派人去联系匈奴的世仇大月氏结成同盟。可是，大月氏位于匈奴的西面，从长安去大月氏必须经过匈奴控制的地区，非常危险，百官无人敢应答。于是汉武帝"乃募能使者。骞以郎应募，使月氏，与堂邑氏奴甘父俱出陇西"。可见，后来的博望侯张骞起初不过是一个冒险家，而他成功的消息或许会激励那些和他一样想博取功名的"应募者"。

其次，黄门及应募者去印度发生在什么时代呢？班固记载的这段话时间比较模糊。他一方面说"自武帝以来皆献见"，也就是上述这些国家，包括黄支在汉武帝时期都有前来"朝贡奉献"。汉武帝于公元前141年至前87年在位，则或可推测黄门前去黄支发生在汉武帝时期，也就是公元前2世纪和公元前1世纪间。另一方面，因为司马迁（前145年—前1世纪初）未曾记录这一事件，可推测黄门出使最早在汉武帝晚年，即公元前1世纪初。这样的话，从中国的角度来看，汉武帝派张骞凿空西域，也就是开辟陆上丝绸之路，与黄门到达黄支，也就是开通海上丝绸之路，这两个重大事件几乎发生在同一时间。然而，班固又说"平帝元始中"，也就是汉平帝刘衎在位的公元前1年至公元6年期间，王莽"厚遣黄支王"，这无疑增加了时间的模糊性，使人难以判断。不过，我们大致可以推定，黄门出使黄支国是在公元前1世纪前后。

那么，黄门出使的目的如何？张骞出使西域是政治意图，黄门则不一样，似乎完全是为了海外的奇珍异宝。班固说他们"市明珠、璧琉璃、奇石、异物，黄金、什缯而往"，带回来的"大珠之围二寸以下"，足见这是为了满足宫室之用。海上丝绸之路的商业性质可以管窥！

珍珠当然是南印度的特产。14世纪的汪大渊详细记载了南印度的"第三港"采珠的情形，我们或可以此逆推此前状况：

> 去此港八十余里，洋名大郎，蚌珠海内为最富。采取之际，酋长杀人及十数牲祭海神。选日，集舟人采珠，每舟以五人为率，二人荡桨，二人收缗，其一人用圈竹匡其袋口，悬于颈上，仍用收缗，系石于腰，放坠海底，以手爬珠蚌入袋中，遂执缗牵掣。

其舟中之人收缳，人随缳而上，才以珠蚌倾舟中。既满载，则官场周回皆官兵守之。越数日，候其肉腐烂，则去其壳，以罗盛腐肉旋转洗之，则肉去珠存，仍巨细筛阅。于十分中，官抽一半，以五分与舟人均分。非祭海神以取之，入水者多葬于鳄鱼之腹。

腰中系绳入海采珠与现代潜水员海底作业方法是一样的，但危险性不可同日而语。采珠一向是苦差事，往往为官府垄断，中国如此，南印度亦如此。

当然，从中国前去黄支国万水千山，不但路途遥远，不免有风浪波涛之苦，还有海盗夷蛮之"剽杀人"。因此，汉使"苦逢风波溺死，不者数年来还"，有生命之险。需要指出的是，黄门之所以能够完成使命，依靠的是沿途各国的支持。他们为汉使提供了衣食住行，特别是交通信息，所以班固说："所至国皆禀食为耦，蛮夷贾船，转送致之。"这样看来，沿途各国的支持是黄门使者完成往返印度的关键，而所谓"剽杀人"的海盗，其实也是各地土著居民。他们平时是渔民、商人，战乱时就是海盗；面对常来常往的商人是好客的主人，面对初来乍到的商人便是霸凌者。这和后来各地海盗的性质几乎一样。

异域风情：合浦的考古发现

黄门使者开辟的海丝贸易还可以从合浦的考古中得以证实。如班固所述，合浦是汉使出海的第一站，也应当是海外贸易的重要港口。目前合浦汉墓考古发现的文物，就充满了异域风情，令人惊艳。

合浦汉墓群位于合浦县廉州镇东南郊望牛岭、风门岭、宝塔山和东北郊堂排一带，分布面积约 68 平方千米，现存封土堆 1056 个，估算地下埋藏墓近万座，以汉墓居多。合浦汉墓的出土文物主要包括陶器、铜器、铁器、金银器、玉石器、玻璃器和珠饰等，其中最具特色的是大量与海外贸易相关的各类珠饰，极具异域风情。

以出土文物分析，来自东南亚、印度洋乃至地中海的宝物，包括玻璃、石榴子石、水晶、琥珀、绿柱石、玛瑙、肉红石髓、蚀刻石髓、绿松石、黄金珠饰以及香料等。由于珍珠容易腐蚀，汉墓中未有实物发现，我们大致可以推测应当有之。以 1971 年发掘的合浦望牛岭 M1 为例，墓中出土金饼 2 枚，一枚重 249 克，直径 6.3 厘米，刻一"大"字，"大"字下方有"太史"二字；另一枚重 247 克，直径 6.5 厘米，刻一"阮"字，"阮"字上方还有一个"位"字。金饼方便远程携带，最受古代民众欢迎，前引《汉书》也明确提及。前几年海昏侯墓中发现的金饼亦可管窥。

玻璃在汉墓中多有发现。古代中国不擅长玻璃的生产制作，因而西亚来的玻璃被历代中原王朝视为珍奇。合浦汉墓中约有 100 座墓出土了玻璃器，包括装饰品和器皿两类。装饰品主要为串珠，有时单座墓葬出土数百乃至数千颗，其他还有棱柱形饰、耳珰、环、璧、剑扣等；玻璃器皿较少，只有杯、碗和盘三种。经考古分析，合浦汉墓出土的玻璃器除了我国传统的铅钡玻璃和高铅玻璃外，还有三个域外体系，即产自东南亚的低铝和中等钙铝钾玻璃、产自南亚的中等钙铝钾玻璃和产自地中海地区的钠钙玻璃。

合浦汉墓还出土了石榴子石珠饰，紫红色，有圆形、扁圆形、双锥形、多面榄形和系领形，以及狮形饰件。我们知道，印度和斯里兰卡是石榴子石加工的一个重要地区。科学检测表明，合浦出土的石榴子石珠属铁铝榴石系列，与印度等地相同。

水晶和肉红石髓珠一向是古代中国和南亚、东南亚贸易往来的标志，在合浦汉墓中的出土数量较多。白水晶、烟晶、紫晶、黄晶，合浦汉墓均有发现，但以白水晶居多。白水晶纯净，透明度高，形状有管形、圆形、扁圆形、六方形、系领形和多面体等。黄泥岗 M1 的徐闻县令陈褒墓，出土的紫水晶就达 163 颗之多，而印度南部的德干高原则是紫水晶的主要产地和加工中心。

此外，合浦汉墓还出土了一件波斯陶壶，这类陶器在大英博物馆和卢浮宫等均有收藏，印度、泰国同时期的港口遗址也多有发现。合浦出土的这件波斯陶壶则是目前我国发现的唯一一件汉代波斯器物，弥足珍贵。又，合浦汉墓还有胡人俑、羽人座铜灯以及反映佛教流传的钵生莲花器等，这些或是外来器物，或受外来文化影响。

综上所述，位于目前广西北部湾的合浦，在汉代的确是海外贸易的重要港口，是中国和印度洋乃至地中海世界交流的基地，无怪乎黄门使者选择这个地点前往印度洋寻求奇珍异宝。班固之相关记载可信度极高。

大秦从海上来

交流从来不是单向的。在黄门使者到达印度后不久，今天小亚细亚的近东地区也有人到了东汉的洛阳。《后汉书·西域传》记载，海西有大秦国，"一名犁鞬"：

以在海西，亦云海西国。地方数千里，有四百余城；小国役属者数十。以石为城郭。列置邮亭，皆垩垩之。有松柏诸木百草。人俗力田作，多种树蚕桑。皆髡头而衣文绣，乘辎軿白盖小车，出入击鼓，建旌旗幡帜。所居城邑，周圜百余里，城中有五宫，相去各十里。宫室皆以水精为柱，食器亦然。其王日游一宫，听事五日而后遍。常使一人持囊随王车，人有言事者，即以书投囊中，王室宫发省，理其枉直。各有官曹文书。置三十六将，皆会议国事。其王无有常人，皆简立贤者。国中灾异及风雨不时，辄废而更立，受放者甘黜不怨。其人民皆长大平正，有类中国，故谓之大秦。

大秦国位于亚洲西端、地中海东岸，相当于古罗马帝国及小亚细亚一带。《后汉书》的记录中也有与古罗马的民主制度相对应者，如"置三十六将，皆会议国事"，又如"其王无有常人，皆简立贤者"，可能是在介绍早期罗马民选执政官的共和主义。作为地中海世界的海洋帝国，古罗马与中东和南亚的交通贸易往来似乎颇为频繁，故《后汉书·西域传》中说，大秦国"以金银为钱，银钱十当金钱一。与安息、天竺交市于海中，利有十倍"。

更令人欣喜的是，《后汉书·西域传》还记载了大秦国使节到达东汉的故事："至桓帝延熹九年，大秦王安敦遣使自日南徼外献象牙、犀角、玳瑁，始乃一通焉。其所表贡，并无珍异，疑传者过焉。"延熹九年为公元166年，此时罗马皇帝为马可·奥勒留·安敦宁·奥古斯都（Marcus Aurelius Antoninus，161—180年在位），而奥勒留之养父及前任皇帝则名为安敦宁·毕尤（Antoninus Pius，138—161 年在位），"安敦"这一译名可以与两位皇帝的拉丁文原名相对应。无论如何，汉代中国虽然是通过陆上丝绸之路得知了海西的繁盛之国大秦国，但大秦国最早的使节却是从海上丝绸之路到达中原的洛阳，这也可以折射出海洋交通和海洋贸易在汉代的迅猛发展。

需要指出，汉唐时代的交趾地区，包括今天的越南中部和北部，是海洋交流的一个重要基地。从地中海和印度洋而来的商人、使节乃至僧人，纷纷在此登陆，而后前往江南或中原。三国时期的康僧会（？—280）便是如此。他的祖先来自中亚的康居，而后"世居天竺"，他的父亲"因商贾移于交趾"，因而康僧会实际生长在交趾。十几岁的时候，康僧会"二亲并亡，以至性奉孝服毕"，从而出家。

简而言之，大约在公元前后，中国人就已经抵达了印度和印度洋世界，最早完成这项使命的是汉代黄门以及手下的应募者。一千四百年后永乐皇帝决定派人出使西洋的时候，他是否想到汉代的黄门，因而派遣他信任有加的郑和呢？而"王莽辅政，愈耀德威，厚遣黄支王，令遣使献生犀牛"，则是郑和下西洋获得孟加拉国王所贡之"麒麟"（其实是长颈鹿）的先声了。

第十八章

人生六十始开始：浮海西归的法显

第一位往返印度的求法僧

如前所述，最早到达印度洋的中国人是西汉的黄门使者及其随从，可是他们无名无姓，其家世人生无从得知。那么，谁是横穿印度洋的有名有姓的中国人呢？那便是早于唐僧二百多年的东晋法显和尚（334—420？）。对这位第一个往返印度的求法僧人，我们知之颇详。

后秦弘始元年（399），法显从长安出发西行求法，遍游印度诸国后抵达斯里兰卡，而后乘船于东晋义熙八年（412）七月十四日抵达长广郡（今山东崂山县北），历时十三个年头，成为中国第一位到海外取经求法并且满载而归的大师。更值得一提的是，法显是最早从印度洋（即海上丝绸之路）归国的中国人之一。换言之，法显是最早经历了陆上丝绸之路和海上丝绸之路的中国人。联想到一千六百多年前的行路难，实在不得不佩服法显的可贵。

自公元前后传入中国后，佛教到了魏晋南北朝时期得到很大发展。东汉的衰亡导致人们对儒学信仰的怀疑和摒弃，老庄玄学和佛学反而一时兴盛。西晋时，两京佛寺已有一百八十座，僧尼人数多达三千七百人。到了南朝的宋齐梁陈，少则两三万，多则十余万。一句"南朝四百八十寺，多少楼台风雨中"的慨叹，可以遥想当时的情景。不过，当时的佛教教派林立，各说各法，寺院的管理与僧人的行止也松弛混乱，加上佛经翻译的不成熟和隔膜，使得一些有识之士觉得有必要去西天取回真经，以释中土之惑，以解中土之渴。法显就是其中历经艰险百折不回的一位。

"边国之人乃能求法至此！"

法显大约出生在今天的山西临汾地区，俗姓龚，兄弟四人。由于三位兄长都是童年丧亡，其父恐祸及法显，所以在法显三岁时就将其送至寺院度为沙弥。法显此后曾被接回家几年，可一回家便生病。大概与佛有缘，只要送还寺院，几天后便痊愈。史载："居家数年，病笃欲死，因以送还寺，信宿便差。"所以法显不愿回家而长住寺院，"其母欲见之不能得，后为立小屋于门外，以拟去来"。法显十岁的时候，父亲病逝，叔父以其母寡居，逼迫法显还俗。法显不从，回复说："本不以有父而出家也。正欲远尘离俗，故入道耳。"叔父觉得有理，就由他去了。

法显信仰坚贞，遵守戒律，有"志行明敏，仪轨整肃"之称誉，在寺院修行时已经脱颖而出。有一次，他"与同学数十人于田中刈稻，时有饥贼欲夺其谷，诸沙弥悉奔走”，法显却不畏不惧，平静地对盗贼说："若欲须谷，随意所取。但君等昔不布施，故致饥贫，今复夺人，恐来世弥甚。贫道预为君忧耳，故相语耳。"结果，"贼弃谷而去，众僧数百人莫不叹服"。

　　大约在五十岁左右，法显来到了长安。在修行学习的过程中，法显"常慨经律舛阙"，于是"誓志寻求"。东晋隆安三年（399），法显与慧景、道整、慧应、慧嵬等同契，一起去天竺寻求戒律，开始了漫长而艰苦卓绝的旅行。次年，他们到了张掖，遇到智严、慧简、僧绍、宝云、僧景五人，组成十个人的求法团队，后来又增加了一个慧达，总共十一人。他们西进至敦煌，得到太守李暠的资助，西出阳关度"沙河"（即白龙堆大沙漠）。法显等五人随使者先行，智严、宝云等人在后。白龙堆沙漠气候非常干燥，时有热风流沙，旅行者到此，往往被流沙埋没而丧命。法显后来在《佛国记》中描写这里的情景说："沙河中多有恶鬼、热风，遇则皆死，无一全者。上无飞鸟，下无走兽。遍望极目，欲求度处，则莫知所拟，唯以死人枯骨为标识耳。"他们冒着生命危险勇往直前，走了十七个昼夜，计一千五百里路，终于渡过"沙河"到了鄯善国（今新疆若羌）。又十五日到了鸿夷（今新疆焉耆），住了两个多月，宝云等人也赶到了。当时，由于鸿夷信奉的是小乘佛教，而法显一行奉行大乘佛教，所以他们在鸿夷受到冷遇，食宿都无着落。不得已，智严、慧简、慧嵬三人返回高昌（新疆吐鲁番）筹措行资。法显等七人得到前秦皇族苻公孙的资助，又开始向西南进发，穿越塔克拉玛干大沙漠。这里异常干旱，昼夜温差极大，气候变化无常，艰辛无比。正如法显所述："路中无居民，沙行艰难，所经之苦，人理莫比。"走了一个月又五天，法显一行平安地穿越了这个"进去出不来"

的大沙漠，到达于阗国（今新疆和田）。于阗是当时西域佛教的一大中心，他们在这里观看了佛教"行像"仪式，住了三个月。慧景、道整、惠达则没有停留，直接向竭叉国进发，僧绍随着西域僧人去了罽宾（今克什米尔）。

法显等修整之后继续前行，经过子合国，到竭叉国与惠景等会合。此后大家一起西行前往北天竺，路上走了一个月，翻过了葱岭，"葱岭冬夏有雪，又有毒龙，若失其意，则吐毒风，雨雪，飞沙砾石。遇此难者，万无一全"。而后七人分头行进，渡过新头河（即印度河）。慧达、宝云和僧景到达北天竺的弗楼沙国后"遂还秦土"，也就是返回中国，慧应则在当地的佛钵寺"无常"，也就是病死。法显与慧景、道整三人一起南越小雪山（即阿富汗的苏纳曼山，梵语中相对"大雪山"喜马拉雅山而言）。"雪山冬夏积雪。山北阴中遇寒风暴起，人皆噤战。慧景一人不堪复进，口出白沫，语法显云：'我亦不复活，便可时去，勿得俱死。'于是遂终。法显抚之悲号：'本图不果，命也奈何！'复自力前，得过岭。"就这样，法显与道整翻过小雪山到达罗夷国。又经跋那国，再渡新头河，到达毗荼国。接着走过摩头罗国，渡过蒲那河，进入中天竺境。而后法显和道整用了四年多的时间，周游中天竺，巡礼佛教故迹。

东晋元兴三年（404），他们来到佛教的发祥地——拘萨罗国舍卫城的祇洹精舍。传说释迦牟尼生前在这里居住和说法时间最长，这里的僧人对法显不远万里来此求法，深表钦佩。《佛国记》记载：

> 法显、道整初到祇洹精舍，念昔世尊住此二十五年，自伤生在边地，共诸同志游历诸国，而或有还者，或有无常者，今日乃

见佛空处，怆然心悲。彼众僧出，问显等言："汝等从何国来？"
答曰："从汉地来。"彼众僧叹曰："奇哉！边国之人乃能求法至此！"
自相谓言："我等诸师和上相承已来，未见汉道人来到此也。"

可见，法显和道整是最早到达舍卫城的"汉道人"，也就是中国人。

东晋义熙元年（405），法显和道整走到了佛教极其兴盛的摩竭提国巴连弗邑。后来，他"住此三年，学梵书梵语，写律"，收集了《摩诃僧祇律》《萨婆多众律》《杂阿毗昙心论》《綖经》《方等般泥洹经》等佛教经典。道整在巴连弗邑十分仰慕此处僧众，决定留在天竺。《佛国记》说："道整既到中国，见沙门法则，众僧威仪，触事可观，乃追叹秦土边地，众僧戒律残缺。誓言：'自今已去至得佛，愿不生边地。'"这里的"中国"指的是印度，"遂停不归"的道整便和慧应一样，成为最早老死印度的中国人。

法显则一心想着将戒律传回，决定一个人归国。《佛国记》说："法显本心欲令戒律流通汉地，于是独还。"从十一人组团去印度取经，结果只有两个人最终到达目的地；两人当中，又只有一人决心回国。法显取经的艰辛，的确是十不存一。

师子国的白绢扇

或许经历过沙漠和雪山的痛苦，法显回国决定南行从海上回家。这样，我们可以推定，5 世纪初的法显已经知道从印度乘船可以回到中国。他周游了南天竺和东天竺，先"顺恒水东下"，辗转"东行近五十由延（yojanā，古印度的长度单位，原指公牛挂轭走一天的路程），到多摩梨帝国，即是海口。其国有二十四僧伽蓝，尽有僧住，佛法亦兴。法显住此二年，写经及画像"，而后乘船到了师子国（斯里兰卡）。他在《佛国记》中说："于是载商人大舶，汎海西南行，得冬初信风，昼夜十四日，到师子国。"这里

> 多出珍宝珠玑。有出摩尼珠地，方可十里。王使人守护，若有采者，十分取三。其国本无人民，正有鬼神及龙居之。诸国商人共市易，市易时鬼神不自现身，但出宝物，题其价直，商人则依价置直取物。因商人来、往、住故，诸国人闻其土乐，悉亦复来，于是遂成大国。

这也是中国人对印度洋的斯里兰卡最早的亲身观察，文献价值极高。

法显在师子国住了两年，求得《弥沙塞律》《长阿含》《杂阿含》以及《杂藏》四部经典，"此悉汉土所无者"。至此，法显身入异域已经十二年了。"法显去汉地积年，所与交接悉异域人；山川草木，举目无旧；又同行分披，或流或亡，顾影唯己，心常怀悲。忽于此玉像边见商人，以晋地一白绢扇供养，不觉凄然，泪下满目。"于是便决定返乡。

为什么法显看到了供养玉像的白绢扇而"不觉凄然，泪下满目"呢？因为那时只有中国（晋地）才出产丝绸，养蚕的技术要在二三百年后的唐代才传到印度等地。法显看到白绢扇是故国之物，所以才潜然泪下。正如他自己所述，十几年来接触到的"悉异域人"，看到的

"山川草木，举目无旧"，一同求法的僧人"或流或亡"，这样的心情下突然看到了故国方物，不能不触动心弦。正如《晋书》中记载张翰"因见秋风起，乃思吴中菰菜、莼羹、鲈鱼脍"，睹物思情而已。

"唯一心念观世音"

义熙七年（411），法显坐上商人的大舶，循海东归。如前所述，发现一路艰难险阻，两次遇见暴风雨，幸亏他"唯一心念观世音及归命汉地众僧"，两次均化险为安。第一次漂到了一个无名岛屿，得救，而后到了南海的耶婆提。第二次从耶婆提出发，"复随他商人大船，上亦二百许人，赍五十日粮，以四月十六日发。法显于船上安居。东北行，趣广州"。按，"四月十六"约在五月中旬，那时东南季风已经盛行，法显乘坐的商船正好御风而行。

不料，这一次遇到黑风暴雨，漂了七十多天。"商人议言：'常行时政可五十日便到广州，尔今已过期多日，将无僻耶？'即便西北行求岸。"商人决定向"西北"行船，可见他们知晓中国的地理方位，而这个知识也拯救了大家。而后经过昼夜十二日的漂流，正当山穷水尽之时，大船忽然靠了岸。法显上岸询问猎人，方知这里是青州长广郡（山东即墨）的崂山。青州长广郡太守李嶷听到法显从海外取经归来的消息，立即亲自赶到海边迎接。时为东晋义熙八年（412）七月十四日（当是阴历）。

法显六十岁出游，前后共走了三十余国，历经十三年，完成了穿行亚洲大陆又经南洋海路归国的惊人壮举，回到祖国时已经七十三岁了。在这十三年中，法显跋山涉水，经历了人们难以想象的艰辛。正如他后来所说："顾寻所经，不觉心动汗流！所以乘危履险不惜此形者，盖是志有所存专其愚直。故投命于必死之地，以达万一之冀。于是感叹，斯人以为古今罕有，自大教东流，未有忘身求法如显之比。"唐代名僧义净称赞说："自古神州之地，轻生殉法之宾，（法）显法师则他辟荒途，（玄）奘法师乃中开正路。"这个评价，并非溢美之词。

法显在山东半岛登陆后，旋即经彭城、京口（江苏镇江），到了建康（南京）。他在建康道场寺住了五年，又来到荆州（湖北江陵）辛寺，终老于此。在最后的七年多时间里，法显一直紧张艰苦地进行着翻译经典的工作，共译出经典六部六十三卷，计一万多言。他翻译的《摩诃僧祇律》，也叫《大众律》，为五大佛教戒律之一，对后来的中国佛教界产生深远影响。在抓紧译经的同时，法显还将自己西行取经的见闻写成了一部不朽的名著《佛国记》。《佛国记》全文九千五百多字，别名有《法显行传》《法显传》《历游天竺纪传》《佛游天竺记》等。它在世界学术史上占据着重要的地位，不仅是一部传记文学的杰作，而且是一部重要的历史文献，是研究当时西域、印度以及海洋交通的极其宝贵的史料。

法显去印度时，正是印度史上的黄金时代——芨多王朝（320—480）有名的超日王在位的时期。关于芨多王朝，古史缺乏系统的文献记载，超日王的历史只有依靠法显的《佛国记》来补充。中国西域地区的鄯善、于阗、龟兹等古国，湮灭已久，传记无存，《佛国记》中记载的这些地区的情形，亦可弥补史书的不足。《佛国记》还详尽记述了印度的佛教古迹和僧侣生活，因而后来被佛教徒们作为佛学典籍著录引用。日本学者足立喜六把《佛国记》誉为西域探险家及印度佛迹调查者的指南。此外,《佛国记》也是中国南海交通史上的巨著。《佛国记》对信风和航船的详细描述和系统记载,成为中国最早的记录。

"唯望日、月、星宿而进"

法显的行程和记录,为我们了解当时海洋亚洲的航海和贸易留下了宝贵的资料。其一,我们知道,中国的商品已经到达了斯里兰卡和印度。法显所见的绢扇为证。这其实并不稀奇,汉武帝的时候,印度的货物已经到达中国,黄门使者也抵达印度,因此,中国的货物也可以到达彼处。

其二,法显所搭乘的大船可以容纳200人,可谓相当庞大。可见当时印度洋造船与航海之发达。载客200人的海船,听起来实在令人惊奇,因为17世纪初抵达北美的"五月花号",载客也不过160人至170人。不过,联想到古代地中海航海业的发达,这也无可惊讶。宋人周去非《岭外代答》中就记录了一种木兰皮舟:"大食国西有巨海。海之西,有国不可胜计,大食巨舰所可至者,木兰皮国尔。盖自大食之陀盘地国发舟,正西涉海一百日而至之。一舟容数千人,舟中有酒食肆、机杼之属。"木兰皮大致指毗邻地中海的西北非,那里的海舶居然可以"容数千人"。周去非又详细介绍说:

> 浮南海而南,舟如巨室,帆若垂天之云,柂长数丈,一舟数百人,中积一年粮,豢豕酿酒其中,置死生于度外。径入阻碧,非复人世,人在其中,日击牲酣饮,迭为宾主,以忘其危。舟师

以海上隐隐有山，辨诸蕃国皆在空端。若曰往某国，顺风几日望某山，舟当转行某方。或遇急风，虽未足日，已见某山，亦当改方。苟舟行太过，无方可返，飘至浅处而遇暗石，则当瓦解矣。盖其舟大载重，不忧巨浪而忧浅水也。又大食国更越西海，至木兰皮国，则其舟又加大矣。一舟容千人，舟上有机杼市井，或不遇便风，则数年而后达，非甚巨舟，不可至也。今世所谓木兰舟，未必不以至大言也。

则古代地中海世界航海业之发达，实在出乎现代人的想象。

其三，法显提到当时航海主要依赖日月星辰来判别方向。他说：

> 海中多有抄贼，遇辄无全。大海弥漫无边，不识东西，唯望日、月、星宿而进。若阴雨时，为逐风去，亦无准。当夜暗时，但见大浪相搏，晃然火色，鼋、鳖水性怪异之属，商人荒遽，不知那向。海深无底，又无下石住处。至天晴已，乃知东西，还复望正而进。若值伏石，则无活路。

"唯望日、月、星宿而进"，一方面说明那时还没有罗盘，另一方面则表明当时人们已经掌握了足够的航海知识，因而有信心和能力远航逐利。因此，虽然"大海弥漫无边，不识东西"，看起来很危险，但水手和商人依然可以避险而行。

其四，法显还提到，从耶婆提航海到广州需要 50 天，途中不停留，这点值得额外关注。可以推见，当时的船只不必再顺着海岸航行，从东南亚可以直接穿越南海而直达广州。200 人直航 50 天所需食物饮水，不是一个小问题。当时海船之规模及技术，可见一斑！

其五，法显的记叙中居然没有提到中国人，可以说奇怪得很。按理，要是法显在印度或东南亚碰到中国人，肯定是要记上一笔的，因为他思乡情切。还在锡兰的时候，仅仅因为看见华夏故物一团绢扇，惹得这位六根清净的出家人泪眼婆娑，抽泣不已。因此，假设法显途中遇见了中国人，肯定会加以记载。反过来说，因为法显没有记录，我们有相当的自信可以说，他没有遇见中国商人或水手。我们亦可以进一步推断，当时还没有中国商人到达东南亚的岛国，遑论锡兰和南印度了。

其六，从上面可以推断，南海贸易的商人主要是马来人、锡兰人以及南印度商人。他们所乘的航船，也主要是马来船、锡兰卡船和印度船。那时的中国人并不是南海贸易的主要参与者，这里指的是主动出击、乘帆远去贸易的那种参与。

那么，法显提到的耶婆提究竟在哪里？有人说在苏门答腊，有人说在爪哇，有人说在加里曼丹岛的西岸。这些都是可能的答案。也有人说，法显到的耶婆提不在东南亚，而在中美洲，因此，法显是有史以来第一位到达美洲的中国人。这种猜测当然是无稽之谈，姑妄听之。值得惊奇的是，此后耶婆提就再也没有在中国的史籍中出现了。

法显的西行，是步行于所谓的丝绸之路，途中历经千难万险，有不可说之大磨难；途中有人放弃，有人病逝，有人冻毙，完成路程者不过区区二人而已。而此二人中，决计归国者法显一人而已。法显的东归，是假舟于所谓的海上丝绸之路，途中历经风暴洋流，几死者数矣。或沉船死，或饿馁死，或焦渴死，或裂帆死，或弃置荒岛死，或漂流海上死，竟幸而不死，岂非佛祖在佑乎？

前仆后继

不过，法显并不是第一个西行取经的中国僧人。法显之前，曾有朱士行（203—282）于魏晋时期西行求法。朱士行，颍川人，是我国有记载的第一个僧人。他"志业方直，劝沮不能移其操。少怀远悟，脱落尘俗，出家已后，专务经典"。他在洛阳讲授翻译过来的《道行经》时，感叹说"此经大乘之要，而译理不尽"，觉得译文没有表达出原意，于是"誓志捐身，远求大本"。曹魏甘露五年（260），朱士行"发迹雍州，西渡流沙。既至于阗，果得梵书正本，凡九十章"，然后派弟子不如檀等把抄写的经本送回洛阳，自己仍留在于阗，最后终于于阗，春秋八十。朱士行是第一个西行求法的中国人，他的事迹激发了后来的许多求法僧人，如法显、玄奘和义净等。而昙无竭和智严也是继法显之后有绝大毅力之僧人。

昙无竭（Dharmodgata），汉名法勇，俗姓李，幽州黄龙人。"幼为沙弥，便修苦行，持戒诵经，为师僧所重。尝闻法显等躬践佛国，乃慨然有忘身之誓。"很明显，昙无竭是受了法显的启发。刘宋永初元年（420），即距离法显归国七年之际，昙无竭"招集同志沙门僧猛、昙朗之徒二十五人，共赍幡盖供养之具，发迹此土，远适西方"。他们一行二十五人，在翻越大雪山时"失十二人"，在中天竺"八人于路并化，余五人同行"。最后，他们到达南天竺，而后"随舶泛海达广州"。昙无竭"所译出《观世音受记经》，今传于京师"，则昙无竭之往返天竺，是以法显为榜样，其行程亦与法显一致。

智严与昙无竭同一时代，比法显年轻数十岁。法显去世的时候，智严正当青年。智严是西凉州人，他二十岁出家，以精勤著名。为了拜访名师，博览群经，智严"遂周流西国，进到罽宾，入摩天陀罗精舍，从佛驮先比丘咨受禅法，渐深三年，功踰十载"。在罽宾，智严碰到了印度高僧佛驮跋陀罗（359—429），于是请他东归中国传法，从而促成了佛教史上的一件大事。不过，智严的贡献远不止于此。回国之后，他依然觉得自己学业不精，疑惑处颇多，特别是对出家人的戒律不清楚，因而决定再次西去。值得注意的是，此前的法显西去天竺，主要原因是痛感中土戒律的缺失，也就是僧人行止、僧团规矩和佛寺制度之缺陷，因而要亲自去印度考察学习仿效。智严亦大致如此，其传记记载："严昔未出家时，尝受五戒，有所亏犯，后入道受具足，常疑不得戒，每以为惧。积年禅观而不能自了，遂更泛海，重到天竺，咨诸明达。"这样，智严就成为第一个浮海去印度的中国僧人。

在印度，智严向当地僧人请教了戒律的疑问，"具以事问，罗汉不敢判决，乃为严入定"。神奇的事发生了，智严居然亲身登临了弥勒佛居住的兜率宫。史载"往兜率宫咨弥勒，弥勒答云：'得戒。'严大喜，于是步归"。智严此次回国是通过陆路，到了罽宾"无疾而化，时年七十八"。也就是说，智严第二次去印度的行程，恰恰与法显相反：从海路去，自陆路归。可惜的是，他未能返国。

在智严的时代，还有几位中国僧人也选择从海路西去天竺。一位是晋代僧人于法兰，高阳人，"少有异操，十五出家"。他后来到了江东的剡县，怆然叹曰："大法虽兴，经道多阙，若一闻圆教，夕死可也。"于是"远适西域，欲求异闻，至交州遇疾，终于象林"。象林是汉代日南郡辖下的一个县，大致位于现在越南中部广南省会安附近。另一位是刘宋时期的僧人慧叡，冀州人，年轻时曾经游历至蜀之西界，被人掳掠成为羊倌。有个商人见他气质非凡，问他佛经，慧叡对答如

247

流，商人于是出钱将其赎回。后来慧叡可能经蜀道或海道到达南天竺，又由海道返国。其传记称"游历诸国，乃至南天竺界"，后还息庐山。由于记载非常简略，我们很难判定其往返路程。榜样的力量是无穷的，这些前仆后继的僧人，可以说，或多或少都是受了法显的启迪和激励。

法显已过花甲之身，以求天命之心，过百余国，阅万余经，得大智慧，立大功德，善之善者，正是"人生六十始开始"的明证。读者诸君请努力！

第十九章

率先往返印度洋：义净与他的同行者

"独步五天陲"

我们已经知道，黄门译长是最早海路来回印度的中国人，法显是第一个从印度洋海路归国的有名有姓的中国人。那么，谁是第一个往返印度洋有名有姓的中国人呢？

这是一个有趣的问题。以目前的文献而言，达奚弘通（亦作达奚通）和义净可以说是最早往返印度洋且有名有姓的中国人。

达奚弘通应该是唐高宗派出的使节，他在上元年间（674—676）"以大理司直使海外，自赤土至虔那，凡经三十六国"。赤土在早期文献中出现多次，学者认为在马来半岛南端；至于虔那，由于仅出现一次，难以判断，或指阿拉伯半岛的卡奈（Kana）。如此，则达奚弘通是第一个穿越印度洋往返的中国人。可惜的是，我们既不知道达奚弘通的使命，也不知道具体的行程。比较而言，前去天竺取经的义净的行程就清楚得多了。

义净（635—713）是第一个往返印度洋的求法僧人。义净俗姓张，字文明，齐州（今山东济南）人，贞观十五年（641）七岁时在齐州城西的土窟寺出家。贞观十九年（645），玄奘自印度回到长安，轰动了中国。义净听闻法显、玄奘等西去天竺求法壮举，大受启迪，十五岁就萌生了西游的念头。659年，慧习禅师鼓励义净出外游学，义净于是西游至洛阳，学习《阿毗达摩论》与《摄大乘论》；之后又转往长安，学习佛教各派理论，对大乘教义情有独钟。麟德元年（664），玄奘在长安过世，义净想必亲临此事。

唐高宗咸亨元年（670），义净三十六岁，他在长安与处一、弘祎等几位僧人相约，取道南海赴天竺求经弘法和瞻礼佛迹。他先回到齐州，报告慧习禅师，慧习禅师大加赞赏，说："宜即可行，勿事留顾。"义净深受鼓舞，于是拜谒了他的老师善遇法师之墓，此时法师已经去世二十多年了。而后义净前往南方，时间约为671年初。

不过，处一、弘祎等人并未成行。处一法师因为母亲年老，放心不下，一开始便放弃了；弘祎论师"遇玄瞻于江宁，乃敦情于赡养"，也没有和义净南下。此外，义净和玄达律师在丹阳一见如故，两人一起到了广州。可是，不久玄达"染风疾"，放弃浮海南下的计划，"怅恨而归，返锡吴楚，年二十五六"。义净在印度的时候，听到后来者僧哲"云其人已亡"。最终与义净同行的只有晋州小僧善行一人，所以义净感慨说："神州故友，索尔分飞，印度新知，冥焉未会。"踯躅之际，义净以《四愁》为名，聊题两绝。其一："我行之数万，愁绪百重思；那教六尺影，独步五天陲。"其二："上将可陵师，匹士志难移。如论惜短命，何得满长祇！"表达了他坚韧不拔的决心。

咸亨二年（671）秋，义净在扬州认识了一名预备前往岭南道龚州做郡守的官员，名叫冯孝铨，于是跟随南下。在冯孝铨家族的慷慨资助下，"十一月"，亦即此年冬天，正好是西北季风南下的时节，义净搭上波斯商人的货船，自广州前往印度。他感慨说："所以得成礼谒者，盖冯家之力也。"

"举帆还乘王舶，渐向东天矣"

跨越南海的航行，由于有了季风的加持，十分顺利。不到二十天，义净便到达位于今天苏门答腊岛东部的佛逝（即室利佛逝）。他回忆跨越南海的航程时说："长截洪溟，似山之涛横海；斜通巨壑，如云之浪滔天。"室利佛逝长期受到印度文化的影响，当时已经成为东南亚佛教的中心。义净在那里停留了半年，学习佛学和梵文，而后得到室利佛逝国王的帮助，"王赠支持，送往末罗瑜国"。末罗瑜国，即 Melayu 之译音，在室利佛逝以西，位于苏门答腊岛占碑附近。"送往"二字，或可推测室利佛逝国王派出本国的海船前往印度，所以义净补充说"举帆还乘王舶"。义净在末罗瑜国"复停两月，转向羯荼"。羯荼即今天马来西亚的吉打，位于马来半岛的西面，濒临印度洋，很早以来就是印度洋东岸商贸的重镇。

义净在羯荼又住了两三个月，"至十二月，举帆还乘王舶，渐向东天矣"。从羯荼往北航行十几天，便到了裸人国。这个裸人国就在孟加拉湾的安达曼群岛附近。义净指出，此处最稀缺、最宝贵的便是铁，裸人国见商船至便抄小舟前去交易，用本地特产换铁器。此后关于裸人国的记录大致如此，可见安达曼群岛的土著岛民几个世纪以来生活方式基本没有变化。如果没有外来的影响，他们的生活方式还会继续延续下去。

从裸人国向西北航行半个月，义净便抵达了耽摩立底国。耽摩立底国即多摩梨帝国，故地在今印度西孟加拉邦米德纳普尔（Midnapore）的塔姆卢（Tamluk）附近，为印度东部重要港口所在，所以义净称此国"即东印度之南界也，去莫诃菩提及那烂陀可六十余驿"。在这里，义净邂逅了大乘灯法师，"留住一载，学梵语，习《声论》"，而后两人同行，"取正西路，商人数百，诣中天矣"。

不幸的是，义净在路上染病，身体虚弱之极，"五里终须百息"，跟不上队伍。大乘灯和二十几个那烂陀寺僧人"并皆前去"，义净一人孤身在后。傍晚时分，"山贼便至，援弓大唤，来见相陵。先撮上衣，次抽下服，空有绦带，亦并夺将"。义净身上被劫一空，狼狈至极。当地当时有一传说，凡看到"白色之人，杀充天祭"，这让义净更加担忧，于是"乃入泥坑，遍涂形体，以叶遮蔽。扶杖徐行，日云暮矣，营处尚远"。到了半夜两更，才追上前行僧人，听到大乘灯在"村外长叫。既其相见，令授一衣，池内洗身，方入村矣"。这样的经历使得义净和大乘灯结下深厚的友谊。

而后一行人北行数日，终于到达佛教圣地那烂陀，此时为公元675年。义净等人"敬根本塔。次上耆阇崛，见叠衣处。后往大觉寺，礼真容像。山东道俗所赠绁绢，持作如来等量袈裟，亲奉披服。濮州玄律师附罗盖数万，为持奉上。曹州安道禅师寄拜礼菩提像，亦为礼讫。于时五体布地，一想虔诚"。大觉寺距离王舍城不远，是佛陀成道处，为求法者必定瞻仰之处，义净在此处一一献上中国僧人托他带来的礼物。以上便是义净的去程。

义净住在那烂陀寺，十载求经，而后回国，时间为武周垂拱元年（685）。义净的返程正好与去程相反。他先到耽摩立底，途中遇到"大劫贼，仅免剚刃之祸，得存朝夕之命"；而后"于此升舶，过羯荼国"，经末罗瑜抵达室利佛逝。他把"所将梵本三藏五十万余颂，唐译可成千卷，攥居佛逝矣"，时间为武周垂拱三年（687），义净时年五十三岁。按理，义净应该直接带着佛经马上回国。事实上，义净在室利佛逝停留了六年多，可能是因为当时朝廷政治状况不明朗，故彷徨观望。

翻译经文需要纸墨和写手，义净于是在永昌元年（689）七月二十日随商船回到广州，获贞固律师等人相助，与这四位僧人于当年十一月一日离开广州，返回室利佛逝。在贞固等人的帮助下，义净随译随授。天授二年（691）五月，义净又请大津法师回国，送回自己在室利佛逝新译的经论及所撰《南海寄归内法传》等书，同时上书长安，探求朝廷意向。证圣元年（695），义净六十岁，偕同贞固、道宏二人离开室利佛逝，返回广州，距离他首次离开广州已经二十四年了。义净可谓取经时间最长的僧人。抵达广州后，义净马不停蹄，于此年仲夏归抵洛阳，受到官方的盛大欢迎，女皇武则天亲自出城迎接。而后义净便专心翻译佛经，教授学生（图 19.1）。先天二年（713）正月，义净在大荐福寺翻经院过世，终年七十九岁。

义净的帮手

需要指出的是，义净在室利佛逝停留的数年内，得到了几位僧人的

图 19.1　义净译经（《释氏源流应化事迹》，约同治印本）

帮助，才得以完成译经和回国弘法的大业。其中第一位便是大津法师。

　　大津法师，澧州人。永淳二年（683），大津法师"振锡南海"，也就是广州。大津刚出发的时候，有多人同行，到了最后，只剩下他一个。他"乃赍经像，与唐使相逐，泛舶月余"，到达了室利佛逝。在这里，大津学习多年，并学会了"昆仑语，颇习梵书"。也是在这里，义净和他相见，"遂遭归唐，望请天恩于西方造寺"。也就是说，大津法师在室利佛逝学习昆仑语和梵文佛经，并碰见了义净。义净请他带着经书回国联络，大津法师非常高兴自己能够参与这项有意义的事业，"乃轻命而复沧溟"，于天授二年（691）"五月十五日附舶而向长安矣"。义净所著《南海寄归内法传》和《大唐西域求法高僧传》都是由大津从南海带回，遂有所谓"南海寄归"之称。《大唐西域求法高僧传》

卷上之首记录："沙门义净从西国还，在南海室利佛逝撰寄归并那烂陀寺图"，虽然没有写因大津而寄归，但读了这两本书便能明白大津的贡献。

因此，大津法师虽然没有到印度，但他对于义净而言十分重要。他帮助义净带回了经书和两本著作，完成了与朝廷联络和沟通的重要使命。这是义净成就宏业的关键一环，因而大津法师顺理成章地成为义净写就的《大唐西域求法高僧传》中立传的最后一人。义净称赞大津法师："嘉尔幼年，慕法情坚；既虔诚于东夏，复请教于西天。重指神州，为物淹流；传十法之弘法，竟千秋而不秋！"

除了大津法师，义净在室利佛逝还得到了四位僧人的协助。这四位僧人是义净亲自回到广州招募的。永昌元年，为了寻求帮助，义净从室利佛逝登船，于"七月二十日达于广府，与诸法俗重得相见"。在广州，他遇见了这四位追随者，与他一起回到室利佛逝，从事译经。第一位是贞固律师，梵名娑罗笈多（即"贞固"之意），荥川人，俗姓孟。他青年时代辗转多地，也有去师子洲（斯里兰卡）顶礼佛牙的愿望，最后辗转到了番禺，"广府法徒请开律典"。义净在广州的制旨寺告诸位僧人，自己从印度取得佛经"三藏五十余万颂，并在佛逝国"，"经典既是要门，谁能共往收取？随译随受，须得其人"。大家便推荐贞固："去斯不远，有僧贞固，久探律教，早蕴精诚，傥得其人，斯为善伴。"于是义净找到贞固，贞固欣然相与，"其年十一月一日附商舶，去番禺。望占波而陵帆，指佛逝以长驱。"当时贞固四十岁。义净称赞他说："为我良伴，共届金洲。能持梵行，善友之由。船车递济，手足相求。傥得契传灯之一望，亦是不惭生于百秋。"

贞固有一名叫怀业的弟子随行。怀业，俗姓孟，梵号僧伽提婆，祖父来自北方，因为在岭南做官来到广州。他见贞固"怀弘法之念，即有随行之心。割爱抽悲，投命溟渤，至佛逝国。解骨仑语，颇学梵书，诵《俱舍论》。虽事凭于一猎，冀有望于千途。傥能勤于熟恩，希比迹于生刍。且为侍者，现供翻译，年十七耳"。"骨仑"就是昆仑，年轻的怀业很快掌握了东南亚和印度的两种语言，成为义净译经的得力助手。

第三位是道宏，汴州雍丘人，俗姓靳，梵名佛陀提婆，意思是"觉天"。道宏之父早年是商人，到南方做生意，后来父子两人都出家，父名大感禅师。他们"往来广府，出入山门"。道宏听说了义净的事，赶到制旨寺拜见，与贞固等人一起奔赴室利佛逝。"既至佛逝，敦心律藏；随译随写，传灯是望。"义净对他期望颇深："毕我大业，由斯小匠。"当时道宏不过二十二岁。

第四位是法朗，襄州襄阳人，俗姓安，梵名达磨提婆，意思是"法天"。法朗童年出家，游涉岭南，也愿意跟着义净"同越沧海。经余一月，届乎佛逝"。时年二十四岁。

以上四位都跟着义净到了室利佛逝，"学经三载，梵汉渐通"。后来法朗前往诃陵国，"在彼经夏，遇疾而卒"；怀业"恋居佛逝，不返番禺"。唯有贞固、道宏二人跟着义净回到广州，虽然后来都没有跟随义净北上洛阳。贞固在广州"三藏道场敷扬律教，未终三载，染患身亡。道宏独在岭南，尔来迥绝消息。虽每顾问，音信不通"。义净对这四位僧人非常感激，赞叹说："嗟乎四子，俱泛沧海，竭力尽诚，思然法炬。谁知业有长短，各阻去留。每一念来，伤叹无极。"

先义净几十年的玄奘是第一个经陆上丝绸之路往返印度的中国僧人，义净则是第一个经海上丝绸之路往返印度的中国僧人。不过，义净的时代，海路已经非常繁忙，经海路去印度的求法僧人已不乏其人。义净本人在东南亚和印度不但听闻了一些先行者或同行者的事迹，而且亲身遇见了少数求法僧人，与他们交谈，乃至一起起居、行动，因而留下了这些到达印度洋世界之中国僧人的宝贵记录。

"五十六人，先多零落"

往返印度洋并在东南亚旅居数次的义净，对于东南亚和印度的地理和航海非常熟悉。他说："诸国周围，或可百里，或数百里，或可百驿。大海虽难计里，商舶惯者准知。"可见商船对于横穿孟加拉湾或者南海的航线已经很有把握。与此同时，义净往返印度的十余年也结识了不少同道中人，有的可能早于义净到达印度，所以义净称："净来日有无行师、道琳师、慧轮师、僧哲师、智弘师五人见在。"也就是他在垂拱元年（685）离开印度时，上述五位中国僧人还在印度游历学习。

西去天竺求法的道路异常艰辛，所谓"茫茫象碛，长川吐赫日之光；浩浩鲸波，巨壑起滔天之浪。独步铁门之外，亘万岭而投身；孤漂铜柱之前，跨千江而遣命"，因此半途而废者频繁，成功者之鲜少，可谓十不存一，义净感慨道："胜途多难，宝处弥长，苗秀盈十而盖多，结实罕一而全少。"那些舍身求法的僧人，"身既不安，道宁隆矣！鸣呼！实可嘉其美诚，冀傅芳于来叶"。根据自己的所见所闻，义净记录了前往印度取经的中国高僧行状，撰成《大唐西域求法高僧传》一书，书中共录五十六位求法僧，可惜"先多零落"。

义净记录的这数十位高僧，都是西去天竺取经的"同行者"。他们来源不一，有的来自中国，有的来自朝鲜半岛的新罗和高句丽，或者来自当时属于唐朝安南都护府（今越南中北部）的交州和爱州，还有的来自西域的高昌、康国、吐火罗国乃至吐蕃。他们去印度的路线也不相同，有的经过陆上丝绸之路，有的经过海上丝绸之路，有的经过唐初兴盛的吐蕃泥婆罗道，有的经过川滇缅印道（蜀䍠柯道）。以下侧重于海路的求法僧人，将其分为两类略加介绍，读者可以体会当时海道已经成为东亚前往印度的主要路线。

海路抵达印度的求法僧

第一类求法僧和义净一样，是经过海路，也就是南海和印度洋（孟加拉湾）到达印度的僧人（表19.1）。这类僧人又可分为两类：第一类是停留或者病逝于印度，所谓有去无回者；第二类为有去有回者，亦可分为两种：其一，来去都是海路；其二，去程经海路回程经陆路。以下一一简介之。

表 19.1 经海路抵达印度的求法僧

僧人	籍贯	最后／ 远停留地	海路完成 情况	结局
明远法师	益州	南印度	去程	"应是在路而终"
义朗、义玄	益州	师子洲， "渐向西国"	去程	"多是魄归异代矣"

僧人	籍贯	最后/ 远停留地	海路完成 情况	结局
会宁律师	益州	"适西国"	去程	"准斯理也，即其人已亡"
木叉提婆	交州	大觉寺	去程	"于此而殒"
窥冲法师	交州	竹园	去程	"淹留而卒"
慧琰	交州	僧诃罗国 （师子国）	去程	"遂停彼国，莫辩存亡"
智行法师	爱州	信者寺	去程	"居信者寺而卒"
大乘灯禅师	爱州	俱尸城般涅槃寺	去程	"寂灭"
道琳	荆州	"北天"	去程	"覆向北天"
昙光律师 （另有"唐 僧"一人）	荆州	诃利鸡罗国	去程	"应是摈落江山耳"
灵运	襄阳	那烂陀	去程； 返程陆路	"赍以归国"
僧哲禅师	澧州	三摩呾咤国	去程	"来时不与相见， 承闻尚在"
玄游	高丽	师子国	去程	"因住彼矣"
智弘律师	洛阳	羯湿弥罗	去程	"不知今在何所"
无行禅师	荆州	那烂陀	去程； 回程不知	"拟取北天归乎故里"
义净	齐州	洛阳	去程和回程	

明远法师，益州清城人，梵名振多提婆，意思是"思天"。他早年游历江楚三吴，而后"振锡南游，届于交阯。鼓舶鲸波，到诃陵国。次至师子洲，为君王礼敬"。也就是说，明远大概从广州乘船到了经印度尼西亚爪哇北部的诃陵国（又称阇婆），而后泛舟到了师子洲（斯里兰卡）。在师子国，明远法师起了贪念，想偷取那里的国宝佛牙。义净说他"乃潜形阁内密取佛牙，望归本国以兴供养。既得入手，翻被夺将，不遂所怀，颇见陵辱，向南印度"。明远偷窃佛牙被逮，便从斯里兰卡向南印度进发，可惜此后便无消息。义净推测"应是在路而终，莫委年几"。如此，则明远法师是较早经海路抵达斯里兰卡和印度的求法僧人。

斯里兰卡的佛牙一开始就为中国所艳羡。不但明远如此，后来的元朝亦如此，元室曾几次派使节前去商讨。义净指出："其师子洲防守佛牙异常牢固，置高楼上，几闭重关，锁钥泥封，五官共印。若开一户，则响彻城郭。每日供养，香花遍覆。至心祈请，则牙出华上，或现异光，众皆共睹。传云此洲若失佛牙，并被罗刹之所吞食。为防此患，非常守护。"

义朗律师，益州成都人，他和弟弟义玄以及另一位益州僧人智岸南游到了乌雷（今广西钦州），三人"同附商舶。挂百丈，陵万波，越舸扶南，缀缆郎迦戍"。也就是先到了位于今柬埔寨和越南南部的扶南国，而后乘船到了郎迦戍。郎迦戍即狼牙修，大约在马来半岛北部或今缅甸南部勃固附近。郎迦戍国王待之以上宾之礼，可惜的是，智岸在此遇疾而亡。义朗兄弟则"附舶向师子洲，披求异典，顶礼佛牙。渐之西国。传闻如此"。可是，义净既没有碰到他们，也没有听说他们最近的行踪，所以义净说："师子洲既不见，中印度复不闻，多是魄归异代矣，年四十余耳。"如此，义朗律师及其弟义玄也经海路到达了印度，但没有能够返回。

会宁律师，益州成都人，于麟德年中（664—666）"仗锡南海。泛舶至诃陵洲，停住三载。遂共诃陵国多闻僧若那跋陀罗于《阿笈摩经》内译出如来焚身之事，斯与《大乘涅槃》颇不相涉"。会宁翻译了《阿笈摩经》，马上让小僧运期带着经文航海从诃陵国经交州，"驰驿京兆，奏上阙庭，冀使来闻流布东夏"。运期不负使命，把经文送到长安后又回到交州，重诣诃陵，与会宁相见。大功告成之后，会宁"方适西国"。等义净到了印度，他常常听到会宁的消息，但"寻听五天，绝无踪绪。准斯理也，即其人已亡"，年龄不过三十四五。义净称赞会宁说："身虽没而道著，时纵远而遗名。将菩萨之先志，共后念以扬声。"

木叉提婆，意思是"解脱天"，交州人，"泛舶南溟，经游诸国。到大觉寺，遍礼圣踪，于此而殒。年可二十四五耳"，则木叉提婆也经历海路到达印度，可惜早逝。

窥冲法师，交州人，"即明远室洒也，梵名质呾啰提婆"。室洒为Śiṣya译音，译曰所教，为弟子之意。明远或在经过交州时收了窥冲法师为弟子。他"与明远同舶而泛南海，到师子洲。向西印度，见玄照师，共诣中土"。需要指出的是，义净所说的"中国"和"中土"指的都是印度。窥冲法师"禀性聪睿，善诵梵经"，可惜在王舍城"遘疾竹园，淹留而卒，年三十许"。竹园即竹林精舍，又称"迦兰陀竹园"，在王舍城之傍，相传是迦兰陀长者皈依佛陀后献出的竹园。它是佛教史上第一座供佛教徒专用的建筑物，也是后来佛教寺院的前身"精舍"名称之源。释迦牟尼佛在世时，特别是在冬天，长期在此居住。则窥冲法师曾经海路到斯里兰卡和印度，但因为病逝未能返国。

智行法师，爱州人，梵名般若提婆，意思是"慧天"。他"泛南海，诣西天，遍礼尊仪。至弶伽河北，居信者寺而卒，年五十余矣"。爱州在今天越南顺化附近，唐代属于安南都护府。信者寺在庵摩罗跋国（位于西印度），是学习小乘教法的所在。则智行法师也是经海路到印度，因为病逝未能返国，属于有去无回者。

慧琰，交州人，是智行法师的室洒。他经海路"到僧诃罗国，遂停彼国，莫辩存亡"。"僧诃罗"即"僧伽罗"，亦即师子国（斯里兰卡）。则慧琰也是有去无回者。

大乘灯禅师就是和义净同行前往那烂陀的僧人，因而义净记录得颇为详细。大乘灯是爱州人，梵名莫诃夜那钵地已波（意思是"大乘灯"）。他从小"随父母泛舶往杜和罗钵底国"，并在那里出家。杜和罗钵底，又译为堕罗钵底，是梵文 Dvāravati 的译音，意思是"多门之城"，为孟人在今天泰国中部建立的一个佛教王国，时间约在 7 世纪至 11 世纪，受印度文化影响很深。大乘灯后来跟着唐朝出使杜和罗钵底国的使节郯绪到了长安，并幸运地跟随玄奘法师学习。义净记载说："于大慈恩寺三藏法师玄奘处进受具戒。居京数载，颇览经书。"这本来已经是上好的机遇，但大乘灯"思礼圣踪，情契西极"，"遂持佛像，携经论，既越南溟，到师子国观礼佛牙，备尽灵异"，而后"过南印度，覆届东天，往耽摩立底国"，也就是南渡到了师子国和南印度。在耽摩立底国，大乘灯颇受考验，"入江口，遭贼破舶，唯身得存。淹停斯国，十有二岁"，同时遇见了义净。当然，南印度不是大乘灯的目的地，他要去佛教圣地那烂陀参礼。于是与义净一起"随诣中印度。

262

先到那烂陀，次向金刚座，旋过薛舍离，后到俱尸国。与无行禅师同游此地"。在那里，大乘灯参观了道希法师所住的旧房，看到道希法师研读的梵文经书，十分感慨，因为他和道希两人当年曾在长安相识。义净记载说："当于时也，其人已亡。汉本尚存，梵夹犹列。睹之潸然流涕而叹：'昔在长安，同游法席，今于他国，但遇空筵。'伤曰：嗟矣死王，其力弥强。传灯之士，奄尔云亡。神州望断，圣境魂扬。眷余怅而流涕，慨布素而情伤。"大乘灯后来在俱尸城般涅槃寺（即佛陀涅槃处）寂灭，时年六十余岁。则大乘灯出生在交趾地区的南部，曾经先西游现在东南亚的泰国地区，而后北游长安，南渡天竺，路途万里，历经艰险，但他也有去无回。

道琳法师，荆州江陵人，梵名尸罗钵颇，意思是"戒光"。他和义净一样，觉得当时中国"律典颇亏，遂欲寻流讨源，远游西国"，于是"鼓舶南溟。越铜柱而届郎迦，历诃陵而经裸国"。一路上"所在国王，礼待极致殷厚。经乎数载，到东印度耽摩立底国"，在那里住了三年，学习梵语。后来前往那烂陀寺，游历鹫岭、杖林、山园、鹄树，然后游南天竺国，搜访佛经，接着去西印度十二年，最后"从西境转向北天"。义净回程到羯荼国时，"有北方胡至，云有两僧胡国逢见，说其状迹，应是其人。与智弘相随，拟归故国，闻为途贼斯拥，还乃覆向北天，年应五十余矣"。则道琳是从海路到印度，而后游历四境，最后返国不成，可能停留在北印度。

昙光律师，荆州江陵人。他先到长安，而后"南游溟渤，望礼西天，承已至诃利鸡罗国，在东天之东。年在盛壮，不委何之，中方寂无消息，应是摈落江山耳"。诃利鸡罗国为印度东部的一个古国，可能位于恒河三角洲或者缅甸若开邦一带。则昙光律师也是海路到达印度有去无回者。除了昙光，还有一个"唐僧"（指中国僧人），也到了诃利鸡罗国，亦在此遇疾而亡。

灵运，襄阳人，梵名般若提婆，"与僧哲同游。越南溟，达西国"。他不但精通梵文，而且擅长画事，"遂于那烂陀画慈氏真容、菩提树像，一同尺量，妙简工人。赍以归国，广兴佛事，翻译圣教，实有堪能矣"。义净虽然没有提到灵运如何归国，但其他材料则明确指出灵运归唐，其回程走了陆路，则灵运是海路去印度陆路归国者。

僧哲禅师，澧州人，"思慕圣踪，泛舶西域。既至西土，适化随缘。巡礼略周，归东印度"。他后来到三摩呾吒国（今孟加拉国恒河三角洲一带），住在国王曷罗社跋咤的寺内，受到国王礼遇，所谓"尤蒙别礼，存情梵本，颇有日新矣"。义净本人似乎没有碰到过他，但闻名已久，"来时不与相见，承闻尚在，年可四十许"。在义净归国之时，僧哲还在印度。则僧哲禅师也是经海路到达印度者。至于僧哲是否归国，史载阙如，不妨归入未曾归国一类。因为如果僧哲后来归国，以他的名声，应该不至于没有一丁点消息。

玄游是僧哲的弟子，高丽国人。他跟着僧哲浮海到了师子国，在那里出家，"因住彼矣"，属于有去无回者。

智弘律师，洛阳人，是三次入天竺的唐使王玄策的侄子。他年轻时便志向宏远，先"往少林山，飡松服饵"，而后厌弃"朝市之喧哗"，离开长安南下三吴，又"济湘川，跨衡岭，入桂林"，"仗寂禅师为依止"。但他还不满足，"欲观礼西天"，和无行禅师从广西"合浦升舶，长泛沧溟。风便不通，漂居匕景。覆向交州，住经一夏"。匕景即比景，又作北景，为汉代日南郡治下五县之最北者。《水经注》记载："自卢容县至龙编，越烽火，至比景县。日中头上，影当身下，与影为比，如淳曰，故以影名县。"西汉所设日南郡的比景县，约在越南的平治天省。而后智弘继续南渡，"既至冬末，复往海滨神湾，随舶南游，到室利佛逝国"。然后浮海入印度，"到大觉寺，住经二载"。又至那烂陀寺、王城、鹫岭、仙苑、鹿林、祇树、天阶、庵园、山穴等佛教圣迹，"在中印度，近有八年。后向北天羯湿弥罗，拟之乡国矣。闻与琳（指道琳）公为伴，不知今在何所。然而翻译之功，其人已就矣"。迦湿弥罗，又作羯湿弭罗、迦叶弥罗、个失蜜，为梵文 Kaśmira 之译音，为喜马拉雅山山麓的古国，位于西北印度犍陀罗地方的东北，即现在的喀什米尔地区。则智弘律师也是经海路到印度，至义净归国时尚在北印度。

无行禅师，荆州江陵人，梵名般若提婆，意思是"慧天"。他曾经游历南北各地，随后"与智弘为伴，东风泛舶，一月到室利佛逝国"。那里的国王对他们厚礼以待，"特异常伦，布金花，散金粟，四事供养，五体呈心，见从大唐天子处来，倍加钦上"。此后如义净一样，他们"乘王舶，经十五日，达末罗瑜洲。又十五日到羯荼国。至冬末转舶西行，经三十日，到那伽钵亶那"。那伽钵亶那即汪大渊所称八丹，为南印度重要港口。无行等又"从此泛海二日，到师子洲，观礼佛牙。从师子洲复东北泛舶一月，到诃利鸡罗国。此国乃是东天之东界也，即赡部洲之地也"。在这里住了一年，无行前往东印度，这一路智弘都与之相随。接着两人前去那烂陀，拜谒大觉寺，并"蒙国家安置入寺，俱为主人。西国主人稍难得也。若其得主，则聚事皆同如也，为客但食而已"。此后他到了那烂陀寺，听《瑜伽》，习《中观》，研味《俱舍》，探求律典，"复往羝罗荼寺"，"曾因闲隙，译出《阿笈摩经》述如来涅槃之事，略为三卷，已附归唐"，于是"有意神州，拟取北天归乎故里"。义净和无行在那烂陀相遇，也曾同游鹫岭，两人相谈相知颇深。无行返国时，义净从那烂陀相送，"东行六驿，各怀生别之恨，俱希重会之心，业也茫茫，流泗交袂矣。春秋五十六"。无行禅师和法显的路线正好相反，海路去印度，陆路回国，但不知成功返回与否？

以上十八人，除一人为高丽人外，其他均是唐朝人氏，以益州、荆州、交州、爱州居多。这大概是因为一方面这几个地方佛法昌明，另一方面这些地方都在南方，甚至滨海，有地理优势。这十八人均由海路到达了印度洋，或在师子国，或在印度。然而，以义净所记载，明确成功归国者仅义净一人；十人已经寂灭，可谓有去无回；五人（慧琰、道琳、僧哲、玄游、智弘）或不知所踪，或不知存亡，或可能健在；另有二人（灵运、无行）准备归国。特别是灵运已经启程，后来也成功从陆路归国。道琳则是想从陆路归国，"闻为途贼斯拥，还乃覆向北天"，可见陆路当时依然艰难。

海路抵达东南亚的求法僧

第二类是未克印度洋者，也就是计划经海路西去印度者，也已经抵达了南海（东南亚地区），但因为种种原因未克抵达印度。这一类当中，有的是因为留在南海弘法；有的是因为西去旅途艰辛而放弃；有的是因为途中病逝而不克；有的是因为天灾人祸（如海难）而中止（表 19.2）。

表 19.2 经海路抵达东南亚的求法僧

僧人	籍贯	最后／远停留地	完成海路情况	结局
智岸法师	益州	郎迦戍国	去程	"遇疾而亡"
僧二人	新罗	西婆鲁师国	去程	"遇疾俱亡"
常愍禅师（及弟子一名）	并州	末罗瑜国	去程	"舶沈身没，声尽而终"
运期	交州	传经帝里	两次往返	"往复宏波，传经帝里"
彼岸法师、智岸法师	高昌	室利佛逝	去程	"泛舶海中，遇疾俱卒"
昙闰法师	洛阳	渤盆国	去程	"遇疾而终"
义辉论师	洛阳	郎迦戍国	去程	"婴疾而亡"
慧命禅师	荆州	匕景	往返	"息匕景而归唐"
善行师	晋州	室利佛逝	往返	"既沉痼疾，返棹而归"
法振禅师	荆州	羯荼	单程	"遇疾而殒"
乘悟禅师	荆州	瞻波	先到羯荼，再返瞻波	"覆至瞻波，乘悟又卒"
乘如律师	梁州	羯荼	往返	"独有乘如言归故里"
贞固律师	荥川	室利佛逝	室利佛逝—广州往返	广州"三藏道场"
怀业	"北人"	室利佛逝	去程	恋居佛逝，不返番禺
道宏	汴州	室利佛逝	室利佛逝—广州往返	"独在岭南"
法朗	襄州	诃陵	去程	"遇疾而卒"

首先是与义朗、义玄一起南渡的智岸法师，他们都是益州人。智岸不幸在郎迦戍国遇疾而亡，未能抵达印度。不过郎迦戍面临孟加拉湾，则智岸的确经过了印度洋的最东岸（也就是马来半岛的西岸）。

　　新罗僧二人，不知姓名。他们从长安到南海，"泛舶至室利佛逝国西婆鲁师国，遇疾俱亡"。婆鲁师国在苏门答腊岛西北部，义净应该就是在那里得知他们的遭遇，可惜不知详细情况。这两个新罗僧人经过了南海和马六甲海峡，马上就要进入印度洋世界了。可惜的是，古代旅行除了旅途艰辛之外，疾病，特别是食物不卫生而导致的疾病，常常置人于死地。

　　常愍禅师，并州人。他先游历长安和洛阳，而后"南游江表"，"遂至海滨，附舶南征，往诃陵国。从此附舶往末罗瑜国"。他和义净一样，准备从末罗瑜国泛舟去印度。"然所附商舶载物既重，解缆未远，忽起沧波，不经半日，遂便沉没"，大船沉没之时，商人纷纷争抢上小船逃生，船主敬重僧人，大声呼唤常愍禅师"上舶"。常愍拒绝说，"可载余人，我不去也。所以然者，若轻生为物，顺菩提心，亡己济人，斯大士行。于是合掌西方称弥陀佛，念念之顷，舶沉身没，声尽而终。春秋五十余矣"。常愍禅师"有弟子一人。不知何许人也。号咷悲泣，亦念西方与之俱没"。常愍师徒二人的故事，义净从得救的人口中所知。则常愍师徒亦未达印度洋。

　　运期，交州人，他就是从诃陵国帮助会宁把翻译好的《阿笈摩经》送回长安的僧人。交州大致在今天越南的北部，唐朝在此设交州都护府。运期是交州人，所以他从交州往返长安与诃陵国可谓熟门熟路。运期早年与昙闰同游南海诸国，跟着当地的高僧智贤（即若那跋陀罗）学习，所以会宁托他带经文回长安并非无缘无故，而是有了若那跋陀罗这层关系。运期返回诃陵后又在那里待了十几年。他"善昆仑音，颇知梵语。后便归俗，住室利佛逝国"，而后航海回国，"传经帝里"，也就是到了长安，"年可四十矣"。则运期虽然擅长梵文，而且传经有功，但未曾到过印度洋。我们也可推知，这时的南海，也就是东南亚诸国如室利佛逝以及诃陵，已经成为著名的佛教中心了。

彼岸法师、智岸法师，高昌人。他们从少年时代便居长安，后来跟随唐使王玄廓一同扬帆出海，"泛舶海中，遇疾俱卒。所将汉本《瑜伽》及余经论，咸在室利佛逝国矣"。关于王玄廓此次出使，史籍无载，义净应该是在室利佛逝听到他们的故事。则此二僧计划海路前往印度，不幸途中病逝于室利佛逝。

昙闰法师，洛阳人。他先南游江表，到达交趾，而后"附舶南上，期西印度"，在"诃陵北渤盆国，遇疾而终，年三十矣"。渤盆，元朝史籍作蒲婆国、蒲奔，在今加里曼丹岛东南部，为南海进入爪哇海之要冲。则昙闰法师也是在海路途中去世。

义辉论师，洛阳人，他浮海"到郎迦戍国，婴疾而亡，年三十余矣"。则义辉论师病逝于孟加拉湾东部的郎迦戍国。他和智岸一样，虽然没有到达印度，但的确经历了印度洋。

慧命禅师，荆州江陵人。他南下"泛舶行至占波，遭风而屡遭艰苦。适马援之铜柱，息匕景而归唐"。则慧命禅师抵达了占波（今越南中南部），因受不了旅途艰辛而回国，最终半途而废，当然也没有到达印度洋。

善行师，晋州人。他是义净的弟子，跟随义净一起南下广州到达室利佛逝。然而他"有怀中土，既沉瘤疾，返棹而归，年三十许"。则善行也是中途放弃者。

法振禅师，荆州人。他与荆州僧乘悟禅师、梁州僧乘如律师，"出三江，整帆匕景之前，鼓浪诃陵之北，巡历诸岛，渐至羯荼"。也就是经历南海诸国，到达了马来半岛西岸。可惜不久，法振遇疾而殒，年约三十五六。剩下两位，一则因为法振病逝而沮丧，二则互相猜疑，遂决定"附舶东归"，结果船到"瞻波，乘悟又卒"，最后只有乘如一人返回中国。瞻波即占婆，又称占波，位于今越南中南部。法振和乘悟先后病逝于羯荼和瞻波，而乘如则中途返回。这三人由于曾经到达马来半岛西部的羯荼，故可以说都抵了印度洋；特别是乘如，亦可称往返印度洋而归者，虽然他在佛教史上的地位并不重要。

　　此外，还有义净从广州招募的助手贞固、怀业、道宏和法朗四人，前已述及，不再赘言。

　　以上共十九人，他们都从海路出发，经历南海，到达现在的东南亚。其中智岸法师、义辉论师最远到达马来半岛北部，法振禅师、乘悟禅师、乘如律师三人最远至马来半岛西部，也就是说，他们沿着马来半岛西部航行，已经进入印度洋。这十九人当中，病逝或因海难而亡的有十二人，往返中国的有六人，留在东南亚的有一人。

　　综合上述，以义净所知，那时（7世纪末）曾经经过海上丝绸之路进入印度洋的僧人共有二十三人，其中三人止步于马来半岛西部的羯荼，两人止步于马来半岛北部的郎迦戍，两人留在师子国，其他十五人应该都到了印度；但从海路往返印度与中国的仅义净一人。简而言之，在已经记录的五六十人当中，海路往返印度的求法僧人，仅义净一人而已。当然，以上分析主要根据义净的记录，也不够全面。比如，稍晚于义净的慧日（680—748）、含光、慧辩以及慧超（704—783），也从海路抵达了印度乃至西亚等地。

慧日，为唐代净土宗高僧，慈愍派之开山祖师，俗姓辛，山东东莱人。他出家后见到了从天竺归来的义净，听到义净述说巡礼天竺，"心恒羡慕"，"遂誓游西域"。大约在公元701年，慧日"泛舶渡海，自经三载，东南海中诸国，昆仑、佛誓、师子洲等，经过略遍，乃达天竺，礼谒圣迹。寻求梵本，访善知识，一十三年"。也就是说，他从海路经过东南亚昆仑国、室利佛逝以及师子国，其间多有停留，三年后才抵达印度；在印度游学十三年后，慧日从陆路"登岭东归，计行七十余国，总一十八年"。开元七年（719），慧日抵达长安，受到唐玄宗的接待，并颁与"慈愍三藏"的称号。天宝七年（748），慧日圆寂于洛阳冈极寺，年六十九，葬于白鹿原。则慧日从海路出发经陆路而归，也是一个有道高僧。

　　如同慧日被义净启发，含光则受到师子国来华高僧不空（705—774）的启发，跟随不空学习。不空通晓多种语言，才华出众，开元八年（720）跟随南印度密教大师金刚智（669—741）经过海路抵达洛阳，成为金刚智最得力的助手。开元二十九年（741），唐玄宗准许金刚智返回天竺，但金刚智八月在洛阳圆寂。十二月，不空率弟子含光、惠辩等三十七人从广州出发，"去时泛舶海中，遇巨鱼望舟，有吞噬之意。两遭黑风，天吴异物之怪，既从恬静，俄抵师子国"。天宝六年（747），含光、惠辩等跟着不空从师子国经海路回到广州，然后奔赴长安。则含光、惠辩等人也是从海路往返，而不空大师三次横渡印度洋，更是令人钦佩。

亲眼看到地中海的慧超

慧超，新罗人，幼年入唐，故亦可称为唐朝僧人。公元719年，慧超十六岁时在广州被佛教密宗大师金刚智收为出家弟子。大约在723年，慧超前往印度诸国，可惜他后来撰写的《往五天竺国传》在敦煌发现时残缺不全，没有提到他如何到达印度（图19.2）。不过，既然他到了广州，我们完全有理由判定他应该选择了海路，这一点也得到现存文献的支持。

唐代慧琳的《一切经音义》引用了慧超此书。根据慧琳所言，《往五天竺国传》的上卷提到了南海诸国之一的阁蔑。慧琳解释说："阁蔑，眠鳖反，昆仑语也。古名林邑国，于诸昆仑国中此国最大，亦敬信三宝也。"阁蔑即 Khmer 的译音。《往五天竺国传》的中卷提到了孟加拉国湾中著名的裸人国，慧琳解释说："裸形国，鲁果反，赤体无衣曰裸，或从人作倮，亦从身作躶，今避俗讳音，胡瓦反，上声。"以常理推测，慧超的游记自然按照其出行次序展开，从中南半岛的阁蔑到孟加拉湾的裸人国，正是海路先后所见。其次，慧超书中有一些航海或海洋的词语，如"萍流，音瓶，泛舶远游，犹如萍草浮于水上，随风不定也"；"渤澥，上盆没反，下谐买反，大海喷涌也；或云大鳖名也"；"压舶，上音押，下音白，海中大船"。此外，慧超还提到了海洋的产物，如玳瑁、龟鳖、鼋鼍、椰子浆等。这些间接证据都指向慧超西去印度走的是海路。如此，慧超也跨越了印度洋。慧琳后来回国走的是陆路，不过，他在印度的四年间（723—727）不但遍游了五天竺，依次为东印度、中印度、南印度、西印度、北印度，而且可能前往西亚乃至地中海东南的波斯、大食、大拂临，从印度洋世界抵达了地中海

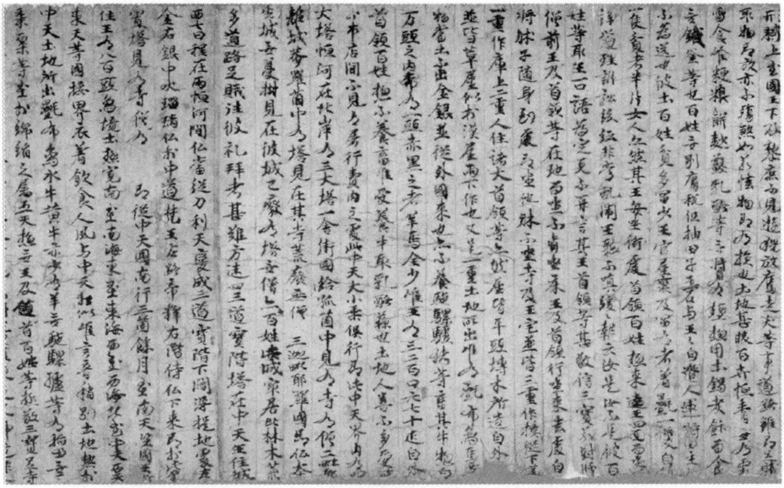

图19.2　慧超《往五天竺国传》敦煌写本残卷（法国国家图书馆）

世界，从而给后人留下上述地区虽然简略但极其宝贵的材料。

关于波斯，慧超说，从中亚的吐火罗国"西行一月"，"至波斯国"。波斯原来控制了大食（大寔），后来大食叛乱，自立为王，反而吞并了波斯。那时的大食，也就是阿拉伯帝国，强盛一时，"常与西海泛舶入南海。向师子国取诸宝物。所以彼国云出宝物。亦向昆仑取金。亦泛舶汉地，直至广州，取绫绢丝绵之类"。慧超的这段记录，指出了阿拉伯帝国"爱与易"的特点，也就是喜欢贸易，特别是海洋贸易。它不但与印度洋的师子国，也与东南亚的昆仑国贸易往来，还直接泛舟到唐朝的广州，实在是一个驰骋四海的大国。慧超的记录可以说是此前提到的直航广州的阿拉伯黑石号的注解。需要指出的是，慧超比黑石号恰恰早一个世纪，也就是说，印度洋（阿拉伯海）与中国之间的直航，理论上应该远远早于黑石号的时代。

慧超还提到了小拂临和大拂临。小拂临大致指现在的小亚细亚，已被阿拉伯帝国侵占，慧超说大食国国王住在那里。大拂临则指东罗马本部，"傍海西北"，"此国兵强马多，不属余国。大寔数回讨击不得，突厥侵亦不得"。此后，慧超经葱岭、疏勒、龟兹、于阗于727年抵达安西，而后经焉耆回到长安，在大荐福寺金刚智座下学习。金刚智圆寂后，他又跟随不空法师学习，可能在建中年间（780—783）去世。

慧超不到二十岁浮海到了印度，此后的四年内几乎马不停蹄地走遍了整个印度半岛，甚至到了小亚细亚，亲眼看到地中海，也是中外旅行史上的传奇。

湮没史籍的传奇

除了海上丝绸之路，陆上丝绸之路、吐蕃泥婆罗道以及川滇缅印道也是唐代僧人西去印度的途径，因和本书宗旨无关，故不述及。然而，有数位僧人或曾经两入印度，或辗转中亚、中国、印度和南海地区，可惜其传奇湮没史籍，声名不彰，故稍费笔墨略加介绍。

玄照法师，太州仙掌人，梵名般伽舍末底，意思是"昭慧"。贞观年间（627—649），他在长安兴善寺玄证师处学梵语，而后奔赴吐蕃，得到文成公主的帮助，"送往北天"。贞观和显庆年间（656—661），唐朝使节王玄策曾三次从吐蕃到天竺，结识玄照。王玄策回到长安后称赞玄照，唐高宗李治遂降旨"追玄照入京"。玄照于是回国，路过泥婆罗国时又得到国王帮助，送至吐蕃，重见文成公主，"深致礼遇，资给归唐"。玄照"九月而辞苦部，正月便到洛阳，五月之间，途经万里"，时在麟德年中（664—666）。李治在洛阳接见了玄照，命令他前去羯湿弥罗国，迎接长年婆罗门卢迦溢多。大概李治因为身体不好，想从印度取长生不老药（长年药），所以玄照留下自己带回的梵文佛经，重涉流沙，二次前往印度。

到了北印度界，玄照正好碰上唐使和卢迦溢多一行，但"卢伽溢多复令玄照及使傣数人向西印度罗荼国取长年药"，玄照只能继续前行。他经过西印度，到了南印度，在那里居住四年，拿到长生不老药，准备东归。义净写道："复过信度国，方达罗荼矣。蒙王礼敬，安居四载，转历南天。将诸杂药，望归东夏。"在那烂陀寺，玄照和义净两位高僧相会，十分投缘，所谓"尽平生之志愿，契揔会于龙花"。然而，此时泥婆罗道拥塞不通，玄照最后在"中印度庵摩罗跋国遭疾而卒，春秋六十余矣"。义净称赞他"频经细柳，几步祁连"，就是指玄照两次西入天竺，史上无人可比；又说他"两河沉骨，八水扬名"。两河指的是恒河和印度河，指代天竺；八水指的是长安周围的八条河流：渭河、泾河、沣河、涝河、潏河、滈河、浐河、灞河。义净此句，讲的就是玄照的经历与功绩。

玄照第二次去印度时，身边还有一侍者慧轮。慧轮，新罗人，梵名般若跋摩，意思是"慧甲"，其经历亦值得一提。慧轮先从朝鲜半岛"泛舶而陵闽越"，到了东南地区，而后北上长安。

奉敕随玄照法师西行，以充侍者。既之西国，遍礼圣踪。居庵摩罗跋国，在信者寺，住经十载。近住次东边北方睹货罗僧寺，元是睹货罗人为本国僧所造。其寺巨富，资产丰饶，供养滄设，余莫加也。寺名健陀罗山茶。慧轮住此，既善梵言，薄闲《俱舍》。来日尚存，年向四十矣。其北方僧来者，皆住此寺为主人耳。

睹货罗即吐火罗，位于帕米尔高原西南，乌浒（Oxus）河上游，自古为联络印度、中国、西亚、中亚诸地区的交通、贸易中心。则慧轮跟着玄照经过吐蕃泥婆罗道到印度，而后游历西印度，在信者寺住了十几年，最后到中亚的健陀罗山茶寺，也是一个伟大的旅行家，可惜我们对他的事迹实在知道得太少。义净离开印度时，慧轮不过四十岁左右。

佛陀达摩也是一个大旅行家。他是睹货速利国（即睹货罗）人，也就是中亚的吐火罗人。义净记载："大形模，足气力，习小教，常乞食。少因兴易，遂届神州。云于益府出家。性好游涉，九州之地，无不履焉。后遂西逝，周观圣迹。净于那烂陀见矣。后乃转向北天，年五十许。"也就是说，佛陀达摩是西域人，个子高大，因为做买卖到了中国，在益州（今四川）出家，游历中国各地，最后抵达那烂陀和北印度。

与佛陀达摩类似的是僧伽跋摩。他也来自西域，是康国人，少年时代离开家乡到达长安，显庆年间"奉敕与使人相随，礼觐西国"，也就是印度。"后还唐国，又奉敕令往交阯采药。于时交州时属大俭，人物饥饿，于日日中营办饮食，救济孤苦，悲心内结，涕泣外流，时人号为'常啼菩萨'也。才染微疾，奄尔而终，春秋六十余矣。"则僧伽跋摩曾经奉皇帝之命与唐朝使节陆路往返印度，而后又奉命南下交州采药，死于交州，真是另外一个传奇。

第二十章

穿越印度洋：唐宋时期的中国人

游历地中海世界的杜环

　　由上一章可知，到了盛唐时节，中国僧人经过海路去印度的数以十计，颇为可观。与此同时，唐朝不但派遣诸多使节从陆路联络中亚、印度和西亚诸国，也派出使节经海路到达印度洋世界，由此可见唐朝作为一个世界帝国的气象。我们不妨先看看被迫游历了地中海世界的唐人杜环。

　　慧超是第一个亲眼看到地中海的求法僧人。三十年后，一个唐朝将领（或士兵）也到了地中海世界，并游历了亚非欧大陆的许多社会，经历更为传奇。此人便是杜环。杜环是《通典》作者、唐代著名学者杜佑（735—812）的族侄，虽然辈分比杜佑小，但年龄较杜佑长。唐玄宗天宝十年（751），唐朝将领高仙芝率军与黑衣大食（阿拉伯帝国的阿拔斯王朝）在中亚的怛罗斯城交锋，结果大败。参战的高仙芝三万大军，最后收拢残兵才数千人而已。也就是说，两万多唐朝将士或被杀，或被俘，或逃逸。按常理计，被俘的可能是多数。在这数千乃至上万的唐朝俘虏当中，就有杜环。

751 年的怛罗斯之战，对处在巅峰状况的唐朝，对黑衣大食以及整个中亚和东亚的国际格局的意义均十分重大。在此之前，东亚的李唐帝国正在中亚扩张，而在西亚兴起的阿拉伯黑衣大食也正四处征伐。处在两大帝国之间的中亚诸国，包括著名的昭武九姓，周旋余地越来越小。在这样的状况下，他们一方面不得不两面讨好；另一方面，在不堪一方的欺凌之下，就会求援于另一方，从而导致两大帝国的直接交锋。这是小国的智慧和生存之道。怛罗斯之战的宏观背景大致如此。

根据汉文史籍，昭武九姓本是月氏人，原住祁连山北昭武城，被匈奴击走后西迁中亚之河中地区，因而受到粟特文化的影响，学者或视为粟特人。昭武九姓枝庶有康、安、曹、石、米、史、何、穆等九姓，故以此称之。由于其地理位置和善于经商的特点，昭武九姓在东西方文明交流中有着举足轻重的地位。怛罗斯之战的直接导火线便是唐朝对石国的征伐。

石国，亦称者舌、赭时、柘析（Chach）等，"石"为义译，"羯""柘析""赭时"等则为音译，位于今塔什干附近，7 世纪以来是大食和唐朝的拉锯之地。石国先归顺唐朝，显庆三年（658）为大宛都督府，其间虽有大食入侵，但石国基本忠于李唐，并帮助李唐平复边叛。唐玄宗先于开元（713—741）初年封其君莫贺咄吐屯为石国王，开元二十八年（740）又册封其王为顺义王，天宝（742—756）初年再封其王子那俱车鼻施为怀化王，赐铁券。而后不久石国似乎向黑衣大食靠拢，于是负责西域的唐朝将领高仙芝率兵讨石国。石国国王请降，

"约为和好"，希望和平解决。不料高仙芝背约，"乃将兵袭破之，杀其老弱，虏其丁壮，取金宝瑟瑟驼马等，国人号哭，因掠石国王东，献之于阙下"，也就是将石国国王押往长安，斩首耀威。石国的王子"逃难奔走，告于诸胡国。群胡忿之，与大食连谋，将欲攻四镇。仙芝闻之，将蕃、汉三万众击大食，深入七百余里，至怛罗斯城，与大食遇"。唐朝军队与阿拉伯军队相持五日，高仙芝手下的石国"葛罗禄部众叛，与大食夹攻唐军，仙芝大败，士卒死亡略尽，所余才数千人"。

怛罗斯之战虽然对于唐王朝的实际打击并不大，但却成为唐朝由盛转衰的一个节点。同一年，唐朝将领鲜于仲通率军征讨位于今天云南的南诏国，亦全军覆没，李唐王朝在其各个边疆从此由攻势转为守势。四年之后，安史之乱（755—763）爆发，唐朝陷入内乱之中。这是后话。

怛罗斯之战一个直接的后果，可能就是史上最多的中国俘虏迁往了异国他乡。数千乃至上万名唐朝官兵，包括杜环被俘虏，并带到中亚、西亚及地中海等被大食占领的地区。杜环在那里辗转十余年（751—762），游历了黑衣大食治下的西亚和地中海世界，最后居然生还，从海路回到广州，真是古今传奇。杜佑在《通典》中说："族子环随镇西节度使高仙芝西征，天宝十年至西海。宝应初，因商贾船舶，自广州而回，著《经行记》。"杜环这段传奇的经历，在杜佑笔下，不过区区三十八字，实在遗憾。

杜环撰写的《经行记》一书，记录了他的所见所闻，可惜原书已佚，其他转引的文献仅仅保留了其中的部分内容，如拔汗那国、康国、师子国、拂菻国、摩邻国、勃萨罗国、大食国、大秦国、波斯国、石国、碎叶国、末禄国、苫国十三国。不妨介绍一下他关于地中海世界和海洋亚洲的片言只语。

杜环提到的摩邻国值得关注。他说，摩邻国"在秋萨罗国西南，渡大碛，行二千里至其国。其人黑，其俗犷，少米麦，无草木，马食干鱼，人湌鹘莽，鹘莽，即波斯枣也。瘴疠特甚"。按，秋萨罗国或为秧萨罗国之误抄；有学者认为就是耶路撒冷的译音。大碛即大沙漠。耶路撒冷往西南穿越大沙漠二千里而达摩邻国，则摩邻国可能就是非洲西北部面临大西洋的摩洛哥附近了。如此，杜环可能见到了大西洋？

杜环在十余年时间内跟随黑衣大食的军队奔波，因而对阿拉伯帝国非常了解。他说："大食一名亚俱罗。其大食王号暮门，都此处。"亚俱罗即叙利亚文 Agula（Akula），是黑衣大食最早的都城，所以杜环指出"都此处"。暮门是阿拉伯文 Emir-al mummenin 的对音，意思是"信仰者之领袖"。而后杜环一一介绍了大食的女子以及服饰，特别是兴起的伊斯兰教教规："其士女瑰伟长大，衣裳鲜洁，容止闲丽。女子出门，必拥蔽其面。无问贵贱，一日五时礼天，食肉作斋，以杀生为功德。系银带，佩银刀，断饮酒，禁音乐。人相争者，不至殴击，又有礼堂，容数万人。每七日，王出礼拜，登高座为众说法。"杜环自然也不会略过阿拉伯帝国的商贸。他说："里闬之中，土地所生，无物不有，四方辐凑，万货丰贱，锦绣珠贝，满于市肆。驼马驴骡，充于街巷，刻石蜜为卢舍，有似中国宝舆。每至节日，将献贵人，琉璃器皿、鍮石瓶钵，盖不可算数。粳米白面，不异中华。"杜环还介绍了阿拉伯著名的特产——马。他说："其马，俗云西海滨龙与马交所产也，腹肚小，脚腕长，善者日走千里。其驼小而紧，背有孤峰，良者日驰千里。"当时的阿拉伯帝国正在扩展，势力横跨亚非欧三洲，杜环也深有体会："今吞灭四五十国，皆为所役属，多分其兵镇守，其境尽于西海焉。"因而阿拉伯帝国境内有各族各地区的工匠和商人，或商贸而来，或充作劳役，或被俘而来。杜环就见到不少唐朝工匠。他说："绫绢机杼，金银匠、画匠、汉匠起作画者，京兆人樊淑、刘泚，织络者，河东人乐隳、吕礼。"可惜樊淑等四人无传，不知如何而去，也不知是否归国，很可能就终老于阿拉伯世界了。

苦国大致就是今天的叙利亚，因为位于地中海东岸的小亚细亚地带，所以商业发达。杜环说，此国"在大食西界，周回数千里。造屋兼瓦，垒石为壁。米谷殊贱，有大川东流入亚俱罗，商客粜此粜彼，往来相继"。此处的大川指的就是幼发拉底河。

杜环还介绍了他不曾到过的大秦，也就是东罗马帝国。大秦和拂菻国"隔山数千里"，"王城方八十里，四面境土，各数千里。胜兵约有百万，常与大食相御。西枕西海，南枕南海，北接可萨突厥"；"其人颜色红白，男子悉着素衣，妇人皆服珠锦，好饮酒，尚干饼，多任务巧，善织络，或有俘在诸国，守死不改乡风，琉璃妙者，天下莫比"。这些描述都相当准确，可以说是中世纪时期中国对罗马之知识的最高峰。杜环还提到传说中的女儿国："又闻西有女国，感水而生。"可见，女儿国的传说的确为世界各地共有。

关于杜环的海道回程，我们几乎一无所知。他大概经过了斯里兰卡，也就是师子国。关于师子国，杜环说："亦曰新檀，又曰婆罗门，即南天竺也。国之北，人尽胡貌，秋夏炎旱。国之南，人尽獠面，四时霖雨，从此始有佛法寺舍。人皆儋耳，布裹腰。"新檀是 Serendib 的译音，后者是中世纪阿拉伯人对锡兰的称呼，则杜环此处综合了中国和阿拉伯的知识。他提到当地的气候特别是衣着，或可推知杜环本人回国时曾登此岛。

宝应元年（762）夏天，杜环终于获得自由，结束其游历生涯，从海上回到广州。他不但经过了中亚，而且到达波斯湾、阿拉伯半岛、小亚细亚、北非和西非，亲眼看到地中海甚至大西洋，并且穿越印度洋和南海回到中国。以此而论，杜环不但行走了陆上丝绸之路，而且泛舶于海上丝绸之路；不但尽览海洋亚洲，而且走马观花地了解了地中海世界。因此，杜环是近代之前走得最远的中国人。他的确是不亚于马可·波罗的大旅行家，而他的时代，则比马可·波罗要早五百多年。

杜环的游历如此传奇，而其生平记录如此简略，实在是史学界的一大恨事。曾研究《经行记》的岑仲勉先生感叹说："杜君卿（杜佑）与环既同族，不将《经行记》全部纳入《西戎典》，而使人莫窥全豹，是亦天壤间一恨事。"大概杜佑或以杜环被俘为耻，而称"族子环随镇西节度使高仙芝西征"；或以杜环所记不经，故不收录《经行记》全文？

出使黑衣大食的杨良瑶

杜环是被俘而抵达黑衣大食，在他之后的三十年，基于国际战略格局的新变化，李唐王朝主动派使节通过海路前往阿拉伯世界，联络黑衣大食以钳制吐蕃。此人便是杨良瑶（736—806）。

1984 年 4 月，陕西省泾阳县文物工作者在泾阳县小杨户村附近发现了一通"唐故杨府君神道之碑"，碑文简短记录了唐代中叶一个在政治、军事和外交方面均卓有建树的宦官杨良瑶的生平，包括他出使黑衣大食的经过。此碑碑首高 85 厘米，碑身高 190 厘米，上宽 94 厘米，下宽 102 厘米，上厚 23 厘米，下厚 27 厘米，两侧刻蔓草花纹，中间有花鸟图案，颇为雄伟。

　　杨良瑶神道碑的历史意义重大，因为杨良瑶此人未见于此前的任何历史文献。根据碑文，杨良瑶出身于弘农杨氏，原籍弘农华阴（今陕西华阴东），后落籍唐京兆府云阳县龙云乡（今陕西省咸阳市泾阳县云阳镇）。唐肃宗至德年间（756—757），杨良瑶入宫成为宦官。唐代宗永泰时（765），因为出使安抚叛乱的狼山部落有功，授任行内侍省掖庭局监作；代宗大历六年（771），加朝议郎、宫闱局丞。由于杨良瑶才能出众，备受皇帝的重用。不久，杨良瑶奉使安南，宣慰荒外。大历九年（774），杨良瑶又奉命出使广州，遭遇哥舒晃叛乱被执，他大义凛然，"巍然不可夺志！事解归阙，时望翕然"，其坚贞愈为皇帝所重。大历十二年（777），叛乱平息，杨良瑶以功迁宫闱令。唐德宗兴元初年（784），朱泚发动泾原兵变，唐德宗出逃奉天（今陕西乾县），杨良瑶又出使西戎（吐蕃），乞师而旋。不久吐蕃兵大破朱泚，唐室转危为安，杨良瑶以功再"迁内侍省内给事。六月，加朝散大夫"。正是因为杨良瑶在几次叛乱中的出色表现，以及他出使安南和吐蕃中展现的外交才能，"比才类能，非公莫可"。贞元元年（785），杨良瑶被选派出使黑衣大食，从广州海路往返三年，最后成功完成使命。贞元四年（788）"六月，转中大夫；七月，封弘农县开国男，食邑三百户"，但他依然虚心谨慎，"若惊之心，日慎一日。十二年，加太中大夫"。贞元十五年（799），杨良瑶奉命处理淮西叛乱，巧妙地平息事件，神道碑称："远近获安，道路斯泰，皆公之尽力竭忠经略所致也。"唐顺宗永贞元年（805），杨良瑶"恳请归朝，供侍近密"，回到了长安。他晚年"归信释氏，修建塔庙，缮写藏经，布金买田，舍衣救病"。元和元年（806）"秋七月廿一终于辅兴里之私第，享年七十有一。皇上轸悼，士庶同悲。以其年十月十四日归葬于云阳县龙云乡之原"。碑文最后概括了杨良瑶不凡的一生：

公自至德年中，入为内养，永泰之岁，出使有功。恩渥日深，委信渐重。至若震忠义以清慈隰，明勇决以伏哥舒，乞师护于南巡，宣化安于北户，使大食而声教旁畅，监东畿而汝洛小康，供奉四朝五十余载，议勤劳而前后无比，论渥泽而流辈莫先。故得祚土分茅，纡金拖紫，名高史荣，庆传子孙。

可见杨良瑶一生不但供奉了四个皇帝五十余年，而且在内政、外交和军事方面，屡建奇功，最后安然逝去，这实在是件不容易的事。作为宦官，杨良瑶的一生，在中国历史上亦可以说是传奇。其他不说，单单他前承汉代的黄门以及初唐的达奚弘通，后启明初的郑和往返印度洋出使黑衣大食一事，便值得大书特书。

杨良瑶神道碑的碑文简单记录了此事：

贞元初，既清寇难，天下乂安，四海无波，九译入觐。昔使绝域，西汉难其选；今通区外，皇上思其人。比才类能，非公莫可。以贞元元年四月，赐绯鱼袋，充聘国使于黑衣大食，备判官、内傔，受国信、诏书。奉命遂行，不畏厥远。届乎南海，舍陆登舟。邈尔无惮险之容，懔然有必济之色。义激左右，忠感鬼神。公于是剪发祭波，指日誓众。遂得阳侯敛浪，屏翳调风。挂帆凌汗漫之空，举棹乘灏溔之气。黑夜则神灯表路，白昼乃仙兽前驱。星霜再周，经过万国。播皇风于异俗，被声教于无垠。往返如期，成命不坠。斯又我公杖忠信之明劾也。

　　这就是说，贞元元年四月，李唐以宦官杨良瑶为"聘国使"，出使黑衣大食。杨良瑶带着国信、诏书，随行有其助手（判官、内傔），先从长安到南海（即广州），这是杨良瑶曾经走过的路程。然后他们从广州登舟出发，经过漫长的海上旅行，到达黑衣大食。最后杨良瑶成功地完成使命，至晚在贞元四年六月之前回到长安，因为那时是杨良瑶因此次出使立功而获升迁的时候。

　　按，杨良瑶海上泛舟的时间可以略加讨论。他是"贞元元年四月"受命，也就是公元 785 年春夏之交从长安出发，约几个月后到达广州。因此，杨良瑶从广州乘船去黑衣大食，时间应该是贞元元年的冬天，也就是公元 785 年底或 786 年初，利用东北季风起航。那么，他们什么时候回来的呢？同理，他们从印度洋经南海回广州的时间，必然要利用夏季的季风，因此，他们回到广州的时间最有可能是贞元三年夏。如果是贞元四年夏，那么从广州到长安还需要几个月，杨良瑶不大可能在"贞元四年六月转中大夫"，除非皇帝得到快报在杨良瑶还在广州时就奖赏他出使的功劳。此外，碑文中说："星霜再周，经过万国。播皇风于异俗，被声教于无垠。往返如期，成命不坠。"星指的是星辰，一年运转一周，霜指的是霜降，"星霜再周"应该是指两年，所以这次出使应该是往返两周年，这和当时往返阿拉伯海的行程是完全相符的。因此，我们大致可以说，杨良瑶一行是在贞元元年的冬天乘船前往黑衣大食，三年后于贞元三年的夏天从海路返回广州。

　　那么，杨良瑶出使的使命是什么呢？杨良瑶的使命和张骞一样，都是因为李唐王朝合纵连横的需要。杨良瑶出使的贞元元年，吐蕃遣使来索要唐德宗原来答应割让的安西、北庭之地，唐德宗拒绝，导致唐朝与吐蕃关系破裂。于是吐蕃军队攻打泾州、陇州、邠州、宁州，游骑深入京畿，长安戒严。李唐受到吐蕃的全面压力，开始北连回纥、南抚南诏、西和大食，共同对付吐蕃的国际战略。这个伟大的国际统一战线是宰相李泌向唐德宗提出的，他对唐德宗说：

> 回纥和，则吐蕃已不敢轻犯塞矣。次招云南，则是断吐蕃之右臂也。云南自汉代以来臣属中国，杨国忠无故扰之使叛，臣于吐蕃，苦于吐蕃赋役重，未尝一日不思复为唐臣也。大食在西域为最强，自葱岭尽西海，地几半天下，与天竺皆慕中国，代与吐蕃为仇，臣故知其可招也。

虽然李泌的话记录在贞元三年九月，几乎已经是杨良瑶完成大食之行以后的事了，但这个战略思想可能早就形成，有关行动也已展开。因此，杨良瑶出使黑衣大食，很有可能就是为了联合大食对付吐蕃。

随后的问题便是，为什么选杨良瑶呢？首先是因为他的身份，他是宦官，皇帝比较信任。其次，他才能出众，临危不惧，多次出使并且立功。再次，杨良瑶不但到过广州，还曾经出使过安南，有过航海经历。这几点叠加起来，使得杨良瑶成为海路出使大食的不二之选。

有趣的是，杨良瑶到达广州的时候，杜环的叔叔杜佑正在广州。杜佑当时五十岁，是广州刺史、岭南节度使，他应该负责了杨良瑶出使的所有物资准备。杜环当年虽然是从广州回国的，但此时可能已经不在广州，而且他年龄比杜佑大，甚至可能已经过世了。因此，杨良瑶见到杜环的可能性很小，不过，杜环的《经行记》很可能是杨良瑶此行的参考。假如杜环还活着的话，并且身在广州或长安，那么，杨良瑶向他请教的机会是很大的。

关于海上航行，杨良瑶神道碑的记录多为修辞之语："挂帆凌汗漫之空，举棹乘灝淼之气。黑夜则神灯表路，白昼乃仙兽前驱。星霜再周，经过万国。"当然，杨良瑶本人一定有过相关的记录或报告。不久之后，贞元十七年（801），唐代宰相贾耽（730—805）献上《海内华夷图》以及《古今郡国县道四夷述》四十卷，其中第七条为"广州通海夷道"。这条海道，便是杨良瑶前往黑衣大食的路线。而杨良瑶和贾耽不但年纪仿佛，又同朝为官，因此，贾耽在收集记录时很有可能直接或间接参考了杨良瑶的报告。不妨摘录"广州通海夷道"于下：

广州东南海行，二百里至屯门山，乃帆风西行，二日至九州岛石。又南二日至象石。又西南三日行，至占不劳山，山在环王国东二百里海中。又南二日行至陵山。又一日行，至门毒国。又一日行，至古笪国。又半日行，至奔陀浪洲。又两日行，到军突弄山。又五日行至海硖，蕃人谓之质，南北百里，北岸则罗越国，南岸则佛逝国。佛逝国东水行四五日，至诃陵国，南中洲之最大者。又西出硖，三日至葛葛僧祇国，在佛逝西北隅之别岛，国人多钞暴，乘舶者畏惮之。其北岸则个罗国。个罗西则哥谷罗国。又从葛葛僧只四五日行，至胜邓洲。又西五日行，至婆露国。又六日行，至婆国伽蓝洲。又北四日行，至师子国，其北海岸距南天竺大岸百里。又西四日行，经没来国，南天竺之最南境。又西北经十余小国，至婆罗门西境。又西北二日行，至拔狄国。又十日行，经天竺西境小国五，至提狄国，其国有弥兰太河，一曰新

287

头河，自北渤昆国来，西流至提狄国北，入于海。又自提狄国西二十日行，经小国二十余，至提罗卢和国，一曰罗和异国，国人于海中立华表，夜则置炬其上，使舶人夜行不迷。又西一日行，至乌刺国，乃大食国之弗利刺河，南入于海。小舟溯流二日至末罗国，大食重镇也。

其中"国人于海中立华表，夜则置炬其上，使舶人夜行不迷"一句，正与杨良瑶神道碑所说"黑夜则神灯表路"吻合。则贾耽参考杨良瑶之事明白于众。

"兼通番汉书"的王元懋

相比唐代，宋代的海上贸易更加发达，特别是苟安南方的南宋王朝尤其重视海洋之利，大力提倡海外贸易。不过，相较于民间海贸的发达，无论是北宋还是南宋，在政治上都相对保守，似乎都没有派使臣宣威联络东南亚和印度洋诸国，虽然他们接待了不少东南亚如室利佛逝，以及南印度如注辇的使节。因此，目前的史料并没有发现宋代出使印度洋的官员。不过，我们可以想知，在官方内敛的背后是民间贸易的发达，泉州一号和南海Ⅰ号两艘宋代沉船的发现可以管窥，宋代纷繁的文献亦可明证。因此，宋代必然有中国海商往返印度洋与广州和泉州之间，人数积年以来少则数百，多则数千乃是上万。不妨以南宋名臣洪迈之《夷坚志》记录的王元懋为例。

王元懋是泉州人，少年时在一个"僧寺"打杂。幸运的是，"其师教以南番诸国书，尽能晓习"。后来王元懋就因为这个语言和文字特长，或者在海舶上给人当翻译，或者自己出海经商。有一次，他出海到了占城，占城"国王嘉其兼通番汉书，延为馆客，仍嫁以女，留十年而归。所蓄奁具百万缗，而贪利之心愈炽"。也就是说，王元懋的语言天赋被占城国王看中，留他在那里当了"馆客"，或许就是顾问和翻译，还招他为驸马。王元懋在占城住了十年，回泉州时家财百万贯，真是海外致富的带头人。

占城（Champa），或写为占波、瞻波、担波，位于目前越南的中南部。它在汉代属于交州，后来从中国独立，占领了东汉的日南郡，成为林邑，9世纪后中文文献称为占城。占城是梵文"占婆补罗"（Campapura）和"占婆那喝罗"（Campanagara）的简称，其中梵文"pura"和"nagara"都是"邑"或"城"的意思。需要指出的是，占城在中文文献中虽然被视为一个国家，其实它是越南中南部几个港口城市的联邦，直到15世纪中后期才被越南后黎朝占领，而后作为地方政权还延续了几百年。和中南半岛最早的国家扶南一样，占城早期受印度文化影响很深，信奉婆罗门教。因此，王元懋擅长的"南蕃诸国书"，并不是东南亚的语言文字，而是印度文字，很可能是南印度的泰米尔文。王元懋不但能读能说，更重要的是能写，所以国王视其为宝，把他留下来当助手，以便和印度、中国进行书信沟通。同理，王元懋在泉州的老师绝不是普通的外来僧人，而是印度来的婆罗门僧人；所谓的"佛寺"，也不是中国的佛教寺庙，而是婆罗门寺庙。大家知道，泉州古城发现了许多宋元时代的婆罗门教的遗址遗物，多数是湿婆神庙、毗湿奴神庙和祭坛的建筑构件（图20.1）。

1956年，泉州南门伍堡街发现一方断裂为二的石碑，上面兼有泰

图 20.1 《福建省海岸全图》中的泉州（绢本设色，清绘本，日本国立国会图书馆藏）

米尔文字和中文文字。这块石碑经过中国和日本许多学者的释读，确定纪年为公元 1281 年，正是元世祖忽必烈在位时间。此外，建于唐代的泉州开元寺，虽然起源是佛寺，但其建筑中也有不少婆罗门教的元素。其紫云大殿后雕刻精美、造型别致的两根石柱，就展现了婆罗门教的许多神话故事，如毗湿奴骑金翅鸟解救象王杀死鳄鱼、毗湿奴以十臂人狮的相貌出山擘裂凶魔、阎摩那河七女沐浴衣服被窃、顽童被系用力拉倒魔树、基思那战胜雅利耶、西玛和恒河新月、毗湿奴化身、甘尼巴与基思那角力等。这些虽然是元代的遗址，但其发现之频繁使得我们可以推测其在南宋已有肇端。正是在这样的历史背景中，泉州的小孩王元懋得以学习了南印度的语言文字，从而通过海洋贸易成为巨商大贾。

回到泉州后，王元懋"遂主舶船贸易，其富不赀"，并且和高官结交，"留丞相诸葛侍郎皆与其为姻家"。这个时候王元懋本人当然不再亲自出海了，而是雇佣他人组织商队从事海外贸易。淳熙五年（1178），王元懋"使行钱吴大作网首，凡火长之属一图帐者三十八人，同舟泛洋，一去十载。以十五年七月还，次惠州罗浮山南，获息数十倍"。他的海商团队计三十八人，在海上往来十年才返回泉州，获利数十倍，真可谓是发（海）洋财。

泉州当然不止一个王元懋。那时的泉州是全世界最大的港口之一，每年有几十上百艘海舶出发，以每艘海船载客一百人计，每年出海的中国商人和水手数千乃至上万，其中有许多人到了印度洋，这是可以想见的。因此，元代的汪大渊记录印度八丹的土塔："汉字书云：咸淳三年八月毕工。传闻中国之人其年贩彼，为书于石以刻之，至今不磨灭焉。"咸淳三年为1267年，正是南宋末年。

第二十一章

奉使下西洋：元明时期穿越印度洋的中国使节

元朝与伊利汗国的来往

　　到了元代，出于政治联盟的需要，位于东亚的蒙元王朝与位于伊朗、阿富汗、两河流域的蒙古伊利汗国互相来往，印度洋成为他们联系的捷径。

　　蒙古时代，除了忽必烈（1215—1294）建立的元朝之外，还有四大汗国：金帐汗国（又称钦察汗国，1219—1502）、察合台汗国（1227—1369）、窝阔台汗国（1225—1309）和伊利汗国（1258—1388），理论上它们都属于蒙古帝国的大汗。可是，1259年蒙哥大汗去世后，其弟阿里不哥在哈拉和林被选作蒙古帝国大汗，忽必烈则在中原自立为大汗，两人开始争夺大位。忽必烈虽然最后获胜，但与察合台与窝阔台两大汗国交恶，只有伊利汗国最早支持忽必烈并承认其汗位。因此，忽必烈的元朝与伊利汗国来往非常密切。1291年马可·波罗从泉州归国，其使命就是护送蒙古的阔阔真公主远嫁伊朗的伊利汗国阿鲁浑汗（1258 年至 1291 年在位）。

1286 年，伊利汗国阿鲁浑汗的妃子卜鲁罕去世。卜鲁罕的遗言称非本部落之女不得继承其后位。于是阿鲁浑汗就派遣使者兀鲁、阿卜失哈、火者三人前往大都见元世祖忽必烈，请求忽必烈选赐卜鲁罕同族之女为妃。忽必烈以卜鲁罕部女阔阔真公主赐婚，由伊利汗国使者兀鲁、阿卜失哈、火者等人护送，其中也包括马可·波罗等人。他们于 1291 年春天由泉州出发，经爪哇，渡过印度洋，抵达伊利汗国的港口忽里模子。不过，1292 年底阔阔真公主抵达伊儿汗国时，阿鲁浑汗已在前一年去世。按照传统，次年阔阔真公主与阿鲁浑汗之子合赞（1271—1304）成婚。合赞于 1295 年底取得汗位，是一位中兴之主，颇有作为。他后来改奉伊斯兰教为国教，改名马合木，称苏丹，但由于和元朝有政治联姻，在位期间始终与其宗主元朝保持往来。这也是这段时间元朝使节频繁往返印度洋的一个关键原因。可惜的是，1304 年合赞病逝，年仅三十三岁。

根据马可·波罗的叙述，护送阔阔真公主的蒙古使团乘坐四艘大船，乘客数百人，其间除了双方使节之外，肯定还有阔阔真公主的随从乃至工匠。因此，这一前往印度洋的使团是个多族群的共同体，包括蒙古人、汉人、意大利人乃至东南亚人、阿拉伯人和印度人。可惜，除了伊利汗国的使者、阔阔真公主本人以及马可·波罗，其他人都不知姓名。而元代最著名的航海使者，莫过于亦黑迷失。

航海经历最丰富的中国使节亦黑迷失

亦黑迷失，亦称"也黑迷失"或"亦黑弥什"，是西北的畏吾儿人。至元二年（1265），亦黑迷失"入备宿卫"，成为忽必烈的贴身侍卫，逐渐得到忽必烈的信任和重用。以后他几次航海出使，成为郑和之前到达印度洋次数最多、航海经历最丰富的中国使节。

亦黑迷失第一次出洋是至元九年（1272）。他"奉世祖命使海外八罗孛国。十一年，偕其国人以珍宝奉表来朝，帝嘉之，赐金虎符"。八罗孛国位于印度南部马拉巴尔（Malabar）沿岸，也就是后来的马八儿国。亦黑迷失这次出使，前后两年多时间，颇为漫长，其目的似乎是为了获得海外珍宝。那么，忽必烈为什么要去印度洋求海外珍宝呢？这些珍宝究竟是什么东西呢？亦黑迷失的第二次出使大致对这些问题作了回答。

至元十二年（1275），亦黑迷失"再使其国，与其国师以名药来献，赏赐甚厚"。也就是说，亦黑迷失第二次出使八罗孛国，获得了名药，并且偕其国师来献。这与第一次的"珍宝"与"偕其国人""来朝"可以互证。我们大致可以知道，忽必烈这两次派亲信亦黑迷失前去印度洋，求的是名药。所谓名药，大致就是长生不老药。而之所以要偕其国师归朝，就是为了获得长生不老法。忽必烈渴求不死之法，大致可以从亦黑迷失第一次出使回来后第二年就又被派去八罗孛国可知。皇帝海外求不死之药，前有唐高宗派玄照去印度求长年药，后有嘉靖皇帝以举国之力求龙涎香，不足为奇。这可能也是宫室参与甚至主导海外贸易的一条隐线。大约此次出使所获甚丰，所以忽必烈对亦黑迷失赏赐甚厚。

亦黑迷失的前两次出使都是前去印度洋，第三次出使则是到占城。至元十八年（1281），亦黑迷失"拜荆湖占城等处行中书参知政事，招谕占城。二十一年，召还"。这次的使命是招揽占城，前后花了将近三年时间。不过，到了至元二十一年（1284），忽必烈突然召回亦黑迷失，因为他要派遣亦黑迷失第三次前去印度洋。

　　这次出使时间相当紧迫，亦黑迷失"二十一年，召还"，然后马上就"复命使海外僧迦剌国，观佛钵舍利，赐以玉带、衣服、鞍辔。二十一年，自海上还"。僧迦剌国即师子国（斯里兰卡）。亦黑迷失被忽必烈选派，可能跟他本人是佛教徒有关。到了师子国，亦黑迷失参观了"佛钵舍利"，并赐给当地"玉带、衣服、鞍辔"。斯里兰卡是佛教圣地，传说有佛祖释迦牟尼的舍利以及佛钵。关于佛钵，法显在八百七十多年前就记载说："佛钵本在毗舍离，今在揵陀卫。竟若干百年（法显闻诵时有定岁数，但今忘耳），当复至西月氏国；若干百年，当至于阗国；住若干百年，当至屈茨国；若干百年，当复来到汉地；若干百年，当复至师子国；若干百年，当还中天竺。到中天已，当上兜术天。"则佛钵会在佛教世界各地辗转的信仰已经流传久远，这或许是中国人包括忽必烈都想得到佛钵的一个根本原因。马可·波罗和汪大渊都明确提到中国皇帝对这两件东西十分垂涎，亦黑迷失的这次出访，也为这些海上流言作了注脚。看来，忽必烈此时似乎对佛教产生了浓厚的兴趣，在这背后究竟有什么原因，除了长生，似乎很难有其他解释。更有意思的是，此次到师子国，亦黑迷失当年去当年回，行程非常紧凑。

　　亦黑迷失从师子国回来后，旋即就被派去指挥攻打占城的军事行动。也就是说，在招揽占城和远征占城的一丝缝隙里，忽必烈派亦黑迷失抽空去了一趟斯里兰卡，实在令人惊奇。也就是在至元二十一年，亦黑迷失"以参知政事管领镇南王府事，复赐玉带。与平章阿里海牙、右丞唆都征占城，战失利，唆都死焉。亦黑迷失言于镇南王，请屯兵大浪湖，观衅而后动。王以闻，诏从之，竟全军而归"。此次远征占城，历时三年，元军大败而归，惟亦黑迷失指挥得法，全军而还，实在不容易。

然而忽必烈对于佛钵、舍利仍然念念不忘，占城之役刚刚结束，至元二十四年（1287），忽必烈第四次派亦黑迷失出使印度洋：

> 使马八儿国，取佛钵、舍利，浮海阻风，行一年乃至。得其良医善药，遂与其国人来贡方物，又以私钱购紫檀木殿材并献之。尝侍帝于浴室，问曰："汝逾海者凡几？"对曰："臣四逾海矣。"帝悯其劳，又赐玉带，改资德大夫，遥授江淮行尚书省左丞，行泉府太卿。

亦黑迷失再次抵达印度南部的马八儿国，目的是佛钵、舍利。可是，去程碰见大风，花了一年时间才到。而后，他又携带马八儿国的"良医善药，遂与其国人来贡方物"。这样我们也可推知，这次出使的目的虽然是佛钵、舍利，可是并未得到，因为斯里兰卡视其为国宝，绝对不肯放弃。根据义净记载，唐代的明远法师曾经想偷斯里兰卡的佛牙，结果被发现而未遂。不过，亦黑迷失再次带回了良医善药，忽必烈自然也感到满意。与此同时，亦黑迷失还自己花钱买了印度著名的特产紫檀，献给忽必烈建造宫殿。所谓紫檀无大木，而亦黑迷失进献的是建造宫殿的大料，可谓珍贵无比。由此可见，亦黑迷失自己也从事海上贸易。这是亦黑迷失第四次到印度洋，其中三次抵达马八儿国，一次抵达斯里兰卡。

由于亦黑迷失丰富的海外经历，忽必烈在决定远征爪哇时就想到了他。"时方议征爪哇，立福建行省，亦黑迷失与史弼、高兴并为平章。诏军事付弼，海道事付亦黑迷失。"也就是说，元军远征爪哇的航海一事，由亦黑迷失负责。忽必烈下诏说："汝等至爪哇，当遣使来报。汝等留彼，其余小国即当自服，可遣招徕之。彼若纳款，皆汝等之力也。"跨海远征的元军先到了占城，"遣郝成、刘渊谕降南巫里、速木都剌、不鲁不都、八剌剌诸小国。三十年，攻葛郎国，降其主合只葛当。又遣郑珪招谕木来由诸小国，皆遣其子弟来降"。南巫里即南浮里（Lambri），是苏门答腊岛西边海中一小国；速木都剌即苏门答腊，葛郎国在今印度尼西亚爪哇岛东爪哇省的谏义里（Kediri）一带，木来由即唐代的末罗游，是 Melayu 的译音。这些国家，大致在苏门答腊和爪哇岛及其附近。此次元军远征爪哇失败，亦黑迷失也因此获罪，"没家赀三之一"。不久，大概忽必烈看亦黑迷失劳苦功高，"寻复还之。以荣禄大夫、平章政事为集贤院使，兼会同馆事，告老家居。仁宗念其屡使绝域，诏封吴国公，卒"。这便是航海家亦黑迷失的一生。他曾四下印度洋，两下南海（占城和爪哇）。

亦黑迷失和泉州关系密切。虽然我们不知道他第一次和第二次下印度洋从哪里出发，但后来的几次航海，应该是从泉州或广州出发。更有意思的是，亦黑迷失实际上在泉州任过职。至元二十八年（1291），任泉府司左丞，娶了泉州名门之女盛柔善为妻。盛柔善为进士之女，"好恬淡，不事华丽，能知人疾苦，宗族皆称道"，成婚后第二年长女泉奴出生，两年后又诞下小女"丑"。亦黑迷失还是一位虔诚的佛教徒，他在泉州刻经，甚至为全国一百个大佛寺施钞、施田等。

四下西洋的杨庭璧

在忽必烈时代与亦黑迷失齐名的航海家还有杨庭璧，他也曾四次出使印度东南岸的马八儿（Ma'bar）和西南岸的俱蓝（Quilon），奉旨在航海途中招谕诸国。

杨廷璧第一次出使是至元"十六年十二月"，忽必烈"遣广东招讨司达鲁花赤杨庭璧招俱蓝。十七年三月，至其国。国主必纳的令其弟肯那却不刺木省书回回字降表，附庭璧以进，言来岁遣使入贡"。也就是 1280 年初出发，1280 年春到达印度西海岸的俱蓝，可谓神速。杨庭璧风尘仆仆归来的当年，马上又开始了第二次出使。

至元十七年"十月，授哈撒儿海牙俱蓝国宣慰使，偕庭璧再往招谕。十八年正月，自泉州入海，行三月，抵僧伽耶山，舟人郑震等以阻风乏粮，劝往马八儿国，或可假陆路以达俱蓝国，从之"。这一次杨庭璧于 1281 年正月从泉州出发，三个月就到了斯里兰卡。这时，船上的水手郑震因风向不对，加上船上缺粮，建议他们先去印度半岛东南岸的马八儿国，到了那里之后，可以从陆路到达俱蓝国。可见，当时中国人对南印度的地理形势了解得相当清晰。哈撒儿海牙和杨庭璧采取了郑震的建议。

此年"四月"，杨庭璧一行航海"至马八儿国新村马头，登岸"。马八儿国的宰相马因的接待了他们，问："官人此来甚善，本国船到泉州时官司亦尝慰劳，无以为报。今以何事至此？"杨庭璧"等告其故，因及假道之事，马因的乃托以不通为辞"。此时马八儿国与俱蓝国不和，因此马因的拒绝帮助。杨庭璧又"与其宰相不阿里相见，又言假道。不阿里亦以它事辞"。不阿里，或称字哈里，是阿拉伯裔的穆斯林，祖先从阿拉伯半岛经商而移居印度半岛南端马八儿国。那时，印度半岛也经历了伊斯兰化的过程，因此这些经商的穆斯林借此加入当地统治集团。不阿里的父亲老不阿里得到马八儿国的国王兄弟五人的信任，被视为"六弟"，因此不阿里被元代文献称为马八儿的王子。

得不到马八儿国王的支持，杨庭璧一行不得不在马八儿国停留。不久，不阿里在一个安全的场合下把内情告诉给了杨庭璧。"五月，二人蚤至馆，屏人"，不阿里告诉杨廷璧说：

> 我一心愿为皇帝奴。我使札马里丁入朝，我大必阇赤赴算弹（华言国主也）告变，算弹籍我金银田产妻孥，又欲杀我，我诡辞得免。今算弹兄弟五人皆聚加一之地，议与俱蓝交兵，及闻天使来，对众称本国贫陋。此是妄言。凡回回国金珠宝贝尽出本国，其余回回尽来商贾。此间诸国皆有降心，若马八儿既下，我使人持书招之，可使尽降。

算弹即 Sultan 的译音，后世译为苏丹。当时马八儿国王与不阿里为代表的阿拉伯商人之间有冲突，不阿里等人愿意和元朝往来；而马八儿国王可能妒忌阿拉伯商人通过海贸积聚的财富，同时也因为地缘政治和俱蓝国交恶，因而要阻扰杨庭璧等人和俱蓝国的交往。这样，由于马八儿国王的阻拦，"哈撒儿海牙与庭璧以阻风不至俱蓝，遂还"。不久之后，不阿里逃难到元朝，居于泉州，元室还把一个来自朝鲜半岛的蔡氏女嫁给了他，亦成为海洋亚洲的一个传奇。

杨庭璧第二次出使俱蓝没有成功，元朝决定当年再次出发，"期以十一月俟北风再举。至期，朝廷遣使令庭璧独往"。这样，杨庭璧第三次出使俱蓝国是在至元十八年"十一月"。三个月后，至元十九年（1282）二月，杨庭璧抵达俱蓝国。国主及其相马合麻等迎拜玺书。三月，"遣其臣祝阿里沙忙里告愿纳岁币，遣使入觐"。因此，杨庭璧此次出使非常顺利。此外，印度洋和东南亚的许多小国也纷纷趁机向元朝称藩入贡。"苏木达国亦遣人因俱蓝主乞降，庭璧皆从其请。四月，还至那旺国。庭璧复说下其主忙昂。比至苏木都剌国，国主土汉八的迎使者。庭璧因喻以大意，土汉八的即日纳款称藩，遣其臣哈散、速里蛮二人入朝。"苏木达国应该就在俱蓝国的附近，那旺国可能就是孟加拉湾的尼科巴群岛，苏木都剌即苏门答腊。诸国的贡物，《元史》也有记载：

> 俱蓝国遣使奉表进宝货、黑猿一。那旺国主忙昂，以其国无识字者，遣使四人，不奉表。苏木都剌国主土汉八的亦遣使二人。苏木达国相臣那里八合剌摊赤，因事在俱蓝国，闻诏，代其主打古儿遣使奉表，进指环、印花绮段及锦衾二十合。寓俱蓝国也里可温主兀咱儿撇里马亦遣使奉表，进七宝项牌一、药物二瓶。

杨庭璧第三次出使归来，带回了海外诸国的使团，忽必烈非常高兴，马上让杨庭璧四下西洋，奖赏诸国。至元二十年（1283）正月"丁丑，以招讨杨庭璧为宣慰使，赐弓矢鞍勒，使谕俱蓝等国"。关于这次航海，文献没有提供具体情节，我们无法得知杨庭璧何时归来。不过，这次出使也异常成功。至元二十三年（1286），"海外诸蕃国以杨庭璧奉诏招谕，至是皆来降。诸国凡十：曰马八儿，曰须门那，曰僧急里，曰南无力，曰马兰丹，曰那旺，曰丁呵儿，曰来来，曰急兰亦瞳，曰苏木都剌，皆遣使贡方物"。可见，此次招谕，连原来不愿配合的马八儿国也前来入贡，可谓成就非凡。可以说，杨庭璧四下西洋，其性质与后来的郑和完全一样，都是为了宣威万国，只是利用商路并没有兴师动众而已。

十九岁下西洋的杨枢

亦黑迷失和杨庭璧都是忽必烈时代的使节。在他们之后，元朝和印度洋的官方来往似乎没有那么频繁了。不过，元成宗大德年间（1297—1307）也出现了一个年轻有为二下西洋的航海家杨枢。当年法显七十多岁航海回国，而杨枢十九岁泛舟印度洋，真可谓英雄不论年龄。

杨枢，字伯机，其家族在宋代时从福建迁到越地再辗转到吴地，所谓"自闽而越而吴居滩浦者，累世以材武取贵仕。入国朝，仕益显，最号钜族，今以占籍为嘉兴人"。

大德五年（1301），杨枢"年甫十九，致用院俾以官本船浮海。至西洋，遇亲王合赞所遣使臣那怀等如京师，遂载之以来"。亲王合赞就是上述元朝阔阔真公主的丈夫。所谓官本船是由政府"具船给本，选人入番贸易诸货，其所获之息，以十分为率，官取其七，所易人得其三"。也就是政府提供海船和资金，挑选合适的人到海外贸易；获得的利润，政府分十分之七，商人获十分之三。致用院则设置于大德二年（1298），目的就是为了推行官本船。那么，谁有资格被选中出海贸易呢？可想而知，一定是有背景的人才能被选中。杨枢年仅十九岁就入选，其家世绝不简单。其祖父杨发，南宋时曾任右武大夫、利州刺史、殿前司选锋军统制官、枢密院副都统，入元后曾任福建安抚使，领浙东西市舶总使事；其父杨梓参与远征爪哇，曾任少中大夫、浙东道宣慰副使，参与市舶与海运的管理。因此，杨枢出生于海贸官宦之家，十九岁入选是他的父亲有意安排，为日后进入官场做好准备。1301年虽然是杨枢首次出海远航，其中一定有前辈或者富有经验的老成者作为助手加以指导协助。

那么，第一次下西洋，杨枢到了什么地方呢？很遗憾，我们无法知晓。元代的西洋，从地理方位而言，是指从加里曼丹岛、爪哇岛西岸起，向西直抵印度洋的广大地区；如果是指国家，亦即西洋国，指的是马八儿。因此，杨枢"至西洋"遇见伊利汗国的使臣那怀等，有可能就是在马六甲海峡一带的室利佛逝。室利佛逝是印度洋到南海的枢纽和必经之地，几乎所有的东西向僧人、商人和使节都会在那里停留，或做买卖，或等季风，或游览学习。如此，则杨枢尚未抵达印度洋。当然，还有可能是杨枢在马八儿国邂逅了哈赞亲王的使节那怀等人，如此，则杨枢抵达了印度洋。

杨枢第二次下西洋便是护送伊利汗国的使臣回国。那怀等人朝贡完成后要回国，他们大概与杨枢非常熟悉了，于是请求杨枢护送西还，这也可能是杨枢父亲的暗中操作。"丞相哈剌哈孙答剌军如其请"，授予杨枢"忠显校尉、海运副千户，佩金符，与俱行"。大德八年（1304），他们离开北京，应该是南下泉州出发，途中经历两年多才到达波斯湾，所谓"八年发京师，十一年乃至其登陆处，曰忽鲁模思云"。忽鲁模思，亦作忽里模子，均为Ormuz的音译，是波斯湾内的重要港口。而后不知杨枢是否跟随那怀等人深入伊利汗国的首都、位于伊朗西北部的大不里士（Tabriz，中文即桃里寺）。从其两年返航的行程表而言，杨枢应该是在波斯湾与那怀等人告别。

杨枢第二次下西洋，颇为漫长。"是役也，君往来长风巨浪中，历五星霜"，即历时五年返国。特别有意思的是，此次护送伊利汗国的使节，居然都是杨枢自己掏腰包，"凡舟楫、糇粮、物器之须，一出于君，不以烦有司"。换句话说，外国使节回程搭的船是私人海舶，不费元朝的一分钱。怪不得杨枢获得了"忠显校尉、海运副千户，佩金符"这些头衔和荣耀，从而一身二用，既是私人海商，又兼任官方使节。既然是私人海商，那当然要贸易牟利，因此，杨枢不可能跟随那怀深入内陆，而是在波斯湾购买了当地特产。他"用其私钱市其土物白马、黑犬、琥珀、葡萄酒、蕃盐之属以进，平章政事察那等引见宸庆殿而退"。其中枚举的"白马、黑犬、琥珀、葡萄酒、蕃盐之属"，都是波斯湾一带的特产，尤其是阿拉伯的良马，举世闻名；而所谓琥珀可能就是龙涎香。正因为进献了这样的海外宝物，所以元武宗特地在宸庆殿召见了杨枢，以为殊遇。这和亦黑迷失的经历是一致的。

正当朝廷要讨论如何奖赏时，杨枢却因"以前在海上感瘴毒疾作而归"，时在至大二年（1309）。此前曾经说过，古代游历海外的一个致命危险来自卫生与疾病。杨枢就是因此健康受损，而后在家长期休养，"阅七寒暑，疾乃间"，接着赶上丁忧，在家长达二十余年。泰定四年（1327）杨枢才出来任职，可是不到两年，天历二年（1329）杨枢"疾复作，在告满百日，归就医于杭之私廨，疾愈剧，不可为"。疾病最终导致他英年早逝，至顺二年（1331）"八月十四日其卒之日也，享年四十有九"，实在遗憾。元朝"赠中宪大夫，松江府知府，上骑都尉"，以表彰他的功绩。可以说，杨枢为其两次下西洋付出了生命的代价。

以上是元朝四位使节几下西洋的大略。元代因为和伊利汗国的关系，官方来往印度洋最为频繁，这也为明初郑和下西洋与印度洋诸国建立官方关系奠定了基础。需要指出，除了这四位有名有姓的元朝使节，一定还有相当多的随行人员跟着他们到达了印度洋。特别是杨枢第二次下西洋，完全是以私人海商的模式进行。元成宗元贞二年（1296），朝廷下令："禁海商以细货于马八儿、唄喃、梵答刺亦纳三蕃国交易。"由此可见，当时一定有许多中国的商人，驾驶着中国的海船，运载着中国的商品，前往印度洋。其中就有本书之前提到的汪大渊。

举国之力下西洋

1367 年，朱元璋起兵北伐的时候，曾一度提出"驱逐胡虏，恢复中华"，但第二年攻下大都时他就改变了口吻，认为自己是"天下共主"，主张"华夷无间"。事实上，朱元璋立刻就继承了忽必烈派使臣招谕四海的传统，派明使前往海外诸国，宣告大明的成立，要求他们称藩进贡。印度洋诸国如西洋琐里、琐里、古里就在其内。

西洋琐里大致就是原来的马八儿国地区。洪武二年（1369），朱元璋命"使臣刘叔勉以即位诏谕其国"，这是第一次派人招谕。洪武三年"平定沙漠，复遣使臣颁诏"，这是第二次派人招谕。"其王别里提遣使奉金叶表，从叔勉献方物。"西洋琐里的贡物应该是在第一次招谕时就跟着刘叔勉来到南京。因此，明初刘叔勉也到了印度洋世界。此后，明成祖登基也曾"颁即位诏于海外诸国"，西洋琐里也在其内。

永乐元年（1403），"命副使闻良辅、行人宁善使其国，赐绒锦、文绮、纱罗。已，复命中官马彬往使，赐如前。其王即遣使来贡，附载胡椒与民市"。则明使闻良辅、宁善、马彬等人都到了印度洋。

琐里，"近西洋琐里而差小"，因此也在马八儿国附近。"洪武三年，命使臣塔海帖木儿赍诏抚谕其国。五年，王卜纳的遣使奉表朝贡，并献其国土地山川图。"则明使塔海帖木儿（蒙古人）出使琐里，往返大致两年。用蒙古人下西洋，愈见朱元璋的招谕继承了元朝的遗产。

古里，也就是柯枝。永乐元年，"遣中官尹庆奉诏抚谕其国"。

以上几位明朝使节下西洋是在郑和之前。郑和的宝船首次航行始于永乐三年（1405），末次航行结束于宣德八年（1433），可谓举国之力下西洋。郑和七下西洋，跨越东亚地区，到达印度次大陆、阿拉伯半岛以及东非各地，横穿南海、印度洋，规模之大，不但空前，连此后大航海时代的许多壮举都无法比拟。这七次远航，数万中国人抵达印度洋，乃至东非沿岸，有名有姓者就有数十人之多。以长乐南山天妃碑的署名可知，其中包括"正使太监郑和、王景弘，副使太监李兴、朱良、周满、洪保、杨真、张达、吴忠，都指挥朱真、王衡等"。其他文献还包括王贵通、侯显、唐敬、蒲日和、哈三、杨敏、杨庆、周闻、张璇、马欢、费信、巩珍、赵旺、邓某、僧人慧信等人。随着地方文献的发掘，这个名单还可以增加。

无名无姓者当然占了大多数。以郑和最后一次下西洋为例，其中除了明朝的使节外，还包括各色人等。马欢记载说：

> 计下西洋官校、旗军、勇士、力士、通士、民梢、买办、书手，通共计二万七千六百七十员名：官八百六十八员、军

二万六千八百二名。正使太监七员、少监十员、监丞五员。内官内使五十三员、户部郎中一员、都指挥二员。指挥九十三员、千户一百四十员、百户四百三员。教谕一员、阴阳官一员、舍人二名、余丁一名。医官、医士一百八十名。

那么，郑和七下西洋，究竟有多少人到达了印度洋呢？需要注意的是，虽然郑和宝船每次出发，少则数千，多则一两万，但这些数目不能简单地相加，因为很多骨干是多次参与。不过，保守估计，明初中国人达到印度洋者至少数万人，这是没有问题的。后来刘大夏称下西洋"军民死者亦以万计"，可为旁证。

海外十八年

有意思的是，由于宝船失事，一些随船人员被迫滞留海外，而后辗转回国。《明实录》记载，明英宗正统十三年（1448）八月：

> 府军卫卒赵旺等自西洋还，献紫檀香、交章叶扇、失敕勒叶纸等物。初，旺等随太监洪保入西洋。舟败漂至卜国，随其国俗为僧。后颇闻其地近云南八百大甸，得间遂脱归。始西洋发碇时，舟中三百人，至卜国仅百人。至是十八年，惟旺等三人还。

这是一个海外漂泊十八年的故事，可以与杜环相比。

从上述记录可知，赵旺等人是跟随洪保第七次下西洋时失事的。

卜国，中文文献中仅于此处出现，考察同时代文献，卜国可能就是卜刺哇国，亦作不刺哇、比刺，故地一般以为在今非洲东岸索马里的布腊瓦（Brava）一带，郑和船队曾到此国。郑和所立《长乐山南山寺天妃之神灵应记》碑记载："永乐十五年，统领舟师出使西域"，"卜刺哇国献千里骆驼并驼鸡"。《明史》记载："不刺哇，与木骨都束接壤。自锡兰山别罗里南行，二十一昼夜可至。永乐十四年至二十一年，凡四入贡，并与木骨都束偕。郑和亦两使其国。宣德五年，和复往使。"二十一昼夜指的是从斯里兰卡泛舟印度洋抵达卜刺哇的时间。《星槎胜览》则详细介绍说：

> 傍海为国，居民聚落。地广斥卤，有盐池，但投树枝于池，良久捞起，结成白盐食用。无耕种之田，捕鱼为业。男女拳发，穿短衫，围稍布。妇女两耳带金钱，项带璎珞。惟有葱蒜，无瓜茄。风俗颇浮。居屋垒石，高起三五层者。地产马哈兽、花福禄、豹、麂、犀牛、没药、乳香、龙涎香、象牙、骆驼。货用金银、段绢、米豆、磁器之属。

如此，赵旺等人是在穿越印度洋时失事的。最初船上有三百人，则此船规模远大于泉州一号。等他们漂到东非海岸的卜刺哇国时，只剩下约一百人，"随其国俗为僧"。这里的"僧"，当然不是佛教的和尚，而很可能是指穆斯林。按，卜刺哇国位于索马里西南部，地处阿拉伯海与东非沿海的贸易与交通要道，所以在中世纪就有阿拉伯人移居，约在 12 世纪前后就建立了穆斯林的城邦国，以后又屈从于阿居兰苏丹王国（the Ajuran Empire），与阿拉伯世界联系密切。正因为如此，赵旺等人"后颇闻其地近云南八百大甸，得间遂脱归"。我们知道，穆斯林崇尚去麦加朝觐，而云南那时有相当多的穆斯林人口，他们也去麦加朝觐。郑和的父亲名为马哈只（1345—1382），哈只原意为"巡礼人"或"朝觐者"，是伊斯兰文化中给予曾经前往阿拉伯的天方（即回教圣地麦加）进行朝觐，并按规定完成朝觐功课之男女穆斯林的尊称。郑和的父亲有"哈只"的称呼，则表明他完成了麦加朝觐的使命。他的墓志铭中记载："公字哈只，姓马氏，世为云南昆阳州人。"由此可见云南与阿拉伯世界来往的密切。所以汪大渊在《岛夷志略》中说："云南有路可通，一年之上可至其地，西洋亦有路通。名为天堂。"天堂就是麦加，西洋大致指的是印度半岛东南的马八儿国。要知道，汪大渊大约与郑和的祖父同一时代，他的这段话讲的正是郑和的父亲去麦加朝觐的路线。因此，阿拉伯世界已经知道了麦加和云南的往来，赵旺就是通过曾去过麦加朝觐的卜剌哇国的穆斯林得知了这个信息，因而决定从此回国。

可惜的是，赵旺的回程，《明实录》一字未提，只是说"至是十八年，惟旺等三人还"。话说回来，赵旺三人的艰辛，实在难以言表。

中国将士流落海外的故事，当自杜环始，宋末尤多。南宋丞相陈宜中走占城，后来元军攻打占城，他又避居暹罗。崖山一战后，当有相当多的宋朝将士移居越南、占城一带。元初征爪哇时，也有士兵流落东南亚。汪大渊记载勾栏山时就提到了元初士兵一事："国初，军士征阇婆，遭风于山下，辄损舟，一舟幸免，唯存钉灰。见其山多木，故于其地造舟一十余只，若樯柁、若帆、若篙，靡不具备，飘然长往。有病卒百余人，不能去者，遂留山中。今唐人与番人丛杂而居之。"勾栏山，亦作交栏山，大约是加里曼丹岛西南岸的格兰岛（Gelam）。此岛位于前往爪哇东部和中部的航道之中。

郑和下西洋结束之后，从文献来看，中国人再也没有过马六甲海峡去印度洋者，直到 17 世纪才有几个跟着耶稣会教士去梵蒂冈而经过印度洋的中国信徒。如此，则中国对印度和西亚之陌生与隔膜日渐加深。

后　记

渐行渐远的印度洋

在大航海时代到来之前的很长一段时间内，中国人曾经踊跃参与亚洲海洋的开拓与交流，海洋中国曾经一度是穿越南海和印度洋的中坚力量。早在汉晋时代，中国人就辗转到了印度洋，目的是那里出产的珍珠奇宝，以满足皇帝的私欲；而后有求法僧人寻求真经，从陆路抵达印度，却选择了海路归国。到了唐代，由于国际战略的需要，李唐王朝主动派遣杨良瑶穿越印度洋出使黑衣大食，这是汉武帝时期张骞出使西域情景在唐代的再现。而此前与黑衣大食在中亚的一场"邂逅"，导致包括杜环在内的唐朝将士被俘。杜环于是领教了阿拉伯帝国的广阔，不但抵达了西亚和地中海东岸的小亚细亚，而且远达西非，有可能亲见大西洋，并最终经印度洋乘船回到广州。与此同时，海路去印度取经也逐渐成为中国僧人的风尚，7世纪中期的义净最先完成海路往返印度的航程。根据文献可知，唐代从海路穿越孟加拉湾到达印度洋世界的中国人不下十数，以僧人为主。需要指出的是，那时候中国人出海，无论去东南亚还是印度洋，乘坐的都是蕃舶，也就是外国的海船。这种远洋蕃舶，以阿拉伯式缝合船（无钉之船）最为著名。考古发现的9世纪初的黑石号便是其中的代表。

　　相对于世界帝国唐朝的主动，宋代在政治和军事上均趋于防守。两宋虽然吸引了东南亚乃至印度洋诸国，接待了许多所谓的朝贡使臣，但无论北宋还是南宋，都没有派遣使节从海路前往印度洋。然而，伴随着政治上保守的却是海上贸易的繁华。中国的泉舶（也就是泉州建造的海船，或称"福船"）以及广舶（也就是广州建造的海船，或称"广船"）在远洋航行中崭露头角，逐渐取代了阿拉伯式缝合船，成为驰骋海洋亚洲的主力。保守地说，中国的海舶，大致在南宋时期就开始在海上独领风骚，南海I号和泉州一号便是明证。与此相应，中国的商人乘坐中国的海船，携带中国的商品，不但主动前去东南亚，也直接或者间接地乘船穿越了印度洋，抵达印度和阿拉伯世界。有宋一代，我们可以推知，大约有数千乃至数万中国人到达了印度洋。

　　元朝虽然短暂，但由于其与伊利汗国的联系，外交来往比较频繁，因此文献上留下了官方出使印度洋最多的记载。亦黑迷失、杨庭璧和杨枢都是其中的佼佼者。这段时间海上贸易承袭南宋，两地来往依旧频繁，所以南昌儒商汪大渊在弱冠之年便从泉州出发，泛舟万里，游历东南亚、印度洋和阿拉伯世界，给我们留下了精彩的记录。可以说，宋元时代航海技术的进步、官方使节的交往，尤其是私人贸易的发展，为明初郑和下西洋在各个方面都奠定了坚实的基础。

　　朱元璋建国之初，对海外诸国采取的是保守态度，虽然派使节宣谕海外，但并无实际上的征召。到了朱棣的时代，由于他得位不正，急于正名，便大力仿效忽必烈，派出使臣宣威四海，制造万国来朝的态势，以增强其执政的合法性。郑和七下西洋，从规模上看达到了古代中国航海的最高峰。与此相应，中国和印度洋的交往以及中国对印度洋或更远世界的了解，也达到了顶峰。这一阶段抵达印度洋的中国人数以万计。可以想见，他们不但在印度洋留下了足迹，也可能在那里留下了血脉。

然而，郑和下西洋以倾国之力宣威万国，纯粹以政治操弄贸易，得不偿失，以后又矫枉过正宣布海禁，凭空割断与印度洋的联系，摧毁了中国和印度洋世界的贸易往来，令人遗憾之至。无可否认，元初远征日本、占城和爪哇，对沿海社会和海上贸易造成巨大的伤害。幸而此后元朝改弦易辙，采取了放松乃至放任的政策。因此，比较元明两代官方使节之下西洋，虽然表面上形式一样，但实质大不相同。元代基本是政外商内，政表商本，以商利官，官商两便，皆大欢喜，继续了宋代以来海洋贸易的模式。郑和下西洋则是以政夺商，以官并商，结果政消商亡，官商俱损，从而结束了宋代以来三四百年中国与印度洋世界的海上往来。

从此，古代中国和印度洋越行越远，各不相干。